可靠性技术丛书编委会

可靠性技术丛书

可靠性试验

工业和信息化部电子第五研究所　组编
胡湘洪　高　军　李　劲　编著
编写组成员：丁小健　王远航　王学孔
李小兵　李　骞　何宗科
汪凯蔚　时　钟　沈峥嵘
张　蕊　胡　泊　黄创绵
彭照光　蔡自刚　潘广泽

電子工業出版社
Publishing House of Electronics Industry
北京·BEIJING

内 容 简 介

本书以可靠性试验为主线，系统全面地介绍了产品在研制和生产等各阶段所需用到的可靠性试验技术，对各类可靠性试验的试验目的、试验原理、试验方案与试验条件等进行了阐述，并结合案例对试验实施方法进行了详细说明。本书共 7 章，对设计阶段的可靠性仿真，研制和批产阶段的环境应力筛选，适用于研制各阶段的可靠性强化，用于产品定型的可靠性鉴定，面向复杂大系统的可靠性综合评价，面向高可靠、长寿命指标的加速试验与快速评价等多种试验方法均进行了系统的介绍。

本书适合于产品研发设计、生产制造、质量检测等方面的工程技术人员阅读，也可作为可靠性工程相关教学人员、认证和检测机构技术人员的参考用书，还可作为高等院校学生的教材。

图书在版编目（CIP）数据

可靠性试验 / 胡湘洪，高军，李劲编著；工业和信息化部电子第五研究所组编. —北京：电子工业出版社, 2015.10

（可靠性技术丛书）

ISBN 978-7-121-27246-2

I. ①可… II. ①胡… ②高… ③李… ④工… III. ①可靠性试验 IV. ①TB302

中国版本图书馆 CIP 数据核字（2015）第 226013 号

策划编辑：张　榕
责任编辑：韩玉宏
印　　刷：北京捷迅佳彩印刷有限公司
装　　订：北京捷迅佳彩印刷有限公司
出版发行：电子工业出版社
　　　　　北京市海淀区万寿路 173 信箱　　邮编　100036
开　　本：720×1 000　1/16　印张：16.25　字数：327.6 千字
版　　次：2015 年 10 月第 1 版
印　　次：2024 年 4 月第 25 次印刷
定　　价：58.00 元

凡所购买电子工业出版社图书有缺损问题，请向购买书店调换。若书店售缺，请与本社发行部联系，联系及邮购电话：（010）88254888。

质量投诉请发邮件至 zlts@phei.com.cn，盗版侵权举报请发邮件至 dbqq@phei.com.cn。

服务热线：（010）88258888。

丛　书　序

以可靠性为中心的质量是推动经济社会发展永恒的主题，关系国计民生，关乎发展大局。把质量发展放在国家和经济发展的战略位置全面推进，是国际社会普遍认同的发展规律。加快实施制造强国建设，必须牢牢把握制造业这一立国之本，突出质量这一关键内核，把“质量强国”作为制造业转型升级、实现跨跃发展的战略选择和必由之路。

质量是建设制造强国的生命线。作为未来10年引领制造强国建设的行动指南和未来30年实现制造强国梦想的纲领性文件，《中国制造2025》将“质量为先”列为重要的基本指导方针之一。在制造强国建设的伟大进程中，必须全面夯实产品质量基础，不断提升质量品牌价值和“中国制造”综合竞争力，坚定不移地走以质取胜的发展道路。

高质量是先进技术和优质管理高度集成的结果。提升制造业产品质量，要坚持从源头抓起，在产品设计、定型、制造的全过程中按照先进的质量管理标准和技术要求去实施。可靠性是产品性能随时间的保持能力。作为衡量产品质量的重要指标，可靠性管理也充分体现了现代质量管理的特点。《中国制造2025》提出要加强可靠性设计、试验与验证技术开发应用，使产品的性能稳定性、质量可靠性、环境适应性、使用寿命等指标达到国际同类产品先进水平，就是要将可靠性技术作为核心应用于质量设计、控制和质量管理，在产品全寿命周期各阶段，实施可靠性系统工程。

工业和信息化部电子第五研究所是国内最早从事电子产品质量与可靠性研究的权威机构，在我国的质量可靠性领域开创了许多“唯一”和“第一”：唯一一个专业从事质量可靠性研究的技术机构；开展了国内第一次可靠性培训；研制了国内第一套环境试验设备；第一个将质量“认证”概念引入中国；建立起国内第一个可靠性数据交换网；发布了国内第一个可靠性预计标准；研发出第一个国际先进、国内领先水平的可靠性、维修性、保障性工程软件和综合保障软件……五所始终站在可靠性技术发展的前沿。随着质量强国战略的实施，可靠性工作在我国得到空前的重视，在新时期的作用日益凸显。五所的科研工作者们深深感到，应系统地梳理可靠性技术的要素、方法和途径，全面呈现该领域的最新发展成果，使之广泛应用于工程实践，并在制造强国和质量强国建设中发挥应有作用。鉴于此，五所在建所60周年之际，组织专家学者编写出版了“可靠性技术丛书”。这既是历史的责任，又是现实的需要，具有重要意义。

“可靠性技术丛书”内容翔实，涉及面广，实用性强。它涵盖了可靠性的设计、工艺、管理，以及设计生产中的可靠性试验等各个技术环节，系统地论述了提升或保证产品可靠性的专业知识，可在可靠性基础理论、设计改进、物料优选、生产制造、试验分析等方面为产品设计、开发、生产、试验及质量管理等从业者提供重要的技术参考。

质量发展依赖持续不断的技术创新和管理进步。以高可靠、长寿命为核心的高质量是科技创新、管理能力、劳动者素质等因素的综合集成。在举国上下深入实施制造强国战略之际，希望该丛书的出版能够广泛传播先进的可靠性技术与管理方法，大力推动可靠性技术进步及实践应用，积极推进专业人才队伍建设。帮助广大的科技工作者和工程技术人员，为我国先进制造业发展，落实好《中国制造 2025》发展战略，在新中国成立 100 周年时建成世界一流制造强国贡献力量！

<<<<<PREFACE

20世纪50年代，随着国际社会对装备可靠性关注度的提高和研究工作的兴起，应东欧社会主义国家要求，履行相关国际责任，1955年我国第一个可靠性专业机构——中国电子产品可靠性与环境试验研究所（现名“工业和信息化部电子第五研究所”，又名“中国赛宝实验室”），悄然成立于中国广州，翻开了我国可靠性事业的篇章。历经60年的风风雨雨，伴随着我国军工和工业装备业的成长，一代又一代赛宝人用自己的智慧和热血谱写着祖国的可靠性发展史。

我国自20世纪60年代引进可靠性技术以来，通过近30年的不断努力，于20世纪90年代初步形成了一套可靠性管理和技术体系，国防工业系统主管机关和相关部门陆续发布了一系列可靠性管理法规文件、技术标准和著作，可靠性工程越来越广泛、规范地应用于各个重要领域。特别是可靠性试验技术，在军工装备行业和重大工业装备领域得到了广泛应用。通过可靠性试验，装备可靠性水平显著提升，为我国一代又一代武器装备和工业产品研制与生产提供了有力保障。

1987年，中国电子产品可靠性与环境试验研究所组织编写出版了“电子产品可靠性技术丛书”，其中包括《可靠性试验》一书。1999年，电子工业质量与可靠性培训中心组织编写出版了“可信性丛书”，由中国电子产品可靠性与环境试验研究所专家负责撰写。在电子五所60周年所庆之际，为传播可靠性文化和技术，赛宝人组织编写了“可靠性丛书”，为广大管理工作者和技术工作者贡献自己的智慧、技术和经验。本书是“可靠性丛书”的重要组成部分之一。

可靠性试验既是检验产品可靠性水平的重要手段，也是发现产品可靠性问题的重要手段。我国可靠性技术的发展和应用从可靠性试验开始起步，逐步推广到可靠性设计分析和可靠性系统工程。自20世纪80年代我国民用和军用电子工业应用可靠性试验技术验证和提高产品可靠性水平以来，可靠性试验技术逐步得到大范围的推广和应用，到20世纪90年代形成了一套相应的可靠性试验技术标准，可靠性试验方法逐步得到完善和规范，包括环境应力筛选、可靠性增长试验、可靠性鉴定和验收试验。进入21世纪以来，针对越来越高的可靠性指标要求，经济高效的可靠性试验技术要求越来越突出，一批可靠性试验新技术不断成熟并逐步得到应用，包括可靠性仿真试验、可靠性强化试验、加速试验与快速评价、可靠性综合评价，更好地满足了高可靠、快验证、大系统等更具有针对性的可靠性试验要求。

本书较全面地梳理和总结了电子五所多年来的科研成果和实践经验，是30多年来可靠性试验技术和经验的结晶。本书阐述了产品设计、研制、定型、生产等各阶段所需用到的可靠性试验技术，全面介绍了各项可靠性试验技术的基本方法、实践经验、应用案例和发展趋势，具有较强的系统性、较好的实用性和一定的前瞻性，通过相关案例介绍，有助于读者全面系统地掌握可靠性试验技术，并了解可靠性试验新技术。

全书共分成7章。第1章为可靠性试验概述，主要概述了可靠性试验目的、分类和各项可靠性试验技术，帮助读者初步了解整个可靠性试验技术的概貌。第2章为可靠性仿真试验，阐述了设计阶段所需的基于数字样机的可靠性仿真试验技术，包括理论基础、工作内容、过程及要求、仿真案例等，可为数字样机的设计改进提供指导。第3章为环境应力筛选，阐述了研制阶段和批产阶段可用的环境应力筛选方法，不但包括常规环境应力筛选方法，而且包括定量环境应力筛选方法，还包括近年来发展的高加速环境应力筛选新技术，可为研制阶段高效剔除缺陷和批产验收质量把关提供参考。第4章为可靠性强化试验，阐述了国际流行的可靠性强化试验的基本原理、设备特点、方案设计、实施方法及相关案例，可为现代高可靠要求产品缺陷快速激发、提升产品耐环境能力、提高产品设计和工艺成熟度提供指导。第5章为可靠性鉴定试验，主要用于设计定型或生产定型产品可靠性指标要求的验证，阐述了统计试验方案的选取、试验剖面的设计、试验的实施方法及相关注意事项，可为开展产品可靠性指标验证提供指导。第6章为可靠性综合评价，阐述了综合评价的基本思路、数据收集方法、准备工作，提供了基于内外场结合试验和基于研制过程信息的两类可靠性综合评价方法，给出了相关应用案例，可为复杂大系统的可靠性指标回答提供参考。第7章为加速试验与快速评价，主要面向高可靠、长寿命指标要求产品考核的需要，充分利用加速试验理论和技术方法，提出了整机加速试验与快速评价的整体解决方案，给出了相关应用案例，可为长寿命指标的评价提供指导，也可为可靠性指标的快速验证提供参考。

本书不但可供可靠性专业人员学习，还可为从事产品研发设计、生产制造、质量检测等相关工作的广大管理人员和工程技术人员提供指导和参考。我们相信，本书的出版对大家学习和应用可靠性试验技术会有一定帮助作用，也将促进我国军民行业可靠性技术进步和产品可靠性水平的提升。

工业和信息化部电子第五研究所
可靠性与环境工程研究中心
2015年6月

<<<<<< CONTENTS

第1章 可靠性试验概述

1.1 可靠性试验目的

可靠性试验是通过施加典型环境应力和工作载荷的方式，用于剔除产品早期缺陷、增长或测试产品可靠性水平、检验产品可靠性指标、评估产品寿命指标的一种有效手段。可根据需要达到的目的，在产品的设计、研制、生产和使用阶段，开展不同类型的可靠性试验。

可靠性试验是对产品的可靠性进行调查、分析和评价的一种手段。它不仅仅是为了用试验数据来说明产品可靠性（可以接受或拒收、合格与不合格等），更主要的目的是对产品在试验中发生的每一个故障的原因和后果都要进行细致的分析，并且应该研究可能采取的有效的纠正措施。可靠性试验主要有以下3个方面的作用。

（1）发现产品在设计、元器件、零部件、原材料和工艺等方面的各种缺陷。产品的可靠性是设计出来的，因此实现产品可靠性的关键首先是充分利用各种可靠性设计和分析技术对产品进行严格设计。但即便是经验丰富的、功底深厚的设计师设计的产品也难免存在缺陷，而这些缺陷仅靠设计师的设计分析、已有经验教训并无法确保都能找出来，即便采取常温测试、通电老炼、环境试验等常规检测手段，也仍然有不少缺陷无法暴露出来。只有通过可靠性试验施加长时间的各类试验应力才能充分暴露出来。整个产品研制过程都伴随着试验—分析—改进的反复迭代过程（即 TAAF 过程）。可靠性试验对于发现产品在设计、元器件、零部件、原材料和工艺等方面的缺陷具有不可替代的作用。

（2）确认是否符合可靠性定量要求或评价产品的可靠性水平。从确定装备可靠性是否符合合同要求和了解产品装备研制过程中可靠性变化情况以进行相应决策的需要出发，验证研制生产的产品的可靠性水平是一件最为基本的、必不可少的工作。在对产品进行设计定型或工艺定型时，必须知道产品的可靠性水平是否已符合合同中的规定值或最低可接受值，以便为做出通过设计定型转入批生产的决策提供依据。这就意味着要对产品进行可靠性鉴定试验，从而对设计定型进行把关，以防止可靠性设计欠佳、固有可靠性没有达到合同规定的要求的产品转入批生产。同样，在产品投入批生产以后，对拟出厂的产品也要抽样进行可靠性验收试验，以防止受制造和工艺过程偏离的影响而达不到规定可靠性要求的产品交付用户。无论是可靠性鉴定试验还是可靠性验收试验，通常是在实验室试验环境条件可控制的情况下进行的，其施加的环境应力往往能覆盖和代表全寿命周期、使用区域范围内、各项典型任务状态下承受的环境。在许多货架产品的投标竞争过程中，往往需要通过可靠性试验来对参与竞争的产品在未来使用环境中的可靠性水平作出相应评价或比较，实验室可靠性试验也是一个评价手段。现场使用中进行的使用可靠性试验也是验证产品可靠性的一个重要手段，这种验证是在真实的使用环境中进行的，因此在有条件的情况下专门组织安排使用可靠性试验进行外场验证是十分必要的。当产品交付用户后，应通过有计划地收集产品使用期间的可靠性数据，甚至组织专门的试验即可靠性试验或外场可靠性试验，来评估产品在使用条件下达到的可靠性。实际上，单靠搜集产品的各种数据来对产品的使用可靠性进行评估往往是很困难的，由于收集数据的时间往往很长，数据的准确性和代表性难以控制和覆盖，现场环境条件无法控制，现场工作状况难以控制，有限的现场试验也无法充分验证产品的可靠性水平。因此，实验室试验和现场使用试验各有利弊，互为补充地成为验证产品可靠性水平的重要手段。

（3）提供其他各种有用信息。如前所述，试验是获取产品信息的过程。各种可靠性试验特别是可靠性研制试验中，还可获取产品对应力的响应特性信息、产品薄弱环节信息和产品性能变化趋势、产品寿命信息等。这些信息能够使人们对产品的特性有更为全面的了解，从而有助于产品的完好率、可用度和任务成功性的评估和改善，其他使用环境的选择和确定，产品研制过程后续试验大纲的设计，产品的备件和维修计划制订，保障资源的分配及后续产品的研制。

1.2 可靠性试验工作项目

按 GJB 450A《装备可靠性工作通用要求》的规定，可靠性试验共分为 6 个工作项目，如图 1.1 所示。各类可靠性试验工作项目的目的、适用对象和适用时机如表 1.1 所示。

除 GJB 450A 规定的可靠性试验工作项目外，从当前可靠性试验技术发展与应用的趋势看，可靠性研制试验包括可靠性仿真试验、可靠性测定试验、可靠性摸底增长试验等。可靠性仿真试验是利用数字样机进行建模仿真，分析产品的热、振动应力，采用失效物理方法进行故障预计。在没有可靠性指标要求的情况下，通过开展可靠性测定试验了解产品的可靠性水平。可靠性摸底增长试验是通过施加极限应力以更充分地暴露问题并进行改进促进产品可靠性增长，它不评估产品可靠性水平，重在问题发现和实施改进。

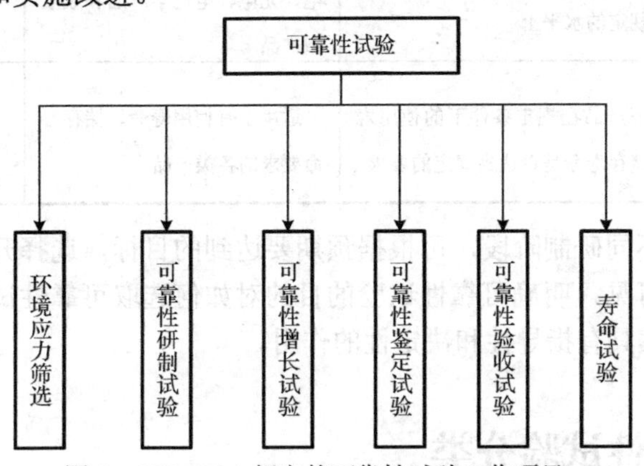

图1 GJB 450A规定的可靠性试验工作项目

表1.1 各类可靠性试验工作项目的目的、适用对象和适用时机

工作项目	目的	适用对象	适用时机
环境应力筛选	在产品交付使用前发现和排除不良元器件、制造工艺和其他原因引入的缺陷造成的早期故障	主要适用于电子产品（包括元器件、组件和设备），也可用于电气、机电、光电和电化学产品	产品的研制阶段、生产阶段和大修过程
可靠性研制试验	通过对产品施加适当的环境应力、工作载荷，寻找产品中的设计缺陷，以改进设计，提高产品的固有可靠性水平	适用于电子、电气、机电、光电、电化学产品和机械产品	产品研制阶段的前期和中期
可靠性增长试验	通过对产品施加模拟实际使用环境的综合环境应力，暴露产品中的潜在缺陷，并采取纠正措施，使产品的可靠性达到规定的要求	适用于电子、电气、机电、光电、电化学产品和机械产品	产品研制阶段的中期，产品的技术状态大部分已经确定
可靠性鉴定试验	验证产品的设计是否达到规定的可靠性要求	主要适用于电子、电气、机电、光电、电化学产品和成败型产品	产品设计定型阶段，同一产品已通过环境应力筛选，同批产品已通过环境鉴定试验，产品的技术状态已经固化

续表

工作项目	目的	适用对象	适用时机
可靠性验收试验	验证批生产产品的可靠性是否保持在规定的水平上	主要适用于电子、电气、机电、光电、电化学产品和成败型产品	产品批生产阶段
寿命试验	验证产品在规定条件下的使用寿命、储存寿命是否达到规定的要求	适用于有使用寿命、储存寿命要求的各类产品	产品设计定型阶段，产品已通过环境鉴定试验，产品的技术状态已经固化

在产品的不同研制阶段，可根据预期要达到的目标，选择开展对应的可靠性试验项目。由此可见，明确可靠性试验的目的对如何选取可靠性试验项目及如何设计可靠性试验方案具有指导性和决定性的作用。

1.3 可靠性试验分类

按试验场地、施加应力的原则、应用阶段、试验的目的和性质等各种不同的分类原则，可将可靠性试验分为不同的类别。

1.3.1 按试验场地分类

按试验场地分类，可靠性试验可分为实验室可靠性试验（简称实验室试验）和现场使用可靠性试验（简称现场使用试验）两大类。实验室可靠性试验是在实验室中模拟产品实际使用、环境条件，或实施预先规定的工作应力与环境应力的一种试验。现场使用可靠性试验是利用产品在现场使用进行数据收集和评估产品可靠性的一种试验。

可靠性试验可以在实验室进行，也可以在现场进行，以获得所需的信息，以对产品的初始使用可靠性和后续使用可靠性进行评估。

现场使用试验是在真实的现场环境中进行的，其环境应力、负载、接口、操作、维修及测量和记录等各因素均较真实，试验结果应能更准确地代表实际使用的可靠性水平。但是，这种试验的实施比较困难，主要问题是环境应力无法控制，特别是极限应力往往无法考核。正是基于现场试验条件的不可控性、试验结果的不及时性和改进产品可靠性的不现实性等情况，可靠性试验工作项目中尚没有规定现场使用试验工作项目，仅规定了实验室可靠性试验工作项目。与现场使用试验相比，实验室可靠性试验有如下优点。

（1）试验的环境条件或环境应力可控制。这种环境条件可以模拟现场条件，也可以不模拟现场条件，能够充分考核各类极限应力和典型应力，具体取决于试验的目的和类型。

（2）试验过程可控，结果及时，可用性强。实验室可靠性试验可安排在产品的设计、研制和生产各个阶段，试验过程应力施加、检测排故、纠正措施严格控制，严格采取故障归零管理与控制措施，能有效暴露产品故障，提升产品可靠性水平。另外，实验室试验方案多样，可设计性强，因而实验室试验是产品研制生产过程的重要组成部分。

实验室可靠性试验不可能实现对使用环境的真实模拟，其试验结果的准确性取决于试验条件的真实性；一些大设备和系统往往难以在实验室内进行试验，此时不得不采取严格控制；而且环境应力主要取决于受试装备的工作剖面或任务剖面的外场验证试验，要让使用方严格按试验大纲设计的典型任务剖面工作，则往往受到气候、地理和人为因素的影响而变得很困难；此外，现场的操作、维修、测量、记录及故障判别等也会受参试人员水平的影响而难以控制，从而使试验结果受到影响。现场使用试验因涉及人员面广、时间长、经费高、组织管理复杂等众多因素，其应用大受限制，从而使可靠性评估所需的信息来源主要依托于日常的信息收集，而不是依靠专门安排的现场使用试验。此外，现场使用试验是使用阶段的试验，因而不可能及时提供对产品可靠性的分析和评价结论，更不用提为改进产品可靠性提供参考了；如果试验中发现了一些故障，要想采取措施改进可靠性已不可能，至多只能为后续改型产品提供借鉴。

实验室可靠性试验和现场使用试验的比较如表 1.2 所示。

表 1.2 实验室可靠性试验和现场使用试验的比较

比较内容	实验室可靠性试验	现场使用试验
试验条件	可以严格控制，但在实验室中很难全部模拟产品的真实环境条件及使用情况	结合用户使用进行，其环境条件和使用情况真实
试验数据	数据的收集和分析较方便，容易获得所需的信息	数据记录的完整性和准确性较差
受试产品的限制	由于试验设备的限制，大型系统和设备无法做	特别适合武器装备、大型复杂系统的试验
故障发现与纠正	可以较早地通过试验发现故障，进行纠正	产品在现场试验或使用时才发现故障，纠正时机较晚
子样数	能专门用于试验的子样数少	结合装备的现场试验与用户使用，可用的子样数较多
费用	综合环境应力试验设备较昂贵，试验时人、财、物开支较大	结合装备的现场试验与用户使用，费用较低

1.3.2 按施加应力的原则分类

按施加应力的原则分类，可将可靠性试验分为激发试验和模拟试验。

（1）激发试验是指不模拟实际使用环境的加速应力试验。通过施加应力将产品内部的潜在缺陷加速发展变成故障，进而检测出来，从而为修改设计和工艺提供信息。环境应力筛选、可靠性强化试验、可靠性摸底增长试验属于激发试验。

（2）模拟试验是指施加的环境应力模拟真实环境应力的大小、时序和时间比例的试验。通过对产品施加这种应力并统计产品在这种应力作用下的故障情况，验证和评估产品的可靠性水平。可靠性鉴定试验和可靠性验收试验均属于模拟试验的范畴。可靠性增长试验使用的应力与可靠性鉴定试验一样模拟真实环境，虽然应力不高，但也可以以较慢速度激发一部分缺陷并评估产品可靠性水平，基本上属于模拟试验。

1.3.3 按应用阶段分类

按应用阶段分类，可将可靠性试验分为可靠性研制试验、可靠性增长试验、可靠性鉴定试验和寿命试验、环境应力筛选、可靠性验收试验和寿命试验，其目的和应用阶段分别在表1.3中列出。

表1.3 可靠性试验按应用阶段分类

试验名称	目的	应用阶段
可靠性研制试验	发现产品设计缺陷，提高产品固有可靠性水平	工程研制阶段的前期
可靠性增长试验	发现产品设计缺陷，将产品可靠性增长到规定的标准	工程研制阶段的中后期
可靠性鉴定试验和寿命试验	评估产品的可靠性水平和寿命，为设计定型提供决策依据	工程研制阶段结束前、定型阶段
环境应力筛选	发现和剔除早期故障，提高产品使用可靠性或排除早期故障对其他试验可能造成的干扰	研制阶段、生产阶段和产品出厂前
可靠性验收试验和寿命试验	评估产品的可靠性和寿命是否保持设计定型水平，为验收提供决策依据	批生产产品出厂以前

1.3.4 按试验的目的和性质分类

按试验的目的和性质分类，可将可靠性试验分为工程试验和统计试验。

（1）环境应力筛选、可靠性研制试验和可靠性增长试验属于工程试验。工程试验的目的是为了暴露产品在设计、工艺、元器件、原材料等方面存在的缺陷，采取措施加以改进、排除，以提高产品的可靠性。这种试验主要由承制方进行，受试产品是研制的样机或在线产品。发现受试产品故障等于找到了对产品进行改进设计或修理的机会，因此工程试验是一种使产品增值的试验，是可靠性试验的重点。

（2）统计试验的目的是为了验证产品的可靠性或寿命是否达到了规定的要求，如可靠性鉴定试验、可靠性验收试验、寿命试验等。由于产品的可靠性指标确实存在但难以真正获得，因此只能应用统计的方法估计产品可靠性指标真值所在的范围。可靠性鉴定试验和可靠性验收试验又称为可靠性验证试验。

应该指出，产品可靠性验证工作是可靠性试验与评价工作中的一个组成部分，它是指在设计定型阶段和试用阶段，对产品的可靠性是否达到研制总要求或合同规定的要求给出结论性意见所需进行的鉴定、考核或评价工作的总称。在 GJB 450A 规定的可靠性试验与评价 7 个工作项目中，可靠性鉴定试验、可靠性验收试验、寿命试验和可靠性分析评价 4 个工作项目均可用于可靠性验证。

1.4 可靠性研制试验

在 2004 年发布的 GJB 450A《装备可靠性工作通用要求》中，将可靠性工作项目从原 GJB 450 规定的 18 个工作项目扩展到了 32 个工作项目。其中，可靠性试验与评价系列增加了可靠性研制试验、可靠性分析评价和寿命试验 3 个项目。

可靠性研制试验（RDT）的目的是通过对产品施加适当的环境应力、工作载荷，寻找产品中的设计缺陷，以改进设计，提高产品的固有可靠性水平。在研制阶段的前期，试验目的侧重于充分地暴露产品缺陷，通过采取纠正措施，以提高可靠性，因此大多数采用加速的环境应力，以激发故障。在研制阶段的中后期，试验的目的侧重于了解产品的可靠性与规定要求的接近程度，并对发现的问题，通过采取纠正措施，进一步提高产品的可靠性。

可靠性研制试验是一个试验—分析—改进的过程。这种试验事先不需要确定可靠性增长模型，不需要确定定量的可靠性增长目标，试验后也不要求对产品的可靠性作出定量评估。它以找出产品的设计、材料与工艺缺陷和对采用的纠正措施的有效性进行试验验证为主要目的，它对试验样机的技术状态、试验用的环境条件等无严格的要求。产品在研制、生产过程中都可开展可靠性研制试验，但在研制阶段的前期进行更适宜。可靠性研制试验可在实际的、模拟的或加速的环境下进行，试验中所用应力的种类、量值和施加方式可根据受试产品本身特性、预期使用环境的特性和可提供的试验设备的能力等来决定。可靠性研制试验的实施过程如图 1.2 所示。

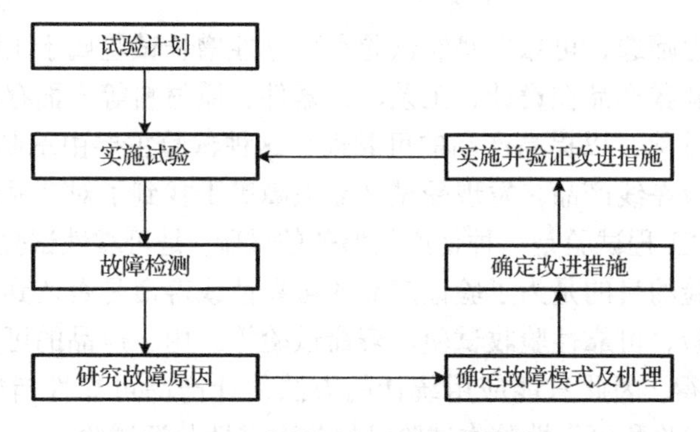

图 1.2　可靠性研制试验的实施过程

在工程实践中，可靠性研制试验的应用更多采用加速应力的方法，以快速激发设计缺陷的研制性试验。由于可靠性研制试验具有实用性和广泛性，但往往在研制过程中易被忽视，因此 GJB 450A 将其专门列为一个试验工作项目，以为专门安排这种试验提供依据。

可靠性研制试验是一个典型的 TAAF 过程，用于产品研制阶段的前期。目前，国外广泛开展的可靠性强化试验和高加速寿命试验实际上就是可靠性研制试验。

1.4.1　可靠性研制试验特点

目前，可靠性研制试验没有一个规范化的试验设计方案和实施方法，而在工程中，只是根据实际情况选取应力，施加应力，对激发出来的缺陷采取纠正措施，直到自己认为适当的时候结束试验，所以急需制定相应的标准来指导其如何实施。

1.4.2　可靠性研制试验发展

由于可靠性研制试验能与设计结合，并能经济有效和及时地提高产品的可靠性，因此在工程中得到了越来越多的应用，并形成了两种相对规范化的试验方法。

一种试验方法就是可靠性增长试验（RGT）。这种试验就其本质而言，与可靠性研制试验没有区别，都是为了暴露产品的设计缺陷并加以改进，以提高产品的固有可靠性，但增加了定量目标要求，导致增加了试验中监视可靠性增长和试验后评估达到可靠性水平的内容。为了确保评估结果的准确性，明确规定试验条件要模拟真实环境，因而应力强度较低，激发设计缺陷的能力较差。这些要求使该试验的实施时机向研制阶段的后期方向移动，常常作为可靠性鉴定试验前评定产品可靠性的手段，其结果作为是否进行可靠性鉴定试验决策的根据之一。虽然 GJB 450 及 GJB 450A 都将其作为一个独立的可靠性试验工作项目，但本质上它属于可靠性研制试验的范畴。

另一种试验方法就是高加速寿命试验（HALT）。这种试验属于一个典型的TAAF过程，该试验不去评估试验后达到的可靠性水平，但期望通过施加高加速应力激发和消除现场中可能出现的所有故障模式，以得到使用中不出现故障的产品。

1.4.3 可靠性研制试验应用对象

可靠性研制试验没有明确的定量目标，且对施加的环境应力、载荷及其时间也无明确的规定，因此试验方法的自主性较大，试验对象也没有明确的约束条件。要想通过施加应力来帮助激发产品内部的设计和工艺缺陷，使可靠性有切实提高的产品都可应用这一试验，因而可靠性研制试验适用于所有的研制产品。

需要指出的是，产品按设计图纸制成硬件后，要经历功能、性能和环境试验，安全性试验乃至电磁兼容性试验，在这些试验中必然会发现一些设计和工艺缺陷，通过对这些缺陷采取纠正措施，不仅可促使产品达到这些试验考核的目标，同时也可提高产品的可靠性。这些试验可以看作研制试验的组成部分，但并不是可靠性研制试验。

1.4.4 可靠性研制试验应用时机

从理论上讲，可靠性研制试验的最佳应用时机应是在制造出样机之后，而且其功能和性能在实验室环境条件（常温、静态）下满足设计规范要求并经过了环境鉴定试验。鉴于产品的可靠性和环境适应性均与环境应力和载荷应力密切相关，而且环境适应性与可靠性高的产品必然可靠，在工程实践中，常常将环境适应性研制试验和可靠性研制试验一起进行，从而在样机制成且其功能和性能在实验室条件下满足规范要求后，与环境适应性研制试验一起开始进行可靠性研制试验。研制阶段前期的环境适应性研制试验及可靠性研制试验实质上都属于工程研制试验。两者的区别在于，传统的环境适应性研制试验有一组环境极值（环境适应性要求）作为目标，但无论是环境应力和可靠性水平，可靠性研制试验均无具体的目标值或约束条件。

1.4.5 可靠性研制试验所用的应力

可靠性研制试验作用的应力可以根据产品特性、可靠性的提高幅度、试验设备条件、经费和进度等资源确定。一般采取用温度应力、振动应力、湿度应力和产品特别敏感的其他应力进行依次单独、组合或综合施加的方式，可以模拟或不模拟真实环境，也可以使用不加速或加速应力。但为了快速激发产品的内在缺陷，一般采用不模拟实际环境的加速应力。以往的可靠性研制试验，其施加应力一般不会超过规范或合同环境适应性要求中规定的最大环境应力，但近年来，施加应力已远远超出规定的应力值，且又不会激发出现场使用中不会出现的故障，这一思路已在高加速寿命试验中得到广泛应用。

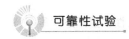

1.4.6 可靠性研制试验的工作要点及注意事项

1.4.6.1 工作要点

（1）承制方在研制阶段应尽早开展可靠性研制试验，通过 TAAF 过程来提高产品的可靠性。

（2）可靠性研制试验是产品研制试验的组成部分，应尽可能与产品的研制试验结合进行。

（3）承制方应制定可靠性研制试验方案，并对可靠性关键产品尤其是新技术含量较高的产品实施可靠性研制试验。必要时，可靠性研制试验方案应经订购方认可。

（4）可靠性研制试验可采用加速应力进行，以尽快找出产品的薄弱环节或验证设计余量。

（5）对试验中发生的故障均应纳入故障报告、分析和纠正系统（FRACAS），并对试验后产品的可靠性状况作出说明。

1.4.6.2 注意事项

（1）订购方应在合同工作说明中明确建议进行可靠性研制试验的产品。

（2）需提交相关的材料项目。

1.5 可靠性定型试验

可靠性定型试验分为可靠性设计定型试验和可靠性生产定型试验。可靠性设计定型试验一般是产品的样机生产出来之后，对样机的可靠性进行鉴定，判断是否达到可靠性指标要求。可靠性生产定型试验是指产品进入批生产阶段，判断生产的稳定性的试验。

1.5.1 可靠性设计定型试验

可靠性设计定型试验是在经过产品工程设计阶段、样机制造之后，对设计定型样机的可靠性进行考核验证的试验。可靠性设计定型试验的目的是考核、评定产品的可靠性指标是否符合设计指标的要求。可靠性设计定型试验的试验方法按照可靠性鉴定试验的方法来进行。

1.5.1.1 可靠性设计定型试验程序

可靠性设计定型试验按照设计定型试验的程序来进行，一般按照下列工作程序进行。

（1）申请可靠性设计定型试验。

（2）制定可靠性设计定型试验大纲。

（3）组织可靠性设计定型试验。

（4）申请可靠性设计定型。

（5）组织可靠性设计定型审查。

（6）审批可靠性设计定型。

1.5.1.2 可靠性设计定型试验前的条件

军工产品符合下列要求时，承研承制单位可以申请可靠性设计定型试验。

（1）通过规定的试验，软件通过测试，证明产品的关键技术问题已经解决，主要战术技术指标能够达到研制总要求。

（2）产品的技术状态已确定，样品经检验合格。

（3）样品数量满足可靠性设计定型试验的要求。

（4）配套的保障资源已通过技术审查，保障资源主要有保障设施、设备，维修（检测）设备和工具，必需的备件备品、技术资料等。

（5）具备了可靠性设计定型试验所必需的技术文件，主要有产品研制总要求、承研承制单位技术负责人签署批准并经总军事代表签署同意的产品规范、产品研制验收（鉴定）试验报告、工程研制阶段标准化工作报告、技术说明书、使用维护说明书、软件使用文件、图物一致的产品图样、软件源程序及试验分析评定所需的文件资料等。

1.5.1.3 可靠性设计定型试验的实施

可靠性设计定型试验由承试单位严格按照批准的可靠性试验大纲组织实施。可靠性设计定型试验要求精确地模拟全寿命期的典型飞行剖面的环境应力。

可靠性设计定型试验样品；验收合格的正式样机按抽样方案随机选取样品，特殊情况样品数不少于两台（套）。

失效：试验中允许失效，但统计的可靠性特征值必须满足设计要求。

可靠性设计定型试验顺序一般如下。

（1）先静态试验，后动态试验。

（2）先室内试验，后外场试验。

（3）先技术性能试验，后战术性能试验。

（4）先单项、单台（站）试验，后综合、网系试验，只有单项、单台（站）试验合格后方可转入综合、网系试验。

（5）先部件试验，后整机试验，只有部件试验合格后方可转入整机试验。

（6）先地面试验或系泊试验，后飞行或航行试验，只有地面试验或系泊试验合格后方可转入飞行或航行试验。

1.5.1.4 可靠性设计定型试验的中断和恢复处理

试验过程中出现下列情形之一时，承试单位应中断试验并及时报告二级定委，同时通知有关单位。

（1）出现安全、保密事故征兆。

（2）试验结果已判定关键战术技术指标达不到要求。

（3）出现影响性能和使用的重大技术问题。

（4）出现短期内难以排除的故障。

承研承制单位对试验中暴露的问题采取改进措施，经试验验证和军事代表机构或军队其他有关单位确认问题已解决，承试单位应向二级定委提出恢复或重新试验的申请，经批准后，由原承试单位实施试验。

1.5.2 可靠性生产定型试验

可靠性生产定型试验一般称为生产定型可靠性鉴定试验。可靠性生产定型试验是通过了可靠性设计定型试验之后，进入生产定型阶段进行的考核可靠性指标的试验。可靠性生产定型试验的目的是考核、评定按已设计定型的技术文件进行生产的工厂的工艺文件、工艺装备、受理及生产人员的水平，试验设备及方法是否能保障长期稳定地生产出具有设计定型时的可靠性指标的产品。

1.5.2.1 可靠性生产定型试验程序

可靠性生产定型试验按照生产定型试验的程序来进行，一般按照下列工作程序进行。

（1）组织工艺和生产条件考核。

（2）申请部队试用。

（3）制定部队试用大纲。

（4）组织部队试用。

（5）申请可靠性生产定型试验。

（6）制定可靠性生产定型试验大纲。

（7）组织可靠性生产定型试验。

（8）申请可靠性生产定型。

（9）组织可靠性生产定型审查。

（10）审批生产定型。

1.5.2.2 可靠性生产定型试验大纲的制定

可靠性生产定型试验大纲由承试单位依据研制总要求规定的战术技术指标、作战使用要求、维修保障要求和有关试验规范拟制，并征求总部分管有关装备的部门、军兵种装备部、研制总要求论证单位、军事代表机构或军队其他有关单位、承研承制单位的意见。

可靠性生产定型试验大纲应满足考核产品的战术技术指标、作战使用要求和维修保障要求，保证试验的质量和安全，贯彻有关标准的规定，通常应包括如下内容。

（1）编制大纲的依据。

（2）试验目的和性质。

（3）被试品、陪试品、配套设备的数量和技术状态。

（4）试验项目、内容和方法（含可靠性实施方案和统计评估方案）。

（5）主要测试、测量设备的名称、精度、数量。

（6）试验数据处理原则、方法和合格判定准则。

（7）试验组织、参试单位及试验任务分工。

（8）试验网络图和试验的保障措施及要求。

（9）试验安全保证要求。

1.5.2.3 产品生产定型应符合的标准和要求

产品生产定型应符合下列标准和要求。

（1）具备成套批量生产条件，工艺、工装、设备、检测工具和仪器等齐全，符合批量生产的要求，产品质量稳定。

（2）经工艺和生产条件考核、部队试用、生产定型试验，未发现重大质量问题，出现的质量问题已得到解决，相关技术资料已修改完善，产品性能符合批准设计定型时的要求和部队作战使用要求。

（3）生产和验收的技术文件和图样齐备，符合生产定型要求。

（4）配套设备和零部件、元器件、原材料、软件等质量可靠，并有稳定的供货来源。

（5）承研承制单位具备有效的质量管理体系和国家认可的装备生产资格。

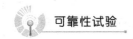

1.5.2.4 可靠性生产定型试验方案

可靠性生产定型试验方案依照可靠性鉴定试验方法来做。

试验时间：需要生产定型的产品，在完成设计定型并经小批量试生产后、正式批量生产前，应进行可靠性生产定型试验。军工产品生产定型试验的条件和时间，由定委在批准设计定型时明确。

试验样品：按试验方案随机抽样，特殊情况样品数也不能少于两台(套)。

失效：试验中允许失效，但总的统计可靠性特征值必须达到或超过设计定型的数值。

1.6 寿命试验

寿命试验的目的，一是发现产品中可能过早发生耗损的零部件，以确定影响产品寿命的根本原因和可能采取的纠正措施；二是验证产品在规定条件下的使用寿命、储存寿命是否达到规定的要求。

1.6.1 试验依据

（1）型号研制合同中的有关规定。

（2）GJB 450A《装备可靠性工作通用要求》。

1.6.2 适用范围与适用时机

本节提出的方法适用于具有耗损特性的机械类产品等的使用寿命和储存寿命的试验与评估。有关大型装备结构（如飞机结构）的寿命试验与评估方法请见相关手册。寿命试验与评估工作适用于产品设计定型阶段、试用阶段和使用阶段。

1.6.3 产品寿命参数

产品的耐久性是指产品在规定的使用、储存与维修条件下，达到极限状态之前完成规定功能的能力，一般用寿命参数度量。极限状态是指由于耗损（如疲劳、磨损、腐蚀、变质等）使产品从技术上或从经济上考虑，都不宜再继续使用而必须大修或报废的状态。

产品主要的寿命参数如下。

（1）首次大修期限：在规定条件下，产品从开始使用到首次大修的寿命单位数，也称首次翻修期限。

（2）使用寿命：产品使用到无论是从技术上考虑还是从经济上考虑都不宜再使用而必须大修或报废时的寿命单位数。

（3）大修间隔期限：在规定条件下，产品两次相继大修间的寿命单位数，也称翻修间隔期。

（4）总寿命：在规定条件下，产品从开始使用到报废的寿命单位数。

（5）储存寿命：产品在规定的储存条件下能够满足规定要求的储存期限。

（6）可靠寿命：给定的可靠度所对应的寿命单位数。

对于不同的武器装备系统，根据上述参数可以派生出不同的寿命参数，应参照相关标准给以定义。

1.6.4 产品寿命试验分类及方法

寿命试验是为了验证产品在规定条件下，处于工作（使用）状态或储存状态时，其寿命到底有多长，即要了解产品在一定应力条件下的寿命。根据工作状态、储存状态，产品寿命试验分为使用寿命试验、储存寿命试验。

除模拟正常使用状态或储存状态进行寿命试验外，对高可靠性产品而言，寿命试验时间很长。为了缩短试验时间，在不改变故障模式和故障机理的条件下，用大应力的方法进行寿命试验，这一试验称为加速寿命试验。按照增加应力的方式，加速寿命试验可以分为恒定应力加速寿命试验、步进应力加速寿命试验、序进应力加速寿命试验 3 种。

1.6.5 试验室使用寿命试验

使用寿命试验就是在一定环境条件下加负荷，模拟使用状态的试验。其目的是验证产品首次大修期限或使用寿命指标。

1.6.5.1 寿命试验方案

一般采用工程经验法。

（1）试验条件：它是产品的环境条件、工作条件和维护条件的总称。进行设备寿命试验时，应尽可能模拟实际的使用条件。

（2）试验时间：对于航空装备的机载产品，一般取产品首次大修期限的 1～1.5 倍的时间作为试验时间；对于其他武器装备的产品，可根据其使用特点确定试验时间。

（3）受试产品的选择：对于新研制的产品，应选取具备定型条件的合格产品作为受试产品；对于已定型或现场使用的产品，应选取在现场使用了一定时间的产品作为受试产品。

（4）受试产品数量：一般不应少于两台（套）。

1.6.5.2 寿命试验评估

1. 关联故障

对于可修复的产品，凡发生在耗损期内的并导致产品翻修的耗损性故障为关联故障。

对于不可修复的产品，发生在耗损期内的并导致产品翻修的耗损性故障和偶然故障均为关联故障。

2. 数据处理

（1）如果受试产品寿命试验到 T 截止时，全部产品均未发生关联故障，则应按如下公式评估产品的首次大修期限或使用寿命 T_0。

$$T_0 = \frac{T}{K} \tag{1.1}$$

式中，T 为每台受试产品的试验时间；K 为经验修正系数。

（2）如果受试产品寿命试验到 t_0 截止时，有 r 个关联故障发生，则应按如下公式评估产品的首次大修期限或使用寿命 T_{0r}。

$$T_{0r} = \frac{\sum_{i=1}^{r} t_i + (n-r)t_0}{nK_0} \tag{1.2}$$

式中，t_i 为第 i 个受试产品发生关联故障的时间；n 为受试产品数量；r 为发生的关联故障数；K_0 为经验修正系数。

（3）如果受试产品寿命试验到 t_n 截止时，全部受试产品先后发生关联故障，则应按如下公式评估产品的首次大修期限或使用寿命 T_{0n}。

$$T_{0n} = \frac{\sum_{i=1}^{n} t_i}{nK_1} \tag{1.3}$$

式中，K_1 为经验修正系数。

1.6.6 综合验证试验法

1.6.6.1 采用综合验证试验法具备的条件

当产品同时具备以下条件时，可以应用寿命与可靠性综合验证试验方法（简称综合验证试验法），通过一次试验给出产品的寿命值和可靠性验证值。

（1）该产品既有可靠性指标要求，又有寿命指标要求，且有关合同规定该产品要进行可靠性鉴定试验和寿命试验。

（2）经分析判定，所施加的试验条件（剖面）能够同时对产品的寿命和可靠性进行验证考核。

（3）经权衡分析判定，对该产品进行寿命与可靠性综合验证试验，比分别进行可靠性验证试验和寿命试验更为经济、有效。

1.6.6.2 寿命指标验证

用综合验证试验法对产品寿命指标的验证评估通常采用以下两种方法：一是工程经验法，该方法是目前国内航空产品用得最多的一种定延寿方法。这种方法通常采用定时截尾试验。二是分析法（定时截尾试验），在产品故障分布服从正态分布的假设前提下，可应用分析法。分析法给出的寿命评估结果较工程经验法精确，但所需的受试产品样本量较大（不少于 5 台），且要求 70%的受试产品在试验截止时间前已发生耗损故障，故试验时间也较长。

1.6.6.3 试验条件

综合验证试验法的试验条件（剖面）应符合以下要求。

（1）为了使试验结果能够真实地反映产品在现场使用的情况，其试验条件（剖面）应能模拟产品的主要使用环境，包括工作应力、环境应力及维护使用条件等。若通过分析能证明产品的寿命长短与可靠性高低主要取决于使用环境中的部分环境应力与工作应力，而与其他环境应力与工作应力不相关或关系不大，则试验条件（剖面）中应只保留对产品的寿命与可靠性影响较大的那些环境应力和工作应力。

（2）试验条件（剖面）应根据产品的寿命剖面（含任务剖面）来确定。

（3）优先选用产品在实际使用中的实测应力数据来制定试验条件（剖面）。若无实测应力，则可使用根据处于相似位置、具有相似用途的产品在执行相似任务剖面时测得的数据，经过分析处理后确定的应力。若实测应力和相似产品的实测数据均无法得到，则可以应用 GJB 899《可靠性鉴定与验收试验》附录 B 中的数据、公式和方法导出相应的振动、温度、湿度等环境应力。

1.6.6.4 试验时间

寿命与可靠性综合验证试验一般采用定时截尾试验，试验时间取决于受试产品的寿命与可靠性指标、产品的重要度及可靠性统计试验方案的参数等因素。

1. *寿命试验所需的最少试验时间* T_L

（1）若采用工程经验法，则寿命指标验证所需的最少试验总时间 T_L 可按如下公式确定。

$$T_L \geqslant nKT_0 \tag{1.4}$$

式中，n 为受试产品数量；T_0 为受试产品规定的寿命；K 为工程经验系数，由承制方与订购方视产品的重要度及相似产品的经验等因素共同确定。

（2）若采用分析法对寿命指标进行评估，为保证评估的精度，应将 70%的受试产品出现故障时的时间定为试验截止时间 T_Z，则寿命指标验证所需的最少试验总时间 T_L 可按如下公式确定。

$$T_L \geqslant nT_Z \tag{1.5}$$

式中，n 为受试产品数量；T_Z 为 70%的受试产品出现故障时的时间。

2. *寿命与可靠性综合验证试验总时间* T_{LR}

寿命与可靠性综合验证试验总时间 T_{LR} 应取 T_L 与 T_R（可靠性试验最少试验总时间）两者中的较大值。

（1）如果 $T_L > T_R$，且大得较多，则可根据 T_L，重新调整可靠性统计试验参数值，选取更小的α、β 或 d，适当增加 T_R，从而在不增加试验成本的前提下，进一步降低试验的风险，并提高可靠性估计值的置信度。

（2）如果 $T_R > T_L$，且大得较多，则可将寿命指标验证试验设计成两个阶段。

① 第一阶段，仍按原先规定的产品寿命值 T_0 的要求进行试验，定时截尾试验时间为 KT_0（或 T_Z）。该阶段试验结束后应给出产品能否达到规定的寿命值 T_0 的结论。若所有受试产品在 KT_0（或 T_Z）内均未出现关联故障，则可进行第二阶段试验。

② 第二阶段，将单台试验截止时间延至 T_R/n 小时，则试验总时间最多为 T_R 小时。该阶段试验结束后，联同第一阶段的试验数据，可以对受试产品的寿命值进行评估，从而为该产品的延寿提供依据。

1.6.6.5 受试产品数量

（1）受试产品数量一般不应少于两台。

（2）若用分析法对寿命指标进行评估，则受试产品失效数 r 应至少等于 5，故受试产品数量亦至少为 5 台。

（3）在增加受试产品数量有利于降低总成本（受试产品价格+试验成本）的前提下，可适当增加受试产品数量，使 $T_L = nKT_0$ 尽量接近 T_R，但仍应保证每台受试产品的试验截止时间不得少于规定的 KT_0 小时。

1.6.6.6 故障判据

对产品寿命指标的考核与对可靠性指标的考核，其故障判据是不相同的。考核寿命指标的故障判据是：对于不可修复的产品，在寿命试验期间，凡引起产品更换的所有偶然故障和耗损性故障均判为产品故障；对于可修复的产品，其故障只计及引起产品翻修的耗损性故障，如磨损、老化、疲劳断裂等。

1.6.6.7 对寿命指标的评估

根据试验数据的特点，可用相应评估方法对寿命指标进行评估，其方法有工程经验法及分析法（定时截尾试验）。

1.6.6.8 预防性维修

在寿命与可靠性综合验证试验期间，只允许进行产品使用期间规定的和已列入经批准的试验程序中的预防性维修措施，如定时更换易损件，定时进行润滑、清洗、校准等。

1.6.6.9 故障处理

（1）试验中发生故障，应立即停止试验，并将故障情况予以详细记录。

（2）撤出故障件进行故障分析。在此期间，其他试件是继续试验还是等故障件（可修复产品）修好后再同时进行试验，可视情况决定。但只要未发生关联故障，每台受试产品至少要试验到截止时间 T_Z（$T_Z=KT_0$）才能终止。

（3）故障分析结果表明，若发生的故障属于关联故障，则该试件用于考核寿命指标的任务已经结束。如果因可靠性指标考核的需要，仍需将该试件修复并重新投入试验，则必须更换所有故障零部件，其中包括由其他零部件故障引起应力超出允许额定值的零部件。

（4）故障分析结果表明，若发生的故障属于非关联责任故障，则应将由于此非关联责任故障对试件所造成的影响予以消除，并经证实其修理有效后，才能继续试验。

（5）除非事先规定或经订购方批准，不应随意更换未出故障的模块或零部件。

1.6.6.10 受试产品的处理

产品作为有寿件，受试产品经试验后，不管是否发生过故障，一般不再交付使用。但对于价格昂贵的可修复产品，在进行充分论证的基础上，若认为有必要进一步挖掘其使用潜力，则可按规定的要求与程序对受试产品进行大修，使其恢复到规定的技术状态后，可作为该产品翻修间隔期寿命试验的受试产品，继续投入试验。

1.7 可靠性试验新技术

1.7.1 可靠性强化试验

1.7.1.1 RET 的发展与特点

20 世纪 80 年代初，在应力筛选迅速发展的同时，人们就已经注意到由于设计潜在缺陷的残留量仍不少，为可靠性的提高提供了可观的空间；另外，还有价格和研制周期问题，这是当今动态市场竞争的焦点。实践证明，可靠性强化试验（RET）正是综合解决这一问题的最好方法。RET 获得的可靠性比传统方法高得多，更可贵的是 RET 在短时间内就获得早期高可靠性，不用像传统方法那样需长时间的可靠性增长，从而也降低了成本。

最先从事这方面工作、称得上先驱者的是 G.K.Hobbs、K.A.Gray 和 L.W. Condra 等人。他们称这种试验为高加速寿命试验（HALT）和高加速应力筛选（HASS），前者针对设计，后者针对生产，方法的核心是施加大应力，一步步地加，一次次地排除缺陷，故也叫步进应力法，以此获得高可靠性。从 20 世纪 80 年代末至 90 年代初，这种试验相继在各工业部门推广应用， 无一例外地取得了很大的成功。由于商业竞争与军工保密的原因，至今有关该试验的许多重大成果仍未解密发表，连名称也尚未统一。该试验的名称有步进应力试验（Step Stress）、高加速寿命试验（HALT）、应力增益寿命试验（STRIFE）、应力裕度和强壮试验（SMART）和可靠性强化试验（RET）等，波音公司把 RET 当作这一试验技术的统称是较为合理的，因为它突出了强化试验的特点。

RET 得到迅速发展的原因还在于 20 世纪 90 年代市场可靠性观念的更新和关键技术的突破。L.W.Condra 在其系列论文中说，美国生产厂家在 20 世纪 80 年代认识到质量的重要性，深知市场只接受质高价廉的产品，到 90 年代又认识到可靠性的重要性，深知市场对产品不仅要求高的开箱率，而且要求在设计寿命期内确保性能良好不变。这是新一轮对可靠性的挑战，而 RET 正是满足这一挑战的最好方法。Condra 指出按传统的可靠性定义去应付瞬息万变的动态市场显得太被动了，厂家只对用户的条件（规范）负责，不对产品的使用负责必然导致在市场中的失败。于是，20 世纪 90 年代，一种进取性的市场可靠性定义便应时而生；一种可靠的产品应随时都能完成用户需其完成的任何任务。这样一来，厂家便变被动为主动，了解用户对产品的要求，关注市场的发展，不断改进更新产品，以上乘的质量可靠性换取不断扩大的市场占有份额，获取丰厚的利润回报，因此可靠性便不再是一种成本负担，相反，可靠性正是商家追求的一种资产、一种财富。

但是，传统的可靠性试验既极费钱又极费时，必须要开发一种新的经济有效的替代法来适应这一需求，这便是 RET。RET 技术的理论依据是故障物理学，把故障或失效当作研究的主要对象，通过发现、研究和根治故障达到提高可靠性的目的。对当今高度复杂的电子或机电产品，要发现潜在故障绝非易事，特别是一些潜伏极深的或间歇性故障，必须采用强化应力的方法强迫其暴露。实践证明，RET 效果显著。

1.7.1.2 RET 的效果

Gregg K.Hobbs 先生曾就强化应力的效果问题设计了一种金属试件，对疲劳寿命进行了研究。研究发现，当应力强度增加 1 培时，疲劳寿命降低为 1/1000，在实际应用时振动引起的失效就属于这一类型。除了施加强化应力外，由于有缺陷产品的应力集中系数高达 2～3 倍，从而使疲劳寿命相应降低好几个数量级，这样就使产品内的有缺陷元件与无缺陷元件在相同的强化应力下疲劳寿命拉大了档次。使缺陷迅速暴露的同时无缺陷元件损伤甚小，这一理想的效应正是我们所需要的。

温度循环属于热疲劳性质，S.Smithson 先生在《效率与经济性》一文中也给出了类似的效果。若以两个不同的温变率为例，一个为 5℃/min,另一个强化到 40℃/min，则它们的疲劳寿命效率比为 4400∶1，其他温变率的情况如表 1.4 所示。

表 1.4 试验对比表

温变率（℃/min）	5	10	15	20	30	40
循环数	400	55	17	7	2.2	1
每循环时间（min）	66	33	22	16.5	11	8
总时间（h）	440	30	6	1.9	0.4	0.1

根据上述数据可以看到，RET 的综合效果是：大幅提高可靠性，高度压缩时间，从而也降低了成本。

1.7.1.3 实施 RET 的设备

要实施强化应力必须要有相应的设备，使用传统的试验设备进行 RET 也能取得某种程度的成功，但由于现有温箱的温变率偏低，多为 5～10℃/min，振动台只有单轴台，试验时需换向，价格也贵，无法满足 RET 的要求。因此，一种崭新的高效价廉设备的应时推出配合了 RET 技术的发展。新设备由高温变率温箱和气动式 3 轴 6 自由度（6DOF）振动台组成，高温变率用液氮致冷取得。这本非新技术，但由于过去人们对液氮成本过高有所担心，致使长期被搁浅，现经全面比较，因 RET 的高效率和高压缩而反使成本有所降低，从而得以确认使用。

6DOF 台由气动反复冲击机发展而成，该机原用于模拟炮射冲击环境，因其有 6 自由度空间和价廉的特点，被看中用来改装模拟随机振动，经过不断改进发展而获成功。其关键技术主要有二：一是锤头击打频率（30～50Hz）和锤头击打力度可随机调制（通过冲程），这样由若干个锤头和一个台面构成的气动振动台便可产生一种非高斯型的准随机激励；二是累积疲劳系数（AFF）分析方法在该类激励中的成功应用。根据 G.Henderson 引用 R.G.Lambert 的研究成果，累积疲劳损伤主要由大于 2σ 的应力峰所造成，而 6DOF 台具有丰富的远大于 2σ 的峰值概率分布，故具有极强的激发缺陷的能力。根据对 AFF 的计算结果，6DOF 台的效率与单轴振动台的效率比值为 2114∶1。作为 6DOF 台的缺点的试验均匀性和重复性问题，经 G. Hobbs 和惠普公司等进行了长达一年多的试验研究也得到了很好的解决。

1.7.2 可靠性加速试验

当今，许多产品都能在极端严酷的环境应力下无故障地运转上千个小时。为了确认设计缺陷或验证预计的寿命，传统的试验方法已经不再胜任人们的需求了。可靠性工作者开始研究先进的试验方法与技术。

1.7.2.1 加速试验目的与特点

1. 加速试验目的

进行加速试验的目的可概括如下。

（1）为了适应日益激烈的竞争环境。

（2）在尽可能短的时间内将产品投入市场。

（3）满足用户预期的需要。

2. 加速试验特点

加速试验是一种在给定的试验时间内获得比在正常条件下（可能获得的信息）更多信息的方法。它是通过采用比设备在正常使用中所经受的环境更为严酷的试验环境来实现这一点的。由于使用更高的应力，在进行加速试验时必须注意不能引入在正常使用中不会发生的故障模式。在加速试验中要单独或综合使用加速因子，主要包括如下几个。

（1）更高频率的功率循环。

（2）更高的振动水平。

（3）高湿度。

（4）更严酷的温度循环。

（5）更高的温度。

1.7.2.2 加速试验分类

加速试验主要分为两类，每一类都有明确的目的。

（1）加速寿命试验——估计寿命。

（2）加速应力试验——确定（或证实）和纠正薄弱环节。

这两类加速试验之间的区别尽管细微，但却很重要。它们的区别主要表现在下述几个方面：作为试验基础的基本假设、构建试验时所用的模型、所用的试验设备和场所、试验的实施方法、分析和解释试验数据的方法。表 1.5 对这两类主要的加速试验进行了比较。

表 1.5 两类主要的加速试验的比较

试验	目的与方法	注解
加速寿命试验（ALT）	使用与可靠性（或寿命）有关的模型，通过比正常使用时所预期的更高的应力条件下的试验来度量可靠性（或寿命），以确定寿命多长	要求： （1）了解预期的失效机理 （2）了解关于加速该失效机理的大量信息，作为加速应力的函数
加速应力试验（AST）	施加加速环境应力，使潜在的缺陷或设计的薄弱环节发展为实际的失效，确认可能导致使用中失效的设计、分配或制造过程问题	要求充分理解（至少要足够了解）基本的失效机理，对产品寿命的影响问题作出估计

1.7.2.3 加速试验的产品层次（级别）

要明确进行加速试验的产品层次（级别）是设备级还是零部件级，这一点很重要。某些加速方法只适用于零件级的试验，而有的方法只能用于较高级别的总成（设备），只有少数方法同时适用于零件级和总成（设备）级。对零件级非常合适的基本假设和建模方法在对较高级别的设备进行试验时可能完全不成立，反之亦然。表 1.6 列出了在两个主要的级别（设备级和零部件级）上进行试验的信息。

1.7.2.4 加速试验模型

加速试验模型将零部件的失效率或寿命与给定的应力联系起来，这样，就可以用在加速试验中得到的度量来推断正常使用条件下的性能。这里隐含的假设是应力不会改变失效分布的形式。

表 1.7 总结了 3 种最常见的加速试验模型，实际中使用的模型不止这 3 种。在选用模型时，最关键的准则是所选用的模型能精确地把加速条件下的可靠性或寿命模拟成正常使用条件下的可靠性或寿命。在选择最适用的模型时和在具体应用中，为所选用的模型选择适当的验证范围时必须十分小心。

表 1.6　加速试验的产品级别

级别	限制（局限）	注解
设备级	通常非常有限，很少进行。要建立起设备在高应力下与正常使用条件下的失效率之间的关系的模型是极端困难的，而且，也很难确定不改变设备的失效机理的应力条件	可以有效地用于设备的加速试验的一个例子是增加工作周期。例如，某系统在正常情况下仅在一个班次中运行，航空电子设备在一次飞行前和飞行中只工作几个小时，在这种情况下，在试验中可以增加工作周期，受试系统一天可以连续工作 3 个班次，可使航空电子设备循环工作，在模拟飞行之间只留出足够使设备的温度稳定在非工作状态的时间。这样，尽管每个工作小时的失效率没有改变，但是每天发生的失效数增加了。这类加速试验通常在可靠性鉴定试验中采用。这实际上是加速试验的一种形式（尽管通常不这样认为）
零部件级	部件的失效模式比设备要少，因此要确定能有效地加速失效率而又不大改变失效机理的应力就容易得多	通常用一个给定的应力可以对一个或多个支配性失效机理进行加速试验。例如，电容器的介质击穿是电压的函数，腐蚀是湿度的函数。在这种情况下，要找出失效率与使用应力之间的函数关系的加速模型相当容易。因此，加速寿命试验广泛应用于部件，并且极力推荐大多数类型的零件使用这一方法

表 1.7　常见的加速试验模型

模型名称	公式说明
逆幂率定律（Inverse Power Law）	$$\frac{正常应力下的寿命}{加速应力下的寿命}=\left(\frac{加速应力}{正常应力}\right)^N$$ 式中，N 为加速因子
阿列纽斯加速模型（Arrhenius Acceleration Model）	$$L=A\mathrm{e}^{-\frac{\varepsilon}{kT}}$$ 式中，L 为寿命的度量，如零部件总体的中位寿命；对于受试零部件，A 为由实验决定的常数；e 为自然对数的底；ε 为活化能（电子伏特，能量的一种度量），它是每一失效机理特有的量值；k 为玻尔兹曼常数，即 8.6171×10^{-5} eV/K；T 为温度（开氏度）
迈因纳法则（疲劳损伤）[Miner's Rule (Fatigue Damage)]	$$CD=\sum_{i=1}^{k}\frac{C_{S_i}}{N_i}\leqslant 1$$ 式中，CD 为累积损伤和；C_{S_i} 为给定的平均应力 S_i 作用的循环数；N_i 为在应力 S_i 下失效的循环数，可以根据该种材料的 S-N 曲线确定；k 为所施加的载荷数 假定每个零部件都有有限的有用疲劳寿命，每个应力循环都要用去该寿命的一小部分。当来自每一载荷的累积损伤的总和等于 1 时就发生失效。迈因纳法则不能扩展到无穷大，只有在材料的屈服强度以下才成立，超过屈服极限点就不再成立了

1.7.2.5　先进的加速试验思想

过去，大多数加速试验都是使用单一应力和在定应力谱进行的，包括周期固定的周期性应力（例如，温度在规定的上、下限之间循环，温度的上限和下限及温度的变化率是恒定的）。但是，在加速试验中，应力谱不必是恒定的，也可以使用多种应力的组合。常见的非恒定应力谱和组合应力包括：

（1）步进应力谱试验；

（2）渐进应力谱试验；

（3）高加速寿命试验（HALT）（设备级）；

（4）高加速应力筛选（HASS）（设备级）；

（5）高加速温度和湿度应力试验（HAST）（零件级）。

高加速试验系统性地使用大大超过产品使用中预期水平的环境激励，因此需要详细理解试验结果。高加速试验用于确认相关故障，并用来确保产品对高于所要求的强度有足够的裕度，以便能经受正常的使用环境。高加速试验的目的是大大减少暴露缺陷所需要的时间。该方法可用于研制试验，也可用于筛选。

HALT 是一个研制工具，而 HASS 是一个筛选工具。它们常常互相联合使用。这是两种相对较新的方法，与传统的加速试验方法不同。HALT 与 HASS 的具体目标是改进产品设计，将制造偏差和环境效应对产品性能和可靠性的影响减至最小。通常定量的寿命或可靠性预计与高加速试验没有联系。

1. *步进应力谱试验*

使用步进应力谱，试验样本首先按事先规定的时间以某个给定的应力水平试验一段，然后在高一点的应力水平下再试验一段时间。不断增加应力水平继续上面的过程，直到某个试验样本失效，或者试验进行到最大应力水平时终止。这种方法能更快速地使产品失效以便分析。但是，用这种方法很难正确建立加速模型，因此很难定量地预计产品在正常使用条件下的寿命。

每一步中应该增加的应力量值与许多变量有关。但是，允许在设计中进行这样的试验的一个普遍的法则是：假设产品没有缺陷，如果最终能以适当的裕度超出预期的使用环境中的应力，那么就能保证总体中的每一个个体都能经受住使用环境和筛选环境。

2. *渐进应力谱试验*

渐进应力谱或梯度试验是另一种常见的方法，试验中应力水平随时间持续增加。其优点和缺点与步进应力谱试验相同，但有另外一个困难，那就是很难精确地控制应力增加的速率。

3. HALT

HALT 一词是 Gregg K. Hobbs 于 1988 年提出的。HALT 有时指应力增益寿命试验（STRIFE），是一种研制试验，是步进应力试验的一种强化形式。它一般用来确认设计的薄弱环节和制造过程中存在的问题，以及用来增加设计强度的富裕量，而不用来进行产品寿命或可靠性的定量预计。

4. HASS

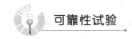

HASS 是加速环境应力筛选的一种形式。它代表了产品所经历的最严酷的环境，但通常持续很有限的一段时间。HASS 是为达到“技术的根本极限”而设计的。此时，应力的微小增加就会导致失效数的大量增加。这种根本极限的一个例子是塑料的软化点。

5. HAST

随着近年来电子技术的高速发展，几年前出现的加速试验可能不再适应当今的技术了，尤其是那些专门针对微电子产品的加速试验。例如，由于塑料集成电路包的发展，现在用传统的、普遍被接受的 85℃/85% RH 的温度/湿度试验需要花上千小时才能检测出新式集成电路的失效。在大多数情况下，试验样本在整个试验中不发生任何失效，不发生失效的试验是说明不了什么问题的，而产品在使用中必定会偶尔失效，因此需要进一步改进加速试验。HSAT 就是为代替老的温度/湿度试验而开发的方法。

1.7.2.6 在加速试验中应当注意的问题

加速试验模型是对产品在正常应力水平下及一个或多个加速应力水平下的关键因素进行试验而导出的。在使用加速环境时一定要极其注意，以便识别和正确确认在正常使用中将发生的失效和一般不会发生的失效，因为加速环境一般都使用远高于现场使用时所预期的应力水平，加速应力会导致在实际使用中不可能出现的错误的失效机理。例如，将受试产品的温度升高到超过材料性能改变的温度点或休眠激活门限温度时，就会导致在正常使用中不会发生的失效的发生。在这种情况下，解决这种失效只会增加产品的费用，可靠性却不会有丝毫的提高。理解真正的失效机理来消除失效的根本原因才是极为重要的。

参 考 文 献

[1] GJB 450A-2004 装备可靠性工作通用要求.

[2] GJB 1362A-2007 军工产品定型程序和要求.

[3] 龚庆祥. 型号可靠性工程手册[M]. 北京：国防工业出版社,2007.

[4] 王建刚. 可靠性增长、可靠性研制试验和可靠性增长试验,2005

[5] 祝耀昌. 可靠性试验及其发展趋势[J]. 航空标准化与质量,2005.

[6] 姜同敏. 可靠性试验技术[M]. 北京：北京航空航天大学出版社,2012.

第2章

可靠性仿真试验

2.1 可靠性试验目的

可靠性是指产品在规定的条件下和规定的时间内完成规定功能的能力，是产品的质量特性之一。产品的可靠性是设计出来的，是生产出来的，因此我们需要在产品设计与研制阶段重视其可靠性工作。传统经典的产品可靠性设计、可靠性分析与可靠性试验方法在各个行业领域取得了重要成果。但随着社会的进步，与人们生活息息相关的产品性能要求越来越高，功能要求越来越多，而体积要求越来越小，从而导致其越来越复杂，正是由于其复杂性急剧增大，产品的可靠性问题也就日益突出。人们急需寻找快速提升复杂产品可靠性的方法和手段。

而可靠性仿真试验作为一门新兴的可靠性技术正在兴起，在产品可靠性设计中发挥重要作用，它正在成为产品可靠性工作中重要的、更强有力的工具和手段。可靠性仿真试验主要通过在产品数字样机上施加产品所经历的载荷历程（包括温度和振动），进行应力分析和故障预计，从而找出产品的设计缺陷和薄弱环节，提出设计改进措施，通过设计改进提高产品的固有可靠性，并利用故障物理模型通过仿真预计产品的平均首发故障时间。

近年来，随着科学技术的发展，产品研制品种数量和进度要求呈现明显加速的趋势，要求的研制周期进一步大幅缩短，而产品的可靠性指标要求却大幅提高，指望通过形成实物样机后的检测和试验保证可靠性水平实现已经变得越来越困难和不现实。这必将要求在研制过程中加强可靠性设计以从源头上保证可靠性水平得以实现。基于故障物理的可靠性仿真试验技术正好为解决这一问题提供了有效的方法，它不但能够解决产品研制中可靠性设计优化的问题，而且还为高可靠、长寿命指标的预测分析提供了一种方法。

（1）可靠性仿真试验技术将科学的基于故障物理的可靠性理论体系与仿真分析

技术实现了有机融合，以工程分析的手段代替原有的基于经验数据的统计预计手段，对现有产品的可靠性工作具有理论指导意义。

（2）可靠性仿真试验技术在工程应用中和产品设计紧密结合，确保将可靠性设计和制造到产品中去，同时也使产品具有故障预计和预先维修的能力，对解决目前产品可靠性工作与设计工作“两张皮”的困境探索了一条新的道路，对提高产品的可靠性水平具有重要现实意义。

（3）可靠性仿真试验技术依托虚拟设计技术基于数字样机进行，使可靠性设计工作开展的时机大大提前了，使得设计改进工作难度降低、工作量减少、改进周期缩短、成本降低，可以大幅提升产品可靠性工作质量，从而对提高产品研制的可靠性工作水平具有重要指导意义。

从本质上来说，可靠性仿真试验与传统的实物样机可靠性试验一样，都是一种对产品的可靠性进行调查、分析和评价的手段，其目的都是为了发现产品的设计缺陷和薄弱环节及评价产品的可靠性水平，而两者之间的区别在于试验对象、试验条件等试验因素的不同，如表 2.1 所示[1]。

表 2.1　可靠性仿真试验与传统实物可靠性试验的比较

对比项目	可靠性仿真试验	传统实物可靠性试验
试验对象	数字样机	实物样机
试验条件	虚拟载荷	实际载荷
试验设备	计算机	可靠性综合试验设备
试验周期	较短	较长
试验成本	较低	较高

可靠性仿真试验在产品研制周期的前端介入，能够及早发现产品的可靠性设计缺陷，从而在数字样机阶段改进其结构设计，缩短产品的开发周期，减少设计、生产、再设计和再生产的费用，为提高产品设计的合理性及可靠性提供有力保障。因此，可靠性仿真试验对于装备的发展起到非常重要的作用，特别对于我国装备的发展更需要在研制早期加大可靠性仿真试验的投入。

2.2 可靠性仿真试验理论

可靠性仿真试验的最终目的是对产品在给定应力条件下潜在故障点的故障时间进行分析，可以给出产品的故障信息矩阵，发现产品的可靠性薄弱环节，为定量评价产品的可靠性水平提供依据。具体来讲，就是在产品数字样机上施加其在使用过程中经历的载荷历程（包括温度和振动），分解到产品的基本模块上，进行应力分析和应力损伤分析；同时，通过仿真预计产品的失效时间分布，评价产品的可靠性水平，从而找出产品的设计缺陷和薄弱环节，采取改进措施，提高其可靠性水平。

目前，可靠性仿真试验主要包括热仿真及振动仿真、故障预计、可靠性评价 3 个阶段。其中，热仿真及振动仿真都是基于有限元法的，故障预计是基于故障物理及应力累积损伤方法的，可靠性评价是基于概率统计原理进行的评价。通过上述 3 个阶段的可靠性仿真分析，可以及早地发现产品热结构设计、振动结构设计的缺陷和薄弱环节，同时也可以发现可靠性设计的不足之处，通过分析改进，可以全面提升产品的固有可靠性水平，快速缩短产品设计成熟周期，提高产品市场占有率，从而创造更多的利润。

2.2.1 有限元法仿真理论

2.2.1.1 有限元法概述

有限元法的基本理念是用较简单的问题代替复杂问题后再求解。它把求解域看成是由许多称为有限元的小的互连子域组成的，对每一单元假定一个合适的近似解，然后推导求解这个域总的满足条件，从而得到问题的解。它是一种计算产品设计特性的高效能方法，广泛地应用于以拉普拉斯方程和泊松方程所描述的各类物理场中[2]。

有限元法可以用于求解连续体动力学及热力学问题，如结构的静态、动态分析及热传导、电磁、流体力学分析。在工程应用中，可以计算出复杂结构的位移、应力和应变等参数，也可以分析结构的动力学特性。目前，常用的有限元软件有 Nastran、Ansys、ABAQUS、LS-DYNA、ADINA、Fluent 等，还有大量针对某个领域进行专门设计开发的行业专用有限元软件。

有限元法的思想是将一个连续的求解域离散分解为若干个子域，并通过其边界上的节点相互连接成为有机整体。它用每一个子域内所假设的近似函数组成求解域内的未知变量，而每个子域内的近似函数由未知函数在子域各节点上的数值和与其对应的插值函数来表示。如此一来，求解原来待求场函数的无穷自由度问题转换为求解场函数节点值的有限自由度问题。有限元分析基本按照如下的流程进行的。

（1）确定有限元分析的问题及求解域：根据实际需要分析的问题确定求解域的物理性质和几何区域。

（2）对需要分析的对象进行离散化处理：将分析求解的对象近似为具有不同有限大小和形状且彼此相连的有限个子域（单元）组成的离散域，也称网格划分。显然，网格越细，则离散域的近似程度越好，计算结果也越精确，但计算量将增大。因此，需要分析的对象离散化是有限元分析的核心技术之一。

（3）确定需要求解的状态变量及其控制算法：一个具体的有限元分析问题，通常可以用一组包含求解问题状态变量边界条件的微分方程式表示。一般在有限元求解分析过程中，将微分方程化为等价的泛函形式，以便适合有限元求解。

（4）建立子域的数学模型：对子域构造一个合适的近似解，其中包括选择合理的子域坐标系，建立子域试函数，以某种方法给出子域各状态变量的离散关系，从而形成子域矩阵。

（5）将子域数学方程总装求解：将子域数学方程总装形成联合方程组，反映对近似求解对象的离散域的要求，即单子域函数的连续性要满足一定的连续条件。总装是在相邻子域节点进行的，状态变量连续性建立在节点处。

（6）联立所有分析对象子域方程组求解和结果分析：将分析对象的子域函数联立方程，通过运用直接法、迭代法或随机法进行求解，得到子域节点处状态变量的近似值；对于计算结果的质量，将通过与试验实测或设计允许值比较来评价并确定是否需要重复计算。

综上所述，有限元分析可分成 3 个阶段：前置处理、计算求解和后置处理。前置处理是建立有限元模型，完成子域（单元）网格划分；后置处理则是采集处理分析结果，使用户能简便提取信息，了解计算结果。

2.2.1.2 热仿真基本理论[3]

热仿真分析最基本的理论基础是传热学和流体力学。传热学主要研究热量传递的基本形式、传热机理等，流体力学主要研究流体流动特性。

1. 热传递理论

世界万物都是按照一定的规律在运动着的，热量传递也不例外，它也有一些基本的规律可循：凡有温差的地方就有热量的传递。因此，产品之间或产品内部温差的存在是实现产品各部分传导热量的充要条件。传热过程一般分为稳定过程和不稳定过程两大类。稳定传热就是指产品中各点的温度只随发热位置的变化而变，不随时间而变。其特点为：通过传热表面的传热速率为常量。不稳定传热就是指产品中各点的温度既随位置的变化而变，又随时间变化。其特点为：传热速率、热通量均为变量。通常情况下，连续工作多为稳定传热，间歇瞬态多为不稳定传热。

热传递根据传热机理的不同，可分为 3 种基本方式：热传导、热对流和热辐射。这 3 种方式，它们可以单独出现，也可能两种或 3 种方式同时出现。

（1）热传导是指直接接触的物体间或物体内部存在温度差异时交换能量的现象。热量从物体的高温部分向同一物体的低温部分传递，或者从一个高温物体向另一个与其接触的低温物体传递。不同的物体，其导热机理各不相同。

热传导的数学表达式为

$$Q=-\lambda F\frac{\partial t}{\partial x} \tag{2.1}$$

式中，Q 为热流量，单位是 W；λ 为导热系数，单位是 W/(m·℃)；F 为垂直于热流方向的截面面积，单位是 m^2；$\partial t/\partial x$ 为温度 t 在 x 方向的变化率；负号表示热量传递方向与温度升高方向相反。

（2）热对流是指流动的流体与其相接触的固体表面，二者具有不同温度时所发生的热量转移过程。它与流体的运动状态、流体的物理性质，以及换热面的几何形状、放置位置等因素有关。

热对流的基本计算式是牛顿冷却公式，为

$$Q = \alpha \cdot F \cdot \Delta t \tag{2.2}$$

式中，Q 为热对流量，单位是 W；α 为热对流系数，单位是 $W/(m^2 \cdot ℃)$；F 为换热面积，单位是 m^2；Δt 为流体与壁面的温差，单位是℃。

式（2.2）表明，热对流量与换热面积和温差成正比。比例常数为热对流系数，它反映了热对流能力，流体的物性、换热表面的几何条件等都会影响热对流系数。

（3）物体通过电磁波来传递能量的过程称为辐射。只要温度高于绝对零度，物体总是不断地把热能变为辐射能，向外进行热辐射。同时，物体也不断地吸收周围物体投射到它上面的热辐射，并把吸收到的辐射能重新转变为热能。热辐射指的是物体之间相互辐射和吸收的总效果。

辐射热交换的公式为

$$Q_{1,2} = \sigma_0 \cdot \varepsilon_x \cdot X_{1,2} F_1 (T_1^4 - T_2^4) \tag{2.3}$$

式中，σ_0 为黑体辐射常数；ε_x 为综合发射率；$X_{1,2}$ 为角系数；F_1 为物体 1 的表面积；T_1 和 T_2 为两个物体的表面温度。

2. 流体力学理论

在连续介质力学范畴下，流体力学的基本方程为纳维-斯托克斯方程，包括质量守恒方程、动量守恒方程和能量守恒方程。

（1）质量守恒方程：控制体积中质量变化率等于通过控制体积边界流入的质量流量。表达式为

$$\underbrace{\frac{\mathrm{d}}{\mathrm{d}t}\int_{\Omega} \rho \mathrm{d}\Omega}_{\text{质量变化率}} = \underbrace{\oint_{\Sigma} \rho \left(\boldsymbol{v}_{\Sigma} - \boldsymbol{v}\right) \cdot \boldsymbol{n} \mathrm{d}\Sigma}_{\text{质量流量}} \tag{2.4}$$

（2）动量守恒方程：控制体积中动量变化率等于通过控制体积边界流入的动量流量，加上体积力 $\boldsymbol{F}$（重力和惯性力）和表面力 $\boldsymbol{P}$（压力和黏性应力）引起的变化。表达式为

$$\underbrace{\frac{\mathrm{d}}{\mathrm{d}t}\int_{\Omega} \rho \boldsymbol{v} \mathrm{d}\Omega}_{\text{动量变化率}} = \underbrace{\oint_{\Sigma} \rho \boldsymbol{v} \left(\boldsymbol{v}_{\Sigma} - \boldsymbol{v}\right) \cdot \boldsymbol{n} \mathrm{d}\Sigma}_{\text{动量流量}} + \underbrace{\int_{\Omega} \rho \boldsymbol{F} \mathrm{d}\Omega}_{\text{体积力}} + \underbrace{\oint_{\Sigma} \boldsymbol{P} \times \boldsymbol{n} \mathrm{d}\Sigma}_{\text{表面力}} \tag{2.5}$$

（3）能量守恒方程：控制体积中能量变化率等于通过控制体积边界流入的能量流量，加上由体积力 $\boldsymbol{F}$ 和表面力 $\boldsymbol{P}$ 做的功，再加上因热传导引起的变化。表达式为

$$\frac{\mathrm{d}}{\mathrm{d}t}\int_{\Omega}\rho E\mathrm{d}\Omega=\oint_{\Sigma}\rho E\left(\boldsymbol{v}_{\Sigma}-\boldsymbol{v}\right)\cdot\boldsymbol{n}\mathrm{d}\Sigma+\int_{\Omega}\rho\boldsymbol{v}\cdot\boldsymbol{F}\mathrm{d}\Omega+\oint_{\Sigma}\boldsymbol{v}\cdot(\boldsymbol{P}\times\boldsymbol{n})\mathrm{d}\Sigma-\oint_{\Sigma}\boldsymbol{q}\cdot\boldsymbol{n}\mathrm{d}\Sigma \quad (2.6)$$

体积力 $\boldsymbol{F}$ 一般指的是重力，即 $\boldsymbol{F}=\boldsymbol{G}$。对于许多问题，重力一般可以忽略不计。

在式（2.4）至式（2.6）中，t 为时间；ρ 为流体微团密度；Ω 为流体微团体积；Σ 为流体微团的边界；$\boldsymbol{v}$ 为流体微团的速度矢量；$\boldsymbol{n}=(n_x, n_y, n_z)$为表面单位法向矢量；$E$ 为总能量；$\boldsymbol{q}$ 为热流量；$\boldsymbol{F}$ 为体积力；$\boldsymbol{P}$ 为表面力。

3. 热仿真分析

热仿真分析的目的就是通过上述理论公式计算产品模型内的温度分布及热梯度、热流密度等物流量。它可以在产品的概念设计阶段发现热缺陷，从而改善产品设计。利用数学手段求解温度场，早期对建立的方程采用直接求解，由于方程复杂，只能求解简单的问题，无法求解实际中的复杂模型。随着计算机技术的发展，热分析的数值求解法得到快速发展，推出了成熟的热分析软件。

2.2.1.3 振动仿真基本理论

振动是指物体或质点系统按一定规律在其平衡位置附近作周期性往复运动。振动现象十分普遍，如摆钟、振动打桩等，这些对我们是有用的，但有些是有害的，如地震、桥梁振动等。振动会加速仪器设备的疲劳，缩短它们的使用寿命，所以必须对它们进行抗振设计。抗振设计一般解决两个方面的问题：首先，是对系统进行模态分析，得到系统的固有频率和模态振型，以了解系统本身的振动特性；其次，是分析系统在受到外部激励下的响应，得到系统的响应情况，以做出相应的抗振设计。

1. 模态分析概述[4]

在工程振动领域中分析结构振动特性的一种常用的分析方法就是模态分析。模态分析的经典定义是：将线性定常系统振动微分方程组中的物理坐标变换为模态坐标，使方程组解耦，成为一组以模态坐标及模态参数描述的独立方程，以便求出系统的模态参数。坐标变换的变换矩阵为模态矩阵，其每列为模态振型。

每个机械结构都具有自己的模态，每一阶模态都对应其特定的固有频率。弹性结构具有振动模态。模态分析可以分析出弹性结构的固有频率及其对应的模态振型。我们可以通过模态分析得到结构在某个频率的范围内是否容易受外来振动激励的影响，以及受到影响后会发生的振动响应。所以，模态分析被普遍用来作为预测结构故障的方法。

在有限元分析的理论中，弹性结构在振动时可以被理解成一个具有多个自由度的系统。它具有很多个固有频率，每个固有频率都有其相对应的振动时的特性，就

是其模态。一个结构的模态由以下 3 种因素决定：结构的几何特性、材料属性和施加的边界条件。模态与施加在结构上的外部作用力及初始条件没有关系。

一个线性系统，假设具有 N 个自由度，它在振动时的运动特性可以表示为

$$\boldsymbol{M}\{\ddot{x}\}+\boldsymbol{C}\{\dot{x}\}+\boldsymbol{K}\{x\}=\{f\} \tag{2.7}$$

方程中，$\boldsymbol{M}$ 为系统的质量矩阵；$\boldsymbol{C}$ 为其阻尼矩阵；$\boldsymbol{K}$ 为其刚度矩阵。

在方程（2.7）的两边进行拉氏变换，可以得到

$$\left(s^2\boldsymbol{M}+s\boldsymbol{C}+\boldsymbol{K}\right)\{X(s)\}=\{F(s)\} \tag{2.8}$$

令 $s=\mathrm{j}\omega$，则方程（2.8）可变成

$$\left(\boldsymbol{K}-\omega^2\boldsymbol{M}+\mathrm{j}\omega\boldsymbol{C}\right)\{X(\omega)\}=\{F(\omega)\} \tag{2.9}$$

方程（2.9）是一个耦合的方程组。为了解耦，可以引入模态坐标。令

$$\{X\}=\boldsymbol{\Phi}\{q\} \tag{2.10}$$

式中，$\boldsymbol{\Phi}$ 为模态振型的矩阵；$\{q\}$ 为模态坐标。

将方程（2.10）代入方程（2.9），得

$$\left(\boldsymbol{K}-\omega^2\boldsymbol{M}+\mathrm{j}\omega\boldsymbol{C}\right)\boldsymbol{\Phi}\{q\}=\{F\} \tag{2.11}$$

振型矩阵有一个特性，就是质量矩阵和刚度矩阵是正交的。所以，分别对质量矩阵和刚度矩阵进行对角化，有

$$\boldsymbol{\Phi}^{\mathrm{T}}\boldsymbol{M}\boldsymbol{\Phi}=\begin{bmatrix}\ddots & & \\ & m_i & \\ & & \ddots\end{bmatrix} \tag{2.12}$$

$$\boldsymbol{\Phi}^{\mathrm{T}}\boldsymbol{K}\boldsymbol{\Phi}=\begin{bmatrix}\ddots & & \\ & k_i & \\ & & \ddots\end{bmatrix} \tag{2.13}$$

为了简化运算，可以对阻尼矩阵进行对角化处理，或者在小阻尼、比例阻尼的情况下进行近似对角化处理，即

$$\boldsymbol{\Phi}^{\mathrm{T}}\boldsymbol{C}\boldsymbol{\Phi}=\begin{bmatrix}\ddots & & \\ & c_i & \\ & & \ddots\end{bmatrix} \tag{2.14}$$

对方程（2.11）两边左乘 $\boldsymbol{\Phi}^{\mathrm{T}}$，得

$$\boldsymbol{\Phi}^{\mathrm{T}}\left(\boldsymbol{K}-\omega^2\boldsymbol{M}+\mathrm{j}\omega\boldsymbol{C}\right)\boldsymbol{\Phi}\{q\}=\boldsymbol{\Phi}^{\mathrm{T}}\{F\} \tag{2.15}$$

经过上面一系列的方程变换，具有 N 个自由度的相互耦合的方程组就可以变得

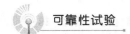

相互独立。解耦后的第 i 个方程可以表示为

$$\left(k_i - \omega^2 m_i + \mathrm{j}\omega c_i\right) q_i = \sum_{j=1}^{n} \phi_{ij} F_j \qquad (j = 1, 2, \cdots, n) \tag{2.16}$$

在任意坐标 L 下，其响应为

$$X_L = \sum_{i=1}^{N} \phi_{ij} q_j \tag{2.17}$$

从方程（2.17）可以看出来，一个具有 N 个自由度的系统，在使用模态坐标后，其振动响应可以通过叠加该系统的在各个单自由度状态下的响应而得到。这就是模态叠加原理。在模态坐标中，m_i 表示模态质量。通过归一化的方法，对模态质量进行归一，其振型矩阵记为 $\boldsymbol{A}$，即

$$\boldsymbol{A}^{\mathrm{T}} \boldsymbol{M} \boldsymbol{A} = \boldsymbol{I} \tag{2.18}$$

$$\boldsymbol{A}^{\mathrm{T}} \boldsymbol{K} \boldsymbol{A} = \begin{bmatrix} \ddots & & \\ & \omega_i & \\ & & \ddots \end{bmatrix} \tag{2.19}$$

方程中，ω_i 是第 i 阶模态的固有频率。

模态分析的目的就是用有限元分析的方法，通过设定结构的材料属性、几何特性和边界条件，计算出结构的固有频率和模态阵型。而通过仿真计算得出的固有频率和模态阵型就可以预测该结构在振动后可能会出现的大应力、大形变、断裂等故障。模态分析不仅可以对已有的结构进行评估，也为进行进一步的仿真分析和优化设计提供了依据。

2. 随机振动分析概述[5]

随机振动是指系统对外加随机激励的动态响应，是一种只能在统计意义下描述的振动。现实中在很多情况下载荷是不确定的，例如，火箭每次发射会产生不同时间历程的振动载荷，汽车在路上行驶时每次的振动载荷也会有所不同。由于时间历程的不确定性，这种情况不能选择瞬态分析进行模拟计算，于是从概率统计学角度出发，将时间历程的统计样本转变为功率谱密度（PSD）函数，在此基础上进行随机振动分析。常见的随机振源包括路面的不平度、大气湍流、海浪、地震引起的地面运动等。为了鉴别和剔除产品工艺和元器件引起的早期故障，电子产品一般都要进行环境应力筛选，其中就包括随机振动试验。

随机激励通常以功率谱密度函数的形式来描述，若输入的功率谱为 $G_x(f)$，系统的频率响应函数为 $H(f)$，则根据随机振动理论可以得出响应功率谱 $G_y(f)$ 为

$$G_y(f) = \left|H(f)\right|^2 \times G_x(f) \tag{2.20}$$

由模态分析和频响分析可得到系统的频率响应函数$H(f)$，因此通过式（2.20）即可计算随机振动响应功率谱$G_y(f)$。

2.2.2 故障预计仿真理论

故障预计仿真采用故障物理方法，对产品在给定应力条件下潜在故障点的故障时间进行分析，可以给出产品的故障信息矩阵，发现产品的可靠性薄弱环节，为定量评价产品的可靠性水平提供依据。简单来说，就是在通过软件建立的产品数字子样机上施加产品所需经历的载荷历程（包括温度和振动），分解到产品的基本模块上，进行应力分析和应力损伤分析，从而找出产品的设计薄弱环节，提出设计改进措施，通过设计改进提高产品的固有可靠性，并能够通过仿真预计产品的失效时间分布，评价产品的可靠性水平。

故障物理（PoF）就是通过对产品进行机械、电子、热、化学等应力作用的分析，研究产品的故障模式、故障位置、故障机理及故障发生的过程。故障预计仿真的过程就是应力损伤分析及累积损伤分析的过程。

2.2.2.1 应力损伤分析

应力损伤分析是利用故障物理的原理确定产品的薄弱环节及故障发生的根本原因，进而提出各种预防和改进措施，从而生产出具有较高“内建可靠性”的产品。进行应力损伤分析前，需要依据分析对象的结构、材料和应力，比较故障物理模型的适用范围，选择适用的故障物理模型。故障物理模型种类很多，如焊点热疲劳的Coffin-Manson模型和Darveaux模型、随机振动疲劳的Steinberg模型等。同种故障机理可以采用多种不同的故障物理模型，但是它们各自有不同的适用范围和特点，在实际应用中需要正确选择。表2.2所示为两种故障物理模型的适用范围。

表2.2 两种焊点热疲劳的故障物理模型及其适用范围

故障物理模型	故障物理模型表达式	适用范围
Coffin-Manson	$N_f=\frac{1}{2}\left(\frac{\Delta\gamma}{2\varepsilon_f}\right)^{\frac{1}{c}}$	基于焊点材料的变形角度提出，焊点材料可以是弹性、塑性、粘塑性的
Darveaux	$N_f=N_0+a\Big/\frac{\mathrm{d}\alpha}{\mathrm{d}N}$	基于裂纹产生和裂纹扩散所需的塑性耗散功提出，焊点材料假设为粘塑性的

确定了故障物理模型后就要收集模型公式中所需的参数，一般包括元器件焊点、引脚的详细结构尺寸及在PCB上的位置信息，重要元器件内部的相关几何结构信息，几何结构参数的分布信息等。接下来需要设置应力参数，包括分析对象的稳

态温度、温度循环、振动应力、电应力、湿度应力等参数。根据所选择的故障物理模型的不同，应力参数可能是产品所受的环境条件和工作应力，也可能是潜在故障点位置处的局部应力。对于各模型的修正因子，一般通过实验数据拟合得到，这能大大提高模型的仿真精度。

示例 焊点在温度循环条件下容易产生热疲劳失效，常用的故障物理模型为 Coffin-Manson 模型，其表达式为

$$N_{\mathrm{f}} = \frac{1}{2}\left(\frac{\Delta\gamma}{2\varepsilon_{\mathrm{f}}}\right)^{\frac{1}{c}} \tag{2.21}$$

式中，

$$\Delta\gamma = CF\frac{L_{\mathrm{D}}(\alpha_{\mathrm{c}}\Delta T_{\mathrm{c}} - \alpha_{\mathrm{s}}\Delta T_{\mathrm{s}})}{h} \tag{2.22}$$

$$c = -0.442 - 0.0006T_{\mathrm{SJ}} + 0.0174\ln\left(1 + \frac{360}{t_{\mathrm{d}}}\right) \tag{2.23}$$

式中，N_{f} 为平均失效循环次数；L_{D} 为元器件的长度；h 为焊点名义高度；ε_{f} 为疲劳延性系数；c 为疲劳延性指数；$\Delta\gamma$ 为焊点总应变；α_{c} 为元器件的线性热膨胀系数；α_{s} 为 PCB 的线性热膨胀系数；ΔT_{c} 为元器件的温度变化值；ΔT_{s} 为 PCB 板的温度变化值；T_{SJ} 为温度循环平均值；t_{d} 为半循环周期内高温持续时间；C 为校准因子；F 为经验修正系数。其中的几何结构参数有 L_{D} 和 h。

2.2.2.2 累积损伤分析

针对多个单一量值应力同时或先后作用下的相同故障机理，采用累积损伤法则进行累积损伤计算。累积损伤计算包含以下步骤。

步骤一：将同时或先后施加的多个单一量值应力分解为量值不同的多个单一应力。

步骤二：提取同一故障机理，n 个单一量值应力条件下蒙特卡洛仿真分析 m 次后得到故障时间数据 N_{ij}（i=1,2,⋯,n，j=1,2,⋯,m），根据工作环境条件可得到各应力水平在单位时间 T 下的施加时间 t_i，按式（2.24）计算得到分析对象在单位时间 T 下由某个单一量值应力作用所造成的损伤量 D_{ij}。

$$D_{ij} = \frac{t_i}{N_{ij}} \tag{2.24}$$

步骤三：依据累积损伤法则，将分析对象在 n 个不同量值单一应力作用下的损伤量 D_{ij} 进行累加，得到分析对象在多个单一量值应力同时或先后作用下的总损伤量 D_j。

步骤四：根据式（2.25）计算损伤累积后的总故障时间N_j。

$$N_j = \frac{1}{D_j} \times T \tag{2.25}$$

2.2.2.3 蒙特卡洛仿真分析

蒙特卡洛法是一种通过随机变量的统计试验、随机模拟来求解数学物理、工程技术问题近似解的数值方法。它的理论基础是大数定律，认为足够多的事件发生的频率与其概率在极限上是相等的。用蒙特卡洛法模拟求解过程时，需要产生各种概率分布的随机变量。最简单、最基本、最重要的随机变量是在[0, 1]上均匀分布的随机变量（工程上常称其为随机数）。其他分布随机变量的抽样都是借助于随机数来实现的。产生随机数的方法有手工方法、随机数表法、物理方法及数学方法。我们所采用的都是利用数值方式或算术方式产生的随机数，即伪随机数，伪随机数一般要经过独立性、均匀性的检验才能使用。产生伪随机数的方法有平方取中法、线性同余法等。方法的选择要考虑所产生伪随机数的独立性、均匀性。我们这里由于所有的计算都是在计算机上进行的，所以只利用了计算机上的伪随机数产生方法，即利用编程语言中的随机函数来产生随机数。一般来说，这已能够满足系统的要求。

考虑电子产品的结构参数、材料参数、工艺参数及应力量值的随机波动对应力损伤和累积损伤的影响，采用蒙特卡洛仿真方法进行参数离散和随机抽样计算，以形成大样本的故障时间数据。为保证分析精度要求，蒙特卡洛仿真分析的次数一般不少于1000次。

2.3 可靠性仿真试验工作内容

可靠性仿真试验是一个系统性工作，包括 5 个方面的工作内容，即产品信息收集、数字样机建模、应力（热、振动）仿真分析、故障预计仿真分析及可靠性评价，每一方面工作的质量和完整性，都与仿真结果的精度有密切关系。因此，在开展可靠性仿真试验前应系统地统筹安排各个阶段投入的工作量，提高各个阶段信息输出的正确性和完整性。

可靠性仿真试验 5 个方面工作的关系如图 2.1 所示。

首先，需要收集产品信息。收集信息的内容需要根据规划的后续可靠性仿真内容确定。产品设计结构信息是建立 CAD、CFD、FEA 数字样机模型都必须用到的。产品各部分材料的动力学参数、热力学参数、环境条件、使用方式等是 CFD、FEA 数字样机建模所必需的。电路设计、元器件安装特征参数是建立故障物理模型所必需的。因此，在开展可靠性仿真试验之初，必须按照各模型输入要求收集相应产品信息，以便提高仿真的准确性。

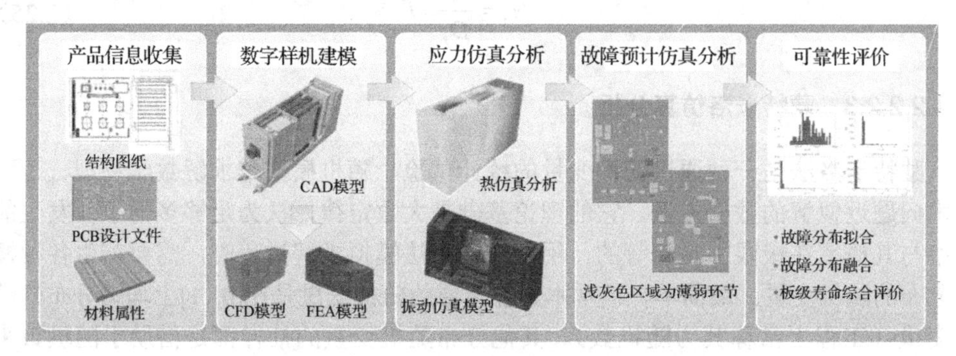

图 2.1 可靠性仿真试验流程

其次，建立产品数字样机模型。CAD 数字样机模型是 CFD 数字样机模型和 FEA 数字样机模型的基础，需要根据产品设计要求准确建立该模型。CFD 数字样机模型是进行热仿真分析的基础，需要根据该模型简化原则并结合产品具体结构和热设计特点建立。同样，FEA 数字样机模型是进行振动仿真分析的基础，需要根据该模型简化原则并结合产品具体结构和振动设计特点建立。

再次，进行应力仿真分析。对建立好的产品 CFD 模型和 FEA 模型进行相应的参数设置后，开始运算求解产品热响应分布及振动响应分布或应力分布结果。

然后，进行故障预计仿真分析。运用 Calce PWA 软件中 PWA design 模块结合产品电路设计信息建立电路装配板模型，同时，结合产品可靠性试验剖面设置综合环境试验应力组合，完成累计损伤分析，选择适当的故障物理模型开展蒙特卡洛仿真分析，输出所有潜在故障点的所有故障模式下对应的失效时间。

最后，进行可靠性仿真评价。根据模块首发故障时间概率密度函数，计算模块的可靠性评估值。

2.4 可靠性仿真试验软硬件要求

2.4.1 CAD 模型建模软件要求

可靠性仿真试验是在产品数字样机的基础开展的，因此产品的三维模式是开展可靠性仿真试验的基础。所以，需要应用现有的商业 CAD 软件建立 1∶1 的产品数字样机，从而在此基础上创建其他仿真模型。CAD 模型建模软件一般要求有如下功能。

（1）可完成产品的三维实体建模。

（2）可完成产品的数字化装配，同时可对三维实体模型进行干涉检查。

（3）输出的文件格式可满足 FEA、CFD 软件数据要求。

常用 CAD 软件有 CATIA V5、PRO-E、UG 等。

2.4.2 CFD 模型建模软件要求

CFD 模型是在 CAD 模型的基础上，按照一定的简化原则创建的。因此，为了提高热仿真分析的精度及效率，要求 CFD 模型建模软件具有如下功能。

（1）具有通用三维模型数据格式接口，可以与 CAD 模型进行数据交换。

（2）具有进行热仿真分析的设置功能（包括网格划分、网格质量检查、材料和单元属性定义、边界条件定义和工况设置）。

（3）具有进行热仿真分析的数值计算功能，具有计算结果的显示分析能力（能够以数据表格、曲线、矢量图、云图、动画等方式显示计算结果）。

常用 CFD 软件有 Flotherm、ICEPAK、Fluent 等。

2.4.3 FEA 模型建模软件要求

FEA 模型也是在 CAD 模型的基础上，按照一定的简化原则创建的。同理，为了提高振动仿真分析的精度及效率，要求 FEA 模型建模软件具有如下功能。

（1）具有通用三维模型数据格式接口，可以与 CAD 模型进行数据交换。

（2）具有进行振动仿真分析的设置功能（包括网格划分、网格质量检查、材料和单元属性定义、边界条件定义和工况设置）。

（3）具有进行振动仿真分析的数值计算功能，具有计算结果的显示分析能力（能够以数据表格、曲线、矢量图、云图、动画等方式显示计算结果）。

常用 FEA 软件有 NASTRAN、ANSYS、ABAQUS 等。

2.4.4 故障预计建模软件要求

故障预计是对 PCB 进行分析，需要比较全面地考虑电子元器件在 PCB 上的安装工艺特征，因此故障预计建模软件应具有如下功能。

（1）集成电子产品常见的故障物理模型。

（2）具备对电路板组件及电子元器件进行应力损伤分析的能力。

符合以上要求的常用软件有美国马里兰大学开发的 Calce PWA 软件等。

2.5 可靠性仿真试验过程及要求

2.5.1 可靠性仿真产品信息收集

产品信息收集是整个可靠性仿真试验的基础，确保其完整性、准确性和有针对性，为产品的可靠性仿真试验提供完整充分的数据支持。收集的产品信息需要满足 4 种仿真模型的建立要求，所以收集的产品信息应包括以下内容。

（1）产品名称、代号、功能说明、安装位置及安装方式。

（2）产品可靠性验证试验环境剖面：温度环境剖面、振动环境剖面。

（3）产品可靠性要求：基本可靠性（MTBF、MTTF、λ）、任务可靠性。

（4）产品电源特性要求：电源类型、功耗。

（5）产品设备组成（模块名称和代号）及设备重量［设备总重量、各模块重量（含元器件）］。

（6）产品功耗：产品的总功耗、各模块功耗。

（7）产品通风散热形式和散热量：通风散热形式、通风流量、环控通风量、通风温度等。

（8）设计文件：安装架、机箱、模块盒、各模块冷板的三维模型及各零部件的材料。

（9）各模块的电路布局文件：元器件在 PCB 上的位置、PCB 的平面尺寸。

（10）各 PCB 与结构的装配图：说明 PCB 在结构中的方位和连接方式。

（11）各 PCB 的结构文件：该 PCB 的厚度、该 PCB 的层数、该 PCB 各层的基板厚度和材料、该 PCB 各层金属迹线占面积比和材料。

（12）电镀通孔（PTH）的设计特性：电镀通孔的种类（用焊盘直径和通孔直径表示）和各种通孔的数量、焊盘的直径及厚度、通孔内的镀层材料及镀层厚度。如有表面处理材料，给出表面处理材料常用类型及厚度。

（13）焊接材料标号和焊点的工艺参数。

（14）如果有加强散热的元器件，请给出散热垫块的尺寸和位置。

（15）各模块的元器件清单及元器件实际使用信息。

2.5.2 数字样机建模

2.5.2.1 CAD 数字样机建模

CAD 数字样机建模（也称 CAD 模型建模）是为了建立反映产品几何特征的三

维数字模型，是建立 CFD 和 FEA 模型的原型和基础，在满足 CFD、FEA 应力分析对 CAD 模型的要求时，CAD 模型相对于设计产品允许有适当的简化。

1. CAD 模型建模步骤

CAD 模型建模一般包括 3 个步骤。

（1）数据收集和整理：收集建立 CAD 模型所需的数据，数据格式满足交换要求，并明确设计状态；整理收集到的数据，检查其完整性。

（2）三维实体建模：在满足应力分析要求的情况下，可对模型组成部件进行适当简化。

（3）模型检查：检查 CAD 模型结构特征的完整性和正确性。

2. CAD 模型建模通用要求

（1）所有结构件模型均为三维实体模型。

（2）三维模型尺寸应是基本尺寸。

（3）三维模型内部不得有绘图缺陷，必须连续、完整。

（4）三维模型各装配体间应完全约束，避免欠约束。

（5）三维模型各装配体之间相对位置和连接关系必须准确，不得出现干涉及装配不到位的情况。

3. 产品典型结构件建模时简化要求与原则

（1）产品机箱建模时需满足以下简化要求与原则。

① 保留机箱与模块盒、冷板、PCB 之间的连接部位。

② 机箱各零部件之间用螺钉连接的，去除螺钉孔，但需要保留螺钉孔的位置信息，以便仿真过程中定义其接触关系。

③ 机箱的连接位置应保留并按正常安装位置建立模型。

④ 模型尺寸应与实际尺寸一致，不考虑尺寸误差。

⑤ 去除外观装饰性特征。

⑥ 去除连接用孔。

⑦ 去除倒圆和倒角。

⑧ 不得省略通风孔。

（2）电子产品模块盒建模时需满足以下简化要求与原则。

① 起拔器不需建模，锁紧装置按外形尺寸建模，并保持其与机箱之间的接触面积与实际状态相同。

② 模块盒与冷板、PCB 的连接部位的基本尺寸应与实物样机保持一致。

③ 模块盒内及模块盒间的连接电缆、排线等省略。

（3）PCB 建模时需满足以下简化要求与原则。

① PCB 应作为均质单一材料板处理。

② PCB 外形尺寸（长、宽、厚）应与基本尺寸一致。

③ 去除 PCB 上的元器件焊接通孔及板上走线。

④ 保留影响结构强度及刚度的散热孔、槽等。

⑤ 保留 PCB 上冷板实体特征及连接部位信息。

⑥ 保留 PCB 上加强筋实体特征及连接部位信息。

⑦ 保留 PCB 与其载体的连接特征。

（4）风扇、风道、冷板、液冷循环系统及流体管道等，建模时需满足以下简化要求与原则。

① 对风道、入风口、出风口要设定其位置、尺寸和形状等。

② 对于液冷需要建立对应的几何体以包络液冷流动区域。

③ 对于采用其他冷却方式的电子产品，要对冷却系统相关实体部分进行详细建模。

（5）冷板、散热器和导热垫片建模时需满足以下简化要求与原则。

① 冷板、散热器上的翅片均应详细建模。

② 冷板上用于通过冷却介质的通孔应详细建模。

③ 对于主要用于散热的孔、槽等应保留。

④ 所有导热垫块都应建立三维实体模型。

⑤ 导热垫块与元器件、冷板或 PCB 等的接触面应准确建模。

4. CAD 数字样机建模注意事项

为了提高建模效率和方便性，CAD 数字样机建模有如下注意事项。

① 确保数字样机模型在三维软件坐标系中的方位与实物样机规定的坐标系方位一致。

② 确保数字样机模型中各零部件的命名规范，力求简单明了，便于识别区分。

③ 确保数字样机三维模型不存在建模缺陷（干涉、不必要间隙）。

④ 确保数字样机模型输出格式能在其他三维软件中打开编辑。

⑤ 不同类型的零部件使用不同的颜色表示，便于查看零部件之间的关系，建议使用物理样机本色表示。

2.5.2.2 CFD 数字样机建模

CFD 数字样机建模（也称 CFD 模型建模）是为了建立反映具体产品结构热分布特性的数字模型，以获取产品工作时各个部分热分布的状态及具体量值，为故障预计仿真分析提供输入，并指导产品热设计。

1. CFD 模型建模步骤

CFD 模型建模一般包括以下步骤。

（1）信息收集：收集用于热仿真分析的相关数据信息。

（2）建立产品热特性的 CFD 模型：有两种方式，即利用 CFD 软件几何建模功能创建几何模型和利用CFD软件数据接口导入CAD模型。

2. CFD模型建模通用要求

（1）所有结构件模型均为三维实体模型。

（2）三维模型尺寸应是基本尺寸。

（3）三维模型内部不得有绘图缺陷，必须连续、完整。

（4）三维模型各装配体间应完全约束，避免欠约束。

（5）三维模型各装配体之间相对位置和连接关系必须准确，不得出现干涉及装配不到位的情况。

（6）不改变产品与热设计有关的结构特性。

（7）要平衡仿真效率与仿真结果精度之间的关系。

（8）材料热力学参数与实物一致。

3. 产品典型零部件建模时简化要求与原则

（1）结构件建模时需满足以下简化要求与原则。

① 数字样机尺寸应与实际尺寸基本一致，不考虑尺寸误差。

② 去除尺寸较小的外观装饰性特征，去除尺寸较小的倒圆和倒角，去除连接用螺纹孔。

③ 模型相对位置和连接关系必须准确，不得出现零部件干涉现象及装配不到位等情况。

④ 不得省略通风孔，通风孔较少时应完全建出，较多时应按简化模型建出。

⑤ 模块盒的起拔器、紧锁装置等可以省略。

⑥ 模块盒与冷板、PCB的连接部位的基本尺寸应与设计保持一致。

（2）散热系统建模时需满足以下简化要求与原则。

① 风扇建模时需设定其风量、风温和特征曲线等。

② 对风道、入风口、出风口要设定其位置、尺寸和形状等。

③ 对于液冷需要建立对应的几何体以包络液冷流动区域。

④ 冷板、散热器上的翅片均应详细建模。

⑤ 冷板上用于通过冷却介质的通孔应详细建模。

（3）PCB建模时需满足以下简化要求与原则。

① 按照PCB实际几何尺寸进行建模，其连接特征应该保留。

② 简化建模时，PCB可作为均质板处理。

③ 详细建模时，PCB应考虑分层及铜覆盖率等参数。

④ 对于主要用于散热的孔、槽等应保留。

⑤ 省略PCB的通孔、走线。

（4）元器件建模时需满足以下简化要求与原则。

① 按元器件的封装尺寸建立三维实体模型。

② 将元器件简化成单一材料，去除尺寸较小的倒圆和倒角、外观装饰性特征和文字标识。

③ 需要分析引脚、针线或针脚时，建立引脚、针线或针脚的详细模型，不需分析时，可简化建模。

2.5.2.3 FEA 数字样机建模

FEA 数字样机建模（也称 FEA 模型建模）是为了建立反映具体产品结构振动响应特性的数字模型，以获取产品工作时各个部分振动响应的状态及具体量值，为故障预计仿真分析提供输入，并指导产品抗振动设计。

1. FEA 模型建模步骤

FEA 模型建模一般包括以下步骤。

（1）信息收集：收集用于振动仿真分析的相关数据信息。

（2）建立产品振动特性的 FEA 模型：有两种方式，即利用 FEA 软件几何建模功能创建几何模型和利用 FEA 软件数据接口导入 CAD 模型。

2. FEA 模型建模通用要求

（1）所有结构件模型均为三维实体模型。

（2）三维模型尺寸应是基本尺寸，不考虑公差范围。

（3）三维模型内部不得有绘图缺陷，必须连续、完整。

（4）三维模型各装配体间应完全约束，避免欠约束。

（5）三维模型各装配体之间相对位置和连接关系必须准确，不得出现干涉及装配不到位的情况。

（6）去除尺寸较小的外观装饰性特征，去除较小的工艺孔、工艺凸台，去除尺寸较小的倒角和倒圆。

（7）简化后的模型重量应与实际产品的重量接近，模型各部件强度和刚度与实物相当，材料力学参数要与实物一致。

3. 产品典型零部件建模时简化要求与原则

（1）产品机箱建模时需满足以下简化要求与原则。

① 保留机箱与模块盒、冷板、PCB 之间的连接部位。

② 机箱各零部件之间用螺钉连接的，去除螺钉孔，但需要保留螺钉孔的位置信息，以便仿真过程中定义其接触关系。

③ 机箱的连接位置应保留并按正常安装位置建立模型。

（2）电子产品模块盒建模时需满足以下简化要求与原则。

① 起拔器不需建模，锁紧装置按外形尺寸建模，并保持其与机箱之间的接触面积与实际状态相同。

② 模块盒与冷板、PCB 的连接部位的基本尺寸应与实物样机保持一致。

③ 模块盒内及模块盒间的连接电缆、排线等省略，但重量等效到接插件上。

（3）PCB 建模时需满足以下简化要求与原则。

① PCB 应作为均质单一材料板处理。

② PCB 外形尺寸应与基本尺寸一致。

③ 去除 PCB 上的元器件焊接通孔及板上走线。

④ 保留影响结构强度及刚度的散热孔、槽等。

⑤ 保留 PCB 上冷板实体特征及连接部位信息。

⑥ 保留 PCB 上加强筋实体特征及连接部位信息。

⑦ 保留 PCB 与其载体的连接特征。

（4）电子产品元器件建模时需满足以下简化要求与原则。

① 元器件均按封装基体的尺寸建立模型。

② 将元器件视为单一材料实体。

③ 省略元器件的管脚、引脚。

④ 尺寸、重量较小的元器件（如表贴电阻、电容）不需要建模，但应根据其实际安装状态等效到电路板上。

2.5.2.4 故障物理模型建模

利用故障物理方法，对产品在给定应力条件下潜在故障点的故障时间进行分析，给出产品的故障信息矩阵，发现产品的可靠性薄弱环节，为定量评价产品的可靠性水平提供依据。

故障物理模型建模一般包括以下步骤。

（1）信息收集：收集与故障预计仿真分析相关的数据信息。

（2）分析对象确定：分析产品的结构组成，明确其中需要开展故障预计的对象范围。

（3）故障机理确定：根据产品所承受的环境和工作条件及分析对象自身结构、材料特点，确定可能发生的故障机理。

（4）故障物理模型选择：根据被分析对象和已确定的故障机理，选择恰当的故障物理模型。

（5）应力损伤分析：利用选定的故障物理模型，逐一计算各单一应力水平下潜在故障点的首发故障时间。

（6）累积损伤分析：针对电子产品在寿命周期内的环境历程特点，将多种类型或多个量值的应力条件对电子产品造成的损伤进行叠加，获得电子产品在环境历程下潜在故障点的累积损伤量，并形成故障信息矩阵。

故障物理模型建模要求参照 Calce PWA 软件要求。

2.5.3 应力仿真分析

2.5.3.1 热仿真分析

1. 热仿真分析参数设置

CFD 模型建好以后，就需要设置热仿真分析参数。

（1）PCB 参数设定：设定材料、热力学参数、尺寸、厚度、覆铜比、安装方式、与其余部分的交联关系、有无散热措施等。

（2）边界条件设定：按电子产品试验剖面设定环境温度、大气压力、空气密度，打开整机辐射设定选项（强迫风冷时可不考虑辐射），设定 CFD 模型重力方向，设定湍流或层流。

（3）默认材料参数设定：设定默认流体材料（液体、气体）、表面材料（辐射率）、实体材料（绝缘体材料、半导体材料、金属、合金的导热系数等）。

（4）计算域设定：开放环境一般上方取两倍模型高度，侧面取 1/2 模型宽度，下面取 1 倍模型高度。

（5）网格划分：在保证网格分辨率的基础上，网格数量尽量少；一般情况下，计算域内的网格尽量均匀化，网格变化率尽量小；在矢量梯度变化慢的区域采用大尺寸网格，在矢量梯度变化快的区域采用小尺寸网格；在热流密度大、重点关心的芯片处局部加密网格；划分的网格应通过网格质量检查。

2. 热仿真分析运算及结果

上述参数设置完以后就可以开始运算，得到如下结果。

（1）温度场输出结果一般包括整机、模块及元器件的温度值及温度场分布，分析结果可采用数据表格和云图方式表述。

（2）流场分析结果一般包括产品内部或外部的流速、压力值及流场分布，分析结果可采用数据表格、矢量图、云图和粒子轨迹图等方式表述。

2.5.3.2 振动仿真分析

1. 振动仿真分析参数设置

FEA 模型建好以后，就需要设置振动仿真分析参数。

（1）各组成部分材料参数设定与指定。

对于前期信息收集到的零部件材料参数数据，按着零部件的名称和类型分门别类地输入分析软件材料数据库。对于等效建立的模型（如 PCB、元器件），需要根据其力学特性计算等效的模型材料参数。根据产品各零部件选用的材料在软件中指定材料参数。

（2）各零部件之间接触关系设定。如果两个零部件之间用螺钉连接，且螺钉间距小（一般小于 10mm），则可以把此接触关系简化为刚性连接，即 bond 接触；如果两个零部件之间用螺钉连接，且螺钉间距较大（大于 10mm），则应在螺钉位置处选取一个小面，把这个小面的接触关系定为刚性连接，以便使其尽量模拟实际接触状态。

（3）产品约束位置及约束自由度设定。应根据产品的实际安装方式尽量设定准确的安装位置和自由度。约束位置是指产品与其安装平台之间的连接部位，自由度是指产品被限制的自由度数。一般情况下，产品与安装平台的连接处作为约束部位，自由度一般限制为 6 个自由度。

（4）网格划分。网格划分采用半自动划分方法。首先，使用自动网格划分；然后，手动细化关注部位的网格，对自动网格划分出现网格质量差的部位进行重新划分。根据结构布局决定网格疏密程度，而不能统一划分成对称结构。应保证网格的对称性，网格大小应保证仿真结果精度。

（5）模态仿真分析参数设置如下。

① 分析频宽设置。这指确定需要分析的频率范围。不同分析对象的振动谱频率范围不同。例如，直升机的设备振动谱频宽一般为 5～500Hz，在进行机载电子设备模态仿真分析中，建议模态仿真分析频宽应是振动谱频宽的 1.5 倍，因为需要考虑到振动谱频宽外的模态对振动响应的影响。例如，振动谱频宽为 500Hz，则模态仿真分析频宽为 750Hz。

②需要获取的模态阶数设置。需要获取的模态阶数是指在分析频宽范围内，需要寻找多少阶模态。在进行机载电子设备模态仿真分析中，要求寻找分析频宽内的所有模态阶数。

（6）随机振动仿真分析参数设置如下。

① 参与运算的模态阶数设置。这指在进行随机振动仿真分析中，确定使用多少阶模态参与叠加运算。不同分析目的设置不同的模态阶数。一般情况下，在进行机载电子设备随机振动仿真分析中，要求使用分析频宽内的所有模态阶数进行计算。

② 阻尼参数设定：方法 1 是首先对实物实施振动调查获取振动响应，与仿真的结果对比，然后调整阻尼参数；方法 2，通过对实物样机开展试验模态分析，获取第一阶模态频率及阻尼比计算获得（针对瑞利阻尼参数）。

2. 激励条件施加

根据产品实际受到的振动激励谱，在振动仿真分析软件中设置相应谱型。

3. 振动仿真分析结果提取

机载电子设备随机振动仿真分析结果提取一般包括加速度响应云图，位移响应云图，应力、应变响应云图，各模块固定点处响应的功率谱曲线（主要用于故障预计仿真分析输入）。

2.5.4 故障预计仿真分析

故障预计仿真分析是通过对电子产品 PCB 建立详细的故障预计模型，选用合适的故障物理模型进行应力损伤和累积损伤分析，获取 PCB 薄弱环节部位及失效时间，用于评估其可靠性水平。故障预计仿真分析的一般流程如图 2.2 所示。

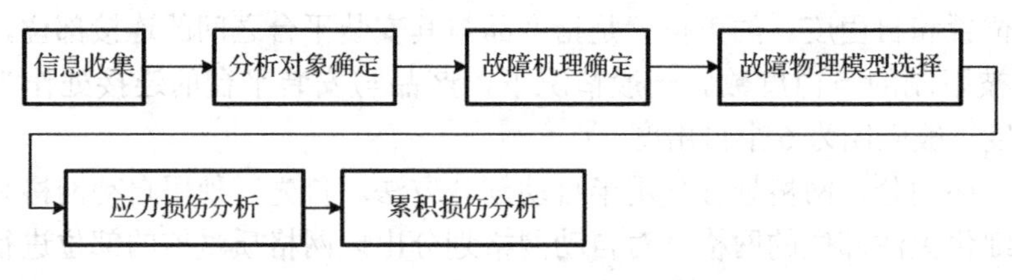

图 2.2 故障预计仿真分析的一般流程

（1）信息收集：收集与故障预计仿真分析相关的数据信息。

（2）分析对象确定：分析产品的结构组成，明确其中需要开展故障预计的对象范围。

（3）故障机理确定：根据产品所承受的环境和工作条件及分析对象自身结构、材料特点，确定可能发生的故障机理。

（4）故障物理模型选择：根据被分析对象和已确定的故障机理，选择恰当的故障物理模型。

（5）应力损伤分析：利用选定的故障物理模型，逐一计算各单一应力水平下潜在故障点的首发故障时间。

（6）累积损伤分析：针对电子产品在寿命周期内的环境历程特点，将多种类型或多个量值的应力条件对电子产品造成的损伤进行叠加，获得电子产品在环境历程下潜在故障点的累积损伤量，并形成故障信息矩阵。

2.5.5 可靠性评价

2.5.5.1 故障分布拟合

根据 Calce PWA 软件的仿真结果，可以得到各潜在故障点在某一故障机理下的大样本量故障时间数据。采用统计数学方法对这些故障数据进行拟合，以获得其故障密度分布。电子产品常用的分布有威布尔分布、指数分布、正态分布和对数正态分布等。

对于有 K 个元器件的电路板，Calce PWA 软件会得出每一个元器件的 M 个剖面下的热疲劳失效和 N 个振动量值下的振动疲劳失效，每个失效机理又对应 1000 个预计故障时间。Calce PWA 软件的仿真结果如表 2.3 和表 2.4 所示。

表 2.3 Calce PWA 软件的仿真结果（热疲劳失效）

故障点	剖面 1	剖面 2	剖面 *m*	剖面 *M*
故障点 1	$s_{11(1\sim1000)}$	$s_{12(1\sim1000)}$	$s_{1m(1\sim1000)}$	$s_{1M(1\sim1000)}$
故障点 2	$s_{21(1\sim1000)}$	$s_{22(1\sim1000)}$	$s_{2m(1\sim1000)}$	$s_{2M(1\sim1000)}$
故障点 *i*	$s_{i1(1\sim1000)}$	$s_{i2(1\sim1000)}$	$s_{im(1\sim1000)}$	$s_{iM(1\sim1000)}$
故障点 *K*	$s_{K1(1\sim1000)}$	$s_{K2(1\sim1000)}$	$s_{Km(1\sim1000)}$	$s_{KM(1\sim1000)}$

表 2.4 Calce PWA 软件的仿真结果（振动疲劳失效）

故障点	量值 1	量值 2	量值 *n*	量值 *N*
故障点 1	$t_{11(1\sim1000)}$	$t_{12(1\sim1000)}$	$t_{1n(1\sim1000)}$	$t_{1N(1\sim1000)}$
故障点 2	$t_{21(1\sim1000)}$	$t_{22(1\sim1000)}$	$t_{2n(1\sim1000)}$	$t_{2N(1\sim1000)}$
故障点 *i*	$t_{i1(1\sim1000)}$	$t_{i2(1\sim1000)}$	$t_{in(1\sim1000)}$	$t_{iN(1\sim1000)}$
故障点 *K*	$t_{K1(1\sim1000)}$	$t_{K2(1\sim1000)}$	$t_{Kn(1\sim1000)}$	$t_{KN(1\sim1000)}$

设设备的最大工作时间为 T，将区间$[0, T)$分为 A 个区间，每一个区间记为$[t_{i-1}, t_i)$，把故障点 i 的失效机理 j 所对应的 1000 个预计故障时间分到这 A 个区间里。记落入每个区间的故障时间数为 A_j，这样可以得到这种机理下的经验分布函数 $P_i = P(t < t_i) = \sum_{j=0}^{i} \frac{A_j}{A}$。可以用威布尔分布、指数分布、对数正态分布等典型寿命分布拟合经验分布函数。这些分布中未知参数的确定通常采用对数线性化法和最小二乘法。这里不再赘述。

这样可以得到各机理（热疲劳、振动疲劳）下单点的寿命分布函数矩阵如表 2.5 和表 2.6 所示。

表 2.5 元器件热疲劳寿命分布函数

元器件序号	剖面 1 热疲劳寿命分布函数	剖面 2 热疲劳寿命分布函数	剖面 *m* 热疲劳寿命分布函数	剖面 *M* 热疲劳寿命分布函数
1	$f_{11}(x)$	$f_{12}(x)$	$f_{1m}(x)$	$f_{1M}(x)$
2	$f_{21}(x)$	$f_{22}(x)$	$f_{2m}(x)$	$f_{2M}(x)$
i	$f_{i1}(x)$	$f_{i2}(x)$	$f_{im}(x)$	$f_{iM}(x)$
K	$f_{K1}(x)$	$f_{K2}(x)$	$f_{Km}(x)$	$f_{KM}(x)$

1．故障点寿命抽样

对于板上第 i 个元器件，在温度段 m（m=1,2,⋯,M），其热疲劳寿命分布函数为 $f_{im}(x)$，振动量值 n（n=1,2,⋯,N）下，其振动疲劳寿命分布函数为 $g_{in}(x)$。根据蒙特卡洛抽样，有

板上第 i 个元器件 1000 个可能的热疲劳失效时刻为 s_{im1}、s_{im2}、……、s_{im1000}。

板上第 i 个元器件 1000 个可能的振动疲劳失效时刻为 t_{in1}、t_{in2}、……、t_{in1000}。

表 2.6　元器件振动疲劳寿命分布函数

元器件序号	量值 1 振动疲劳寿命分布函数	量值 2 振动疲劳寿命分布函数	量值 n 振动疲劳寿命分布函数	量值 N 振动疲劳寿命分布函数
1	$g_{11}(x)$	$g_{12}(x)$	$g_{1n}(x)$	$g_{1N}(x)$
2	$g_{21}(x)$	$g_{22}(x)$	$g_{2n}(x)$	$g_{2N}(x)$
i	$g_{i1}(x)$	$g_{i2}(x)$	$g_{in}(x)$	$g_{iN}(x)$
K	$g_{K1}(x)$	$g_{K2}(x)$	$g_{Kn}(x)$	$g_{KN}(x)$

2. 剖面合成

一个完整的可靠性试验剖面是若干温度段和振动量值段的组合，需要按照各应力水平在整个剖面中所占时间比例进行剖面合成。设温度段 m 占整个剖面的时间比例为 M_m，振动段 n 占整个剖面的时间比例为 M_n，经剖面合成后，有

板上第 i 个元器件 1000 个可能的热疲劳失效时刻为 s_{i1}、s_{i2}、……、s_{i1000}。

板上第 i 个元器件 1000 个可能的振动疲劳失效时刻为 t_{i1}、t_{i2}、……、t_{i1000}。

其中，

$$
\begin{aligned}
s_{i1} &= \frac{1}{\sum_{m=1}^{M} \frac{M_m}{s_{im1}}}, \quad s_{i2} = \frac{1}{\sum_{m=1}^{M} \frac{M_m}{s_{im2}}}, \quad \dots, \quad s_{i1000} = \frac{1}{\sum_{m=1}^{M} \frac{M_m}{s_{im1000}}} \\
t_{i1} &= \frac{1}{\sum_{n=1}^{N} \frac{M_n}{t_{in1}}}, \quad t_{i2} = \frac{1}{\sum_{n=1}^{N} \frac{M_n}{t_{in2}}}, \quad \dots, \quad t_{i1000} = \frac{1}{\sum_{n=1}^{N} \frac{M_n}{t_{in1000}}}
\end{aligned} \tag{2.26}
$$

仿真软件的输出结果表明，元器件由振动疲劳和热疲劳两种故障机理造成失效，则对于每种故障机理都应首先进行故障机理的寿命概率密度函数拟合。

分别对第 i 个元器件的 1000 个可能的热疲劳失效时刻 s_{i1}、s_{i2}、……、s_{i1000} 和 1000 个可能的振动疲劳失效时刻 t_{i1}、t_{i2}、……、t_{i1000} 数据进行分布拟合，得到综合剖面下元器件 i 的寿命概率密度函数 $f_i(x)$ 和 $g_i(x)$。

2.5.5.2　故障分布融合

根据元器件的两个故障机理的寿命概率密度函数可以得到元器件的寿命概率密度函数。其算法如下。

（1）对元器件 i 的寿命概率密度函数 $f_i(x)$ 和 $g_i(x)$，利用蒙特卡洛法进行一次抽样，得到两个随机数 (t_{11}, t_{12})。

（2）将抽出的两个随机数 (t_{11}, t_{12}) 按从小到大顺序排列，取其中的最小值记为 $t_{1\min}$。

（3）再取两个随机数 (t_{21}, t_{22})，取其中最小的记为 $t_{2\min}$。

（4）重复 500 次抽样，得到一组抽样数据（$t_{1\min}, t_{2\min}, \cdots, t_{500\min}$），利用这组抽样数据进行分布拟合优度检验，得到该元器件的寿命概率密度函数。

（5）重复（1）～（4），得到所有元器件的寿命概率密度函数 $h_i(t)$。

2.5.5.3 板级寿命综合评价

根据元器件的寿命概率密度函数可以得到模块级、设备级、系统级产品的寿命概率密度函数。其算法如下。

（1）设某模块共有 K 个元器件，各元器件对应的寿命概率密度函数分别为 $h_i(t)$，利用蒙特卡洛法进行 K 次抽样，得到 K 个随机数（$t_{11}, t_{12}, \cdots, t_{1K}$）。

（2）将抽出的 K 个随机数（$t_{11}, t_{12}, \cdots, t_{1K}$）按从小到大顺序排列，取其中的最小值记为 $t_{1\min}$。

（3）再取 K 个随机数（$t_{21}, t_{22}, \cdots, t_{2K}$），取其中最小的记为 $t_{2\min}$。

（4）重复 500 次抽样，得到一组抽样数据（$t_{1\min}, t_{2\min}, \cdots, t_{500\min}$），利用这组抽样数据进行分布拟合优度检验，得到该模块的寿命概率密度函数 $f(t)$。

根据模块的寿命概率密度函数也称首发故障时间概率密度函数 $f(t)$，计算板级的寿命评估值，即

$$T_{\text{life}} = \int_0^{\infty} t f(t)\mathrm{d}t \tag{2.27}$$

2.6 可靠性仿真试验应用案例

2.6.1 仿真试验对象简介

本案例对象为点火装置，主要功能是用于将低压交流电转化为高压电，经过点火电缆传导到点火电嘴，从而点燃发动机燃烧室内空气和燃油的混合气体。其组成有低压线路板部件、放电管、滤波器、储能电容、变压器组件等。CAD 数字样机如图 2.3 所示。

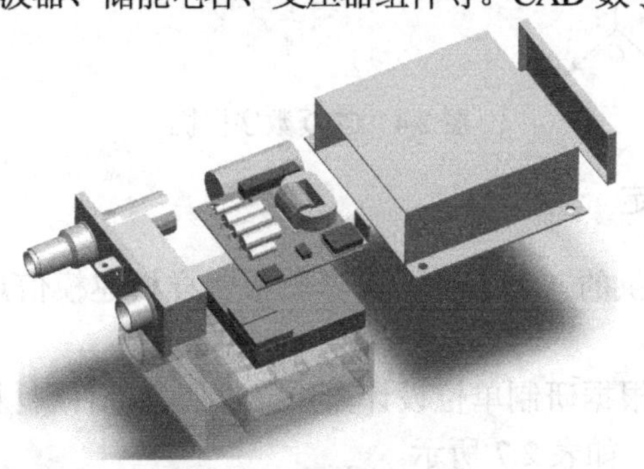

图 2.3 CAD 数字样机

2.6.2 CFD 数字样机建模

2.6.2.1 建模要求

（1）结合产品 CAD 数字样机，在 Flotherm 软件中进行建模，并进行必要的简化，建立比较准确且可分析的 CFD 数字样机。具体简化原则如下。

① 去掉尺寸较小的孔（如镀通孔、与散热无关的螺钉孔等）。

② 去掉尺寸较小的凸起（如凸台等）。

③ 去掉尺寸较小的圆角（如倒角等）。

④ 删除所有与热仿真分析无关的连接件（如螺钉、连接器、电缆等）。

⑤ 保留所有散热部件。

（2）根据研制单位提供的 PCB 文件，确定所有元器件的位置信息；根据查找到的相关元器件手册，确定所有元器件的尺寸信息，在 Flotherm 软件中相应位置进行单独的电路板建模。

形成的 CFD 数字样机如图 2.4 所示。

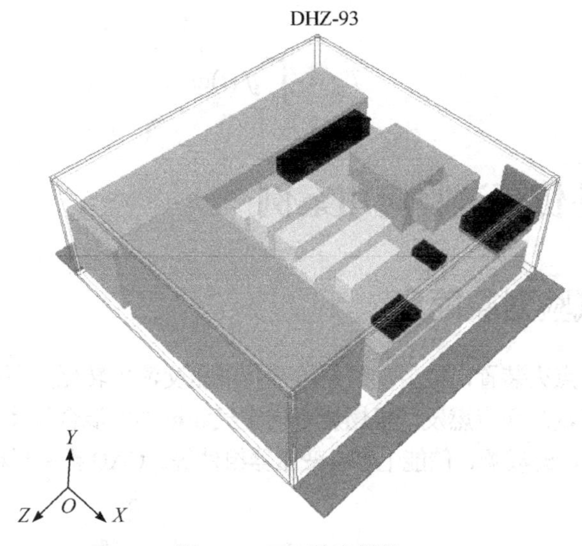

图 2.4 CFD 数字样机

2.6.2.2 参数设定

根据研制单位提供的《可靠性仿真试验数字样机建模信息收集清单》，对以下部分进行参数设定。

（1）材料设定：根据研制单位设计人员提供的各部件材料信息，对所有的未简化部分进行材料设定，如表 2.7 所示。

（2）元器件功耗设定：根据研制单位设计人员提供的元器件实际功耗，对所有功耗大于 0.01W 的元器件进行建模及功耗设定，剩余功耗以整板功耗的形式附加在电路板上。

（3）元器件封装材料设定：根据研制单位设计人员提供的元器件封装材料，对所有需要建模的元器件设定相应的封装材料。

（4）环境条件设定：对整机的环境条件进行设定，按产品试验剖面设定环境温度，辐射等级选为“single”，将重力方向设定为产品实际的重力方向。

表 2.7　热仿真分析材料对应表

编号	部件名称	材料种类	材料牌号
1	机箱左、右盖板	铝板	AL-6061
2	机箱体	铝板	AL-6061
3	PCB	覆箔板	FR4
4	填充粘合物	发泡胶	ST-ZJ1
5	变压器组件	硅钢带	DG6
		铜漆包线	QY-2

（5）网格划分：按照要求应用 Flotherm8.1 软件进行网格划分，部分关键位置设置局域网格，最终网格数为 61496。

2.6.3 FEA 数字样机建模

2.6.3.1 建模要求

在不影响产品结构特性的前提下，在 SolidWorks 软件中对产品 CAD 数字样机进行必要的简化。具体简化原则如下。

（1）去掉尺寸较小的孔（如镀通孔等）。

（2）去掉尺寸较小的凸台（如凸台等）。

（3）去掉尺寸较小的圆角（如倒角等）。

（4）适当省略小体积或小质量部件，尽量使机箱壳体的质量不变，外形尺寸不变，约束配合的面积与关系不变。

（5）电路板级模型是根据研制单位提供的 PCB 文件自行建立的，PCB 锁紧条保留原有接触面积不变。

（6）元器件采用等重和等体积的质量块来建模，这种简化方式的准确性是能够基本满足工程要求的。

形成的 FEA 数字样机如图 2.5 所示。

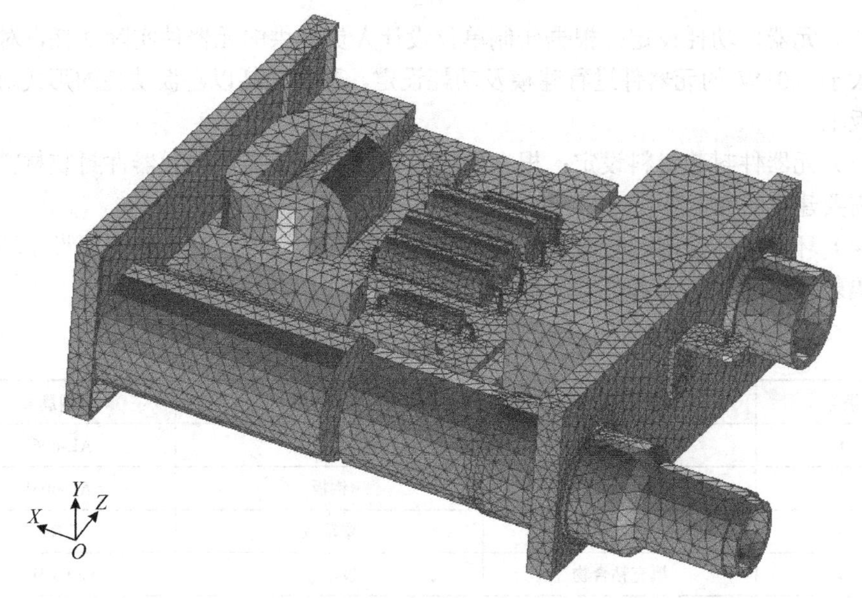

图 2.5 FEA 数字样机

2.6.3.2 参数设定

根据研制单位提供的《可靠性仿真试验数字样机建模信息收集清单》，对以下部分进行参数设定。

（1）材料设定：根据研制单位设计人员提供的各部件材料信息，对所有的未简化部分进行材料设定，如表 2.8 所示。

（2）元器件重量设定：根据设计人员提供的元器件实际重量，对所有重量大于 1g 的元器件进行建模及重量设定，剩余重量平均到整个电路板上。

表 2.8 振动仿真分析材料对应表

编号	部件名称	材料种类	材料牌号
1	机箱	铝板	3A21
2	机箱盖板	铝板	3A21
3	插头	不锈钢	1Cr18Ni9Ti
4	散热片	铝板	3A21
5	PCB	玻璃纤维板	FR-4
6	振荡电容	铜板	H62
7	储能电容	铜板	H62

（3）网格划分：采用扫掠、单元大小控制及多区域划分法，分别对机箱壳体、各模块电路板组件进行网格划分，以保证网格质量能够满足要求。最终计算得到的网格数量为155743个，网格质量检验采用仿真软件自带算法。

2.6.4 模型修正与验证

（1）在25℃平台环境条件下，将CFD模型修正之后的热仿真分析结果与热测量试验结果进行对比，对比结果如表2.9所示。相对误差满足小于10%的要求，表明了CFD模型的正确性。

表2.9 热仿真分析结果与热测量试验结果对比（环境温度为25℃）

模块名称	位号	实测值（℃）	仿真值（℃）	误差（℃）	相对误差（%）
低压线路板部件	晶闸管Q1	28	28	0	0
	比较器U1	25.5	26.5	1	3.1
	稳压器V1	29.5	29.5	0	0
	功率电阻U2	32.5	32.5	0	0
	变压器组件T1	30.9	30.9	0	0

（2）将FEA模型修正之后的振动仿真分析结果与模态试验结果进行对比，对比结果如表2.10所示。一阶谐振频率误差满足小于10%的要求，表明了振动仿真分析采用模型的正确性。

表2.10 振动仿真分析结果与模态试验结果对比（自由-自由状态）

对象	模态阶数	频率（Hz）		误差（%）
		试验	仿真	
低压线路板部件	一阶模态	442	453	2.5
	二阶模态	566	540	4.6
	三阶模态	600	598	0.3

2.6.5 应力仿真分析结果

2.6.5.1 热仿真分析结果

图2.6所示是受试产品在平台环境温度70℃条件下的整机温度场分布结果。机箱温度表面的平均温度为73.8℃，比平台环境温度高3.8℃。为评估产品热设计效果，将平台环境温度70℃定为第一参考温度条件，将机箱温度表面的平均温度定为第二参考温度条件。机箱和各模块温度结果数据分别如表2.11和表2.12所示。

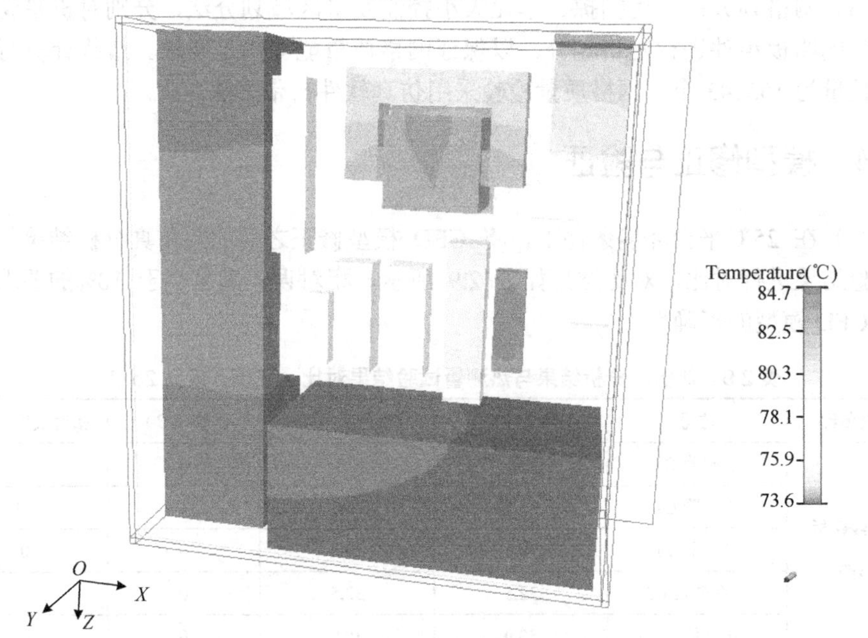

图 2.6　整机温度场分布结果（环境温度为 70℃）

表 2.11　机箱温度结果（环境温度为 70℃）

机箱平均温度（℃）	环境温度（℃）	机箱平均温升*（℃）
73.8	70	3.8

注：*表示较第一参考温度条件。

表 2.12　各模块温度结果（环境温度为 70℃）

模块	功耗（W）	温度（℃）			温升（℃）	
		最低	最高	平均	*	**
低压线路板部件	0.4W	73.9	84.7	79.3	9.3	5.5
放电管	0.2 W	73.7	73.8	73.75	3.75	–0.05
滤波器	0.1 W	73.7	73.7	73.7	3.7	–0.1
变压器组件	0.1 W	80.5	83.6	82.05	12.05	8.25

注：*表示较第一参考温度条件。

** 表示较第二参考温度条件。

（1）低压线路板部件温度分布结果（环境温度为 70℃）如图 2.7 和图 2.8 所示，该模块无高温元器件。

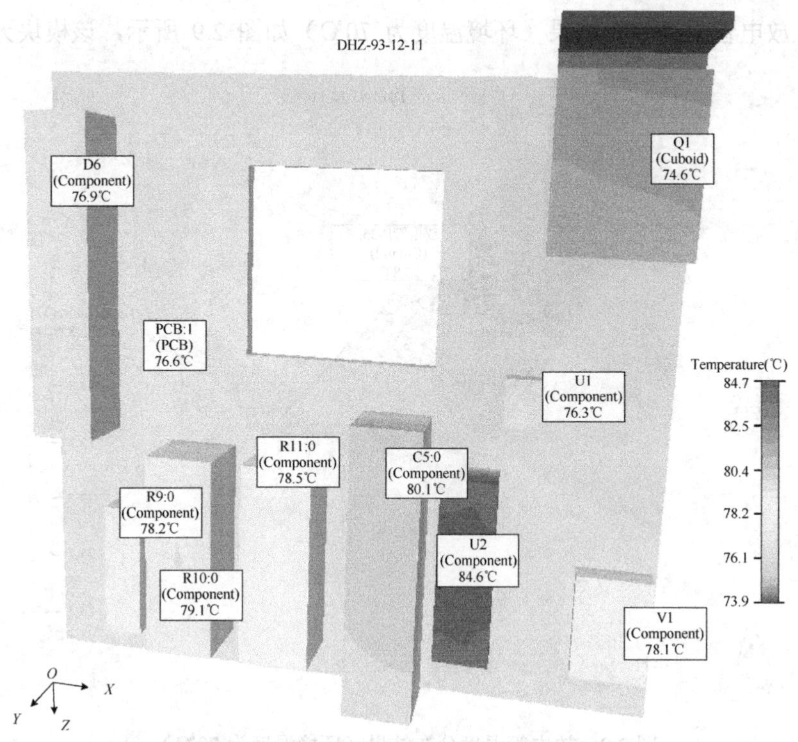

图 2.7 低压线路板部件正面温度分布结果（环境温度为 70℃）

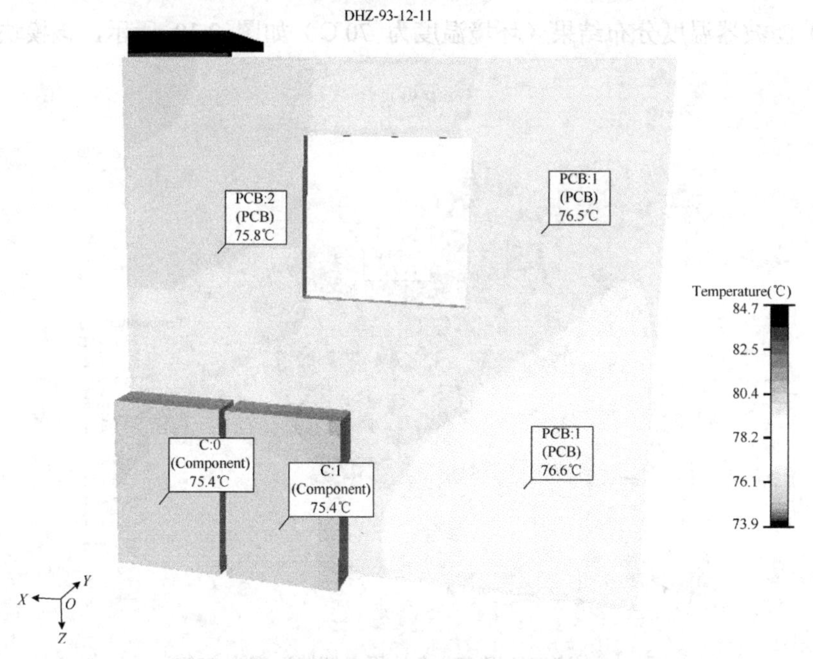

图 2.8 低压线路板部件反面温度分布结果（环境温度为 70℃）

（2）放电管温度分布结果（环境温度为 70℃）如图 2.9 所示，该模块无高温元器件。

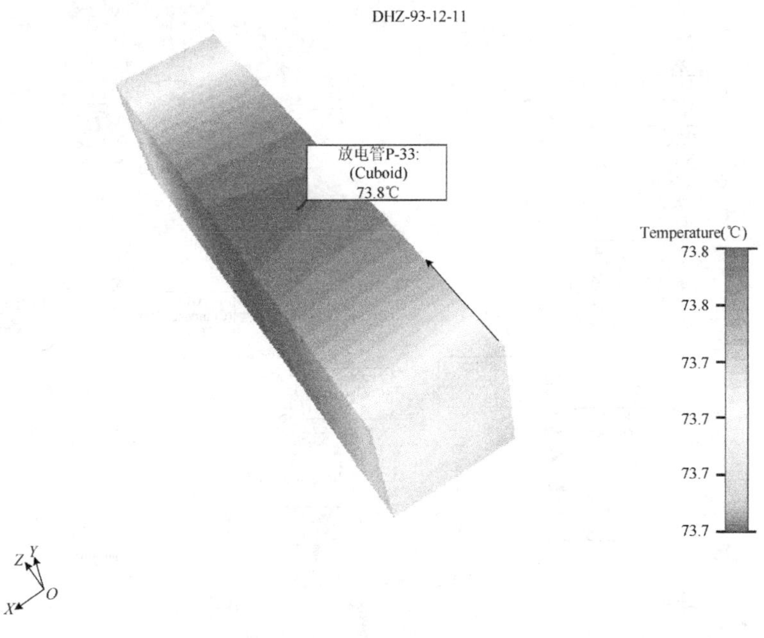

图 2.9　放电管温度分布结果（环境温度为 70℃）

（3）滤波器温度分布结果（环境温度为 70℃）如图 2.10 所示，该模块无高温元器件。

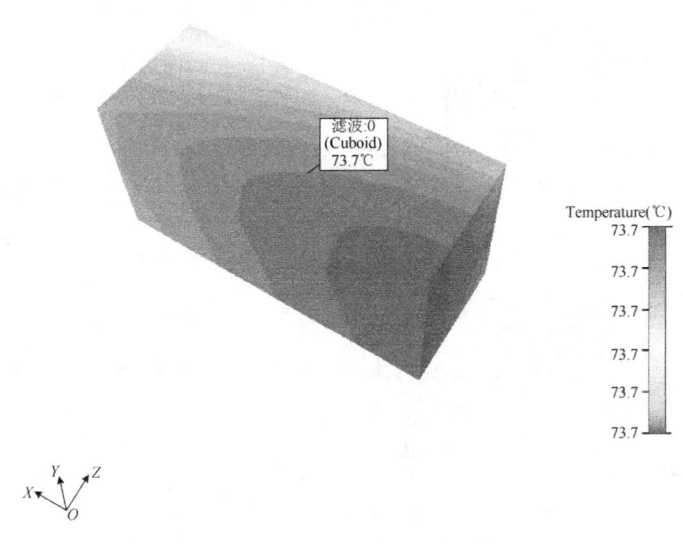

图 2.10　滤波器温度分布结果（环境温度为 70℃）

（4）变压器组件温度分布结果（环境温度为 70℃）如图 2.11 所示，该模块无高温元器件。

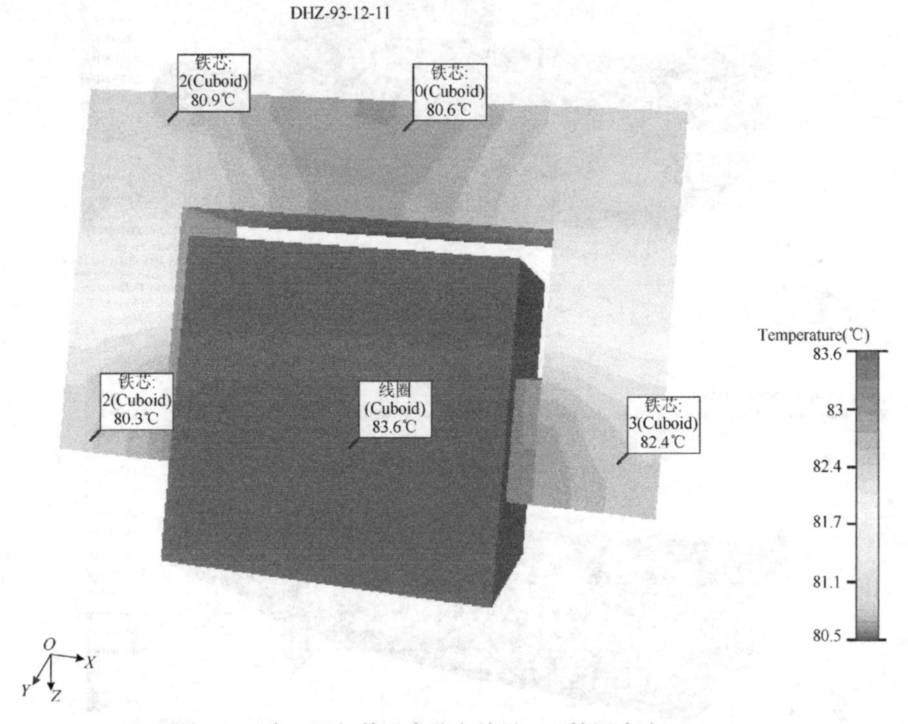

图 2.11 变压器组件温度分布结果（环境温度为 70℃）

2.6.5.2 振动仿真分析结果

（1）受试产品模态分析的前六阶谐振频率及位置如表 2.13 所示，其对应的振型结果如图 2.12 所示。机箱与各模块连接处模态振型最大时的模态频率为 3216.3 Hz。

表 2.13 受试产品模态分析的前六阶谐振频率及位置

阶数	谐振频率（Hz）	局部模态位置
一阶	2229	储能电容
二阶	2639.1	插座前端
三阶	3216.3	板子中部元器件
四阶	3554.2	插座前端
五阶	4140.7	接地片
六阶	4428.3	插座前端

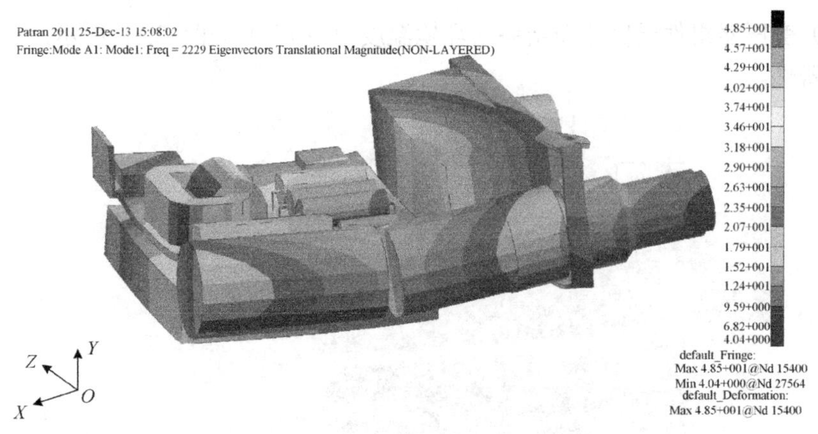

(a)一阶振型

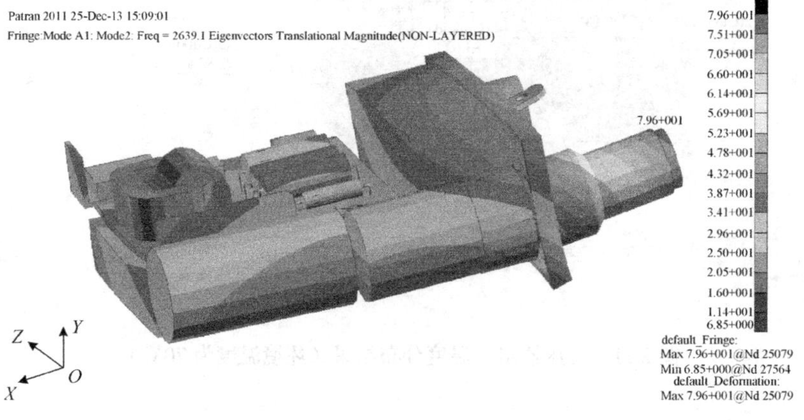

(b)二阶振型

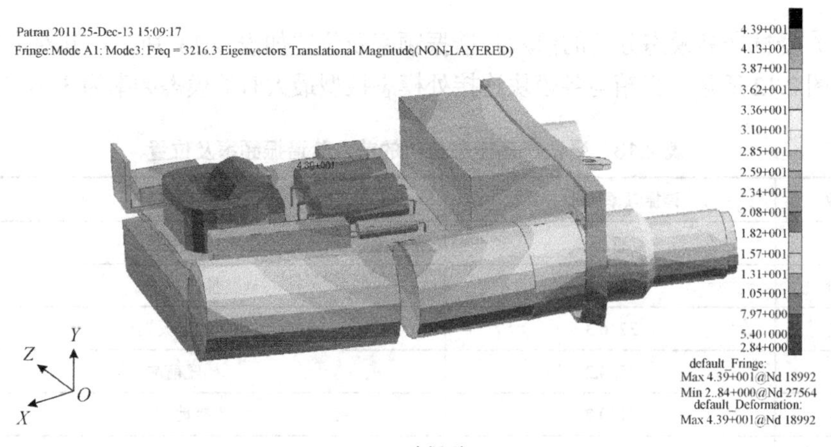

(c)三阶振型

图 2.12　受试产品前六阶模态分析结果

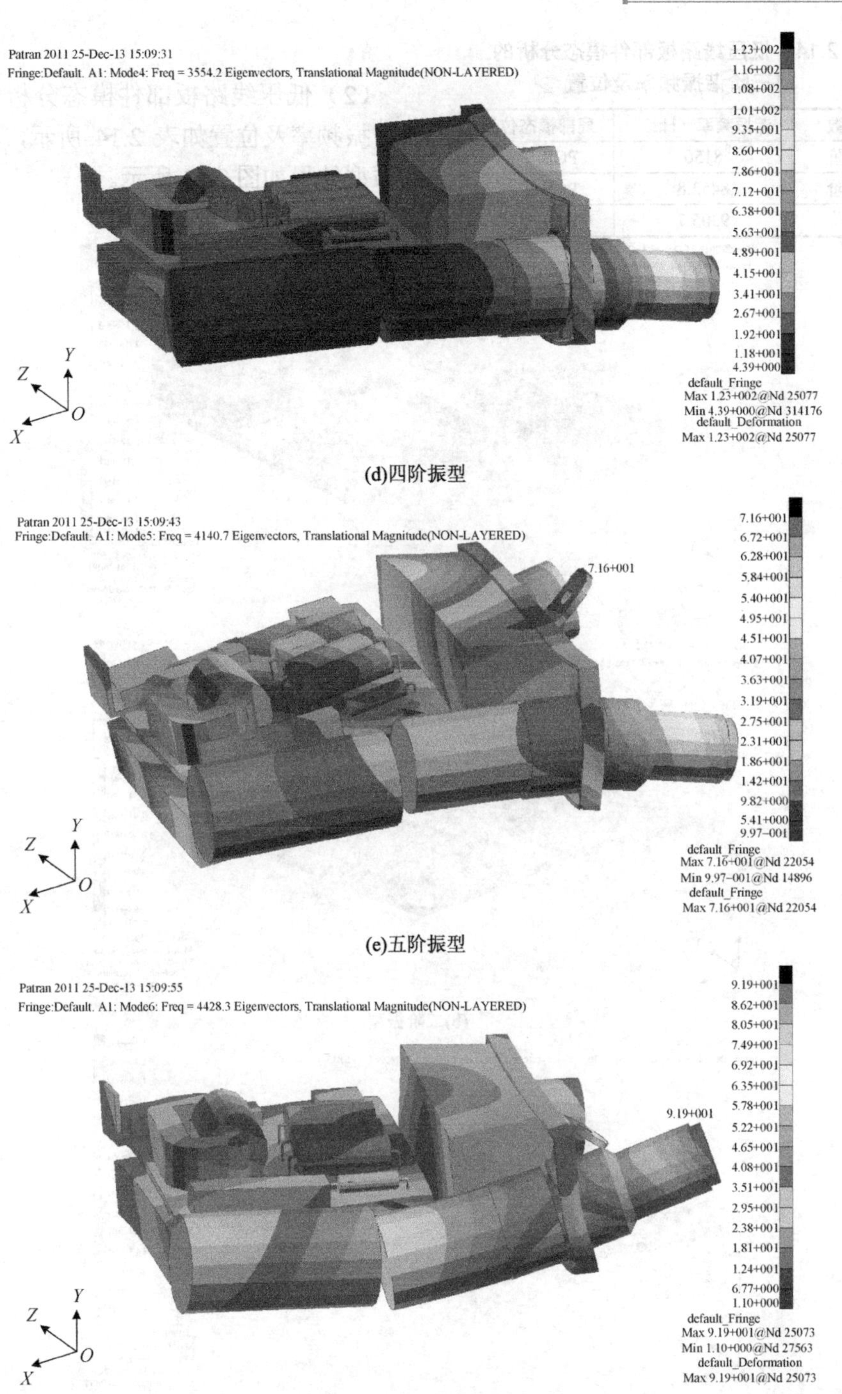

(d)四阶振型

(e)五阶振型

(f)六阶振型

图 2.12 受试产品前六阶模态分析结果（续）

表 2.14　低压线路板部件模态分析的前三阶谐振频率及位置

阶数	谐振频率（Hz）	局部模态位置
一阶	8150	PCB 中部
二阶	8452.8	PCB 中部
三阶	9305.7	PCB 中部

（2）低压线路板部件模态分析的前三阶谐振频率及位置如表 2.14 所示，其对应的振型结果如图 2.13 所示。

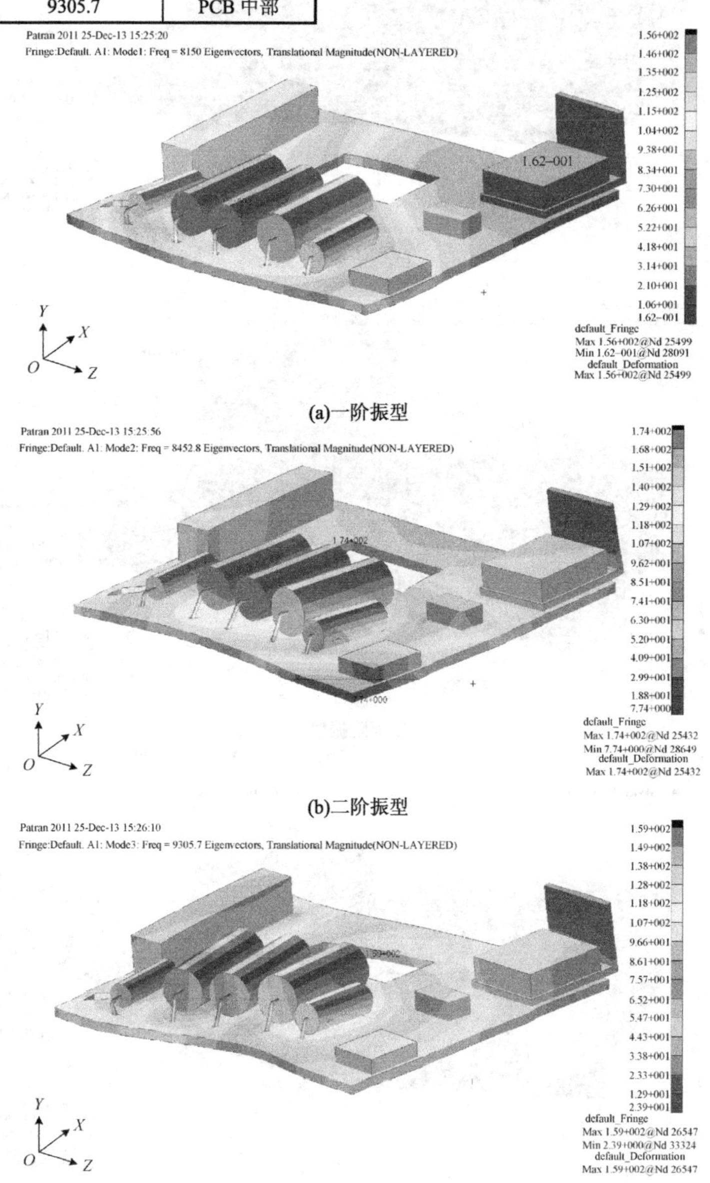

(a)一阶振型

(b)二阶振型

(c)三阶振型

图 2.13　低压线路板部件前三阶模态分析结果

（3）受试产品在施加加速度功率谱密度为 $0.01g^2/\mathrm{Hz}$ 的激励时，其整机及低压线路板部件的随机振动加速度响应分析结果及说明如表 2.15 所示，图 2.14 所示为整机及低压线路板部件随机振动响应的加速度均方根值云图。

表 2.15 随机振动加速度响应分析结果及说明

名称	G_{RMS} 最大值（g 或 g_{rms}）	说明
整机	6.48	位于储能电容
低压线路板部件	6.48	位于储能电容

（4）受试产品在施加加速度功率谱密度为 $0.01g^2/\mathrm{Hz}$ 的激励时，其整机及低压线路板部件的随机振动位移响应分析结果及说明如表 2.16 所示，图 2.15 所示为整机及低压线路板部件随机振动响应的位移均方根值云图。

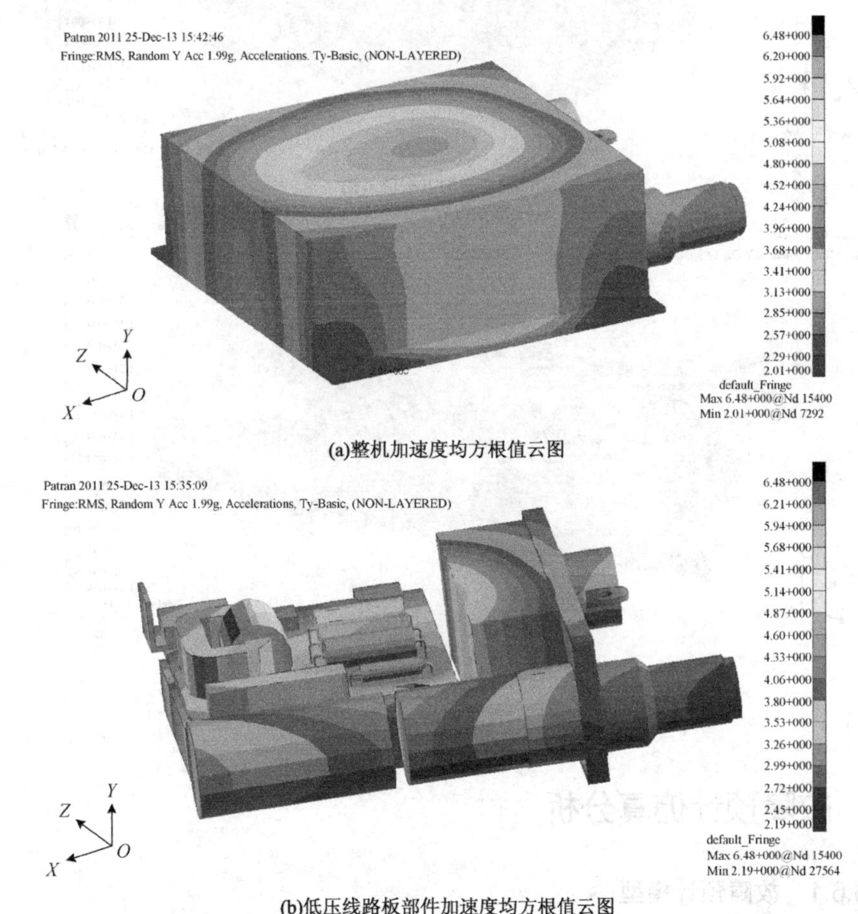

(a)整机加速度均方根值云图

(b)低压线路板部件加速度均方根值云图

图 2.14 加速度均方根值云图

表 2.16　随机振动位移响应分析结果及说明

名称	位移最大值（mm）	说明
整机	0.000131	位于储能电容
低压线路板部件	0.000131	位于右前部

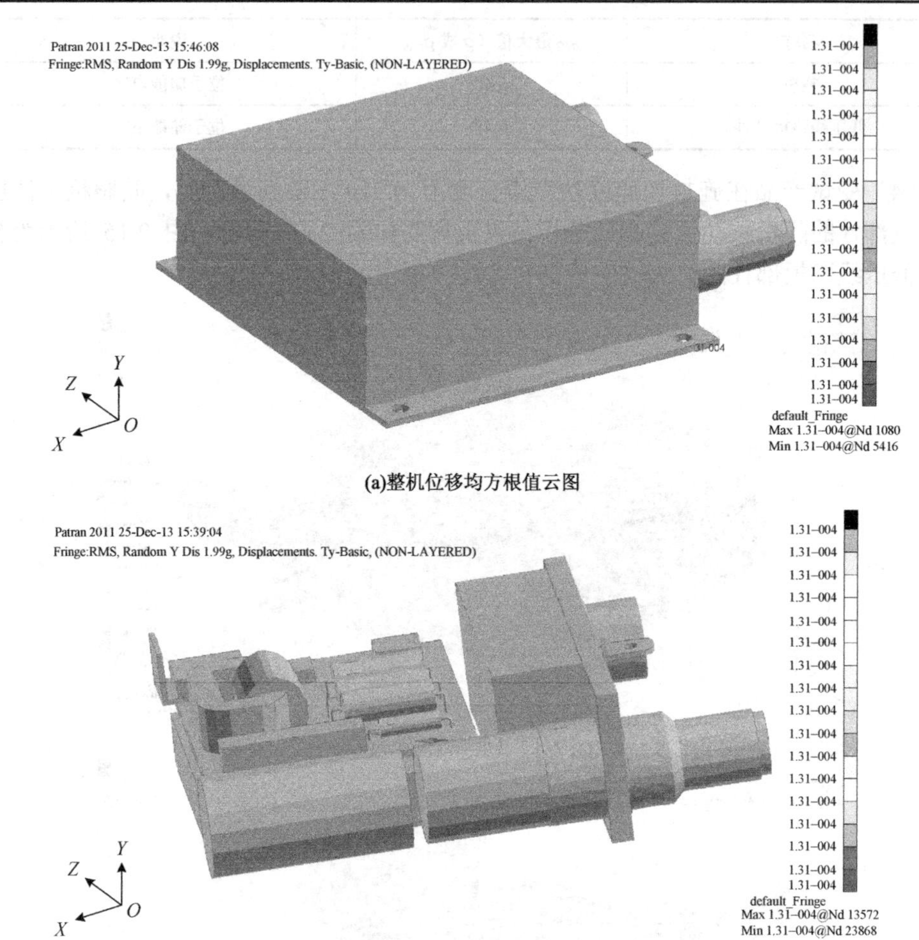

(a)整机位移均方根值云图

(b)低压线路板部件位移均方根值云图

图 2.15　位移均方根值云图

2.6.6　故障预计仿真分析

2.6.6.1　故障预计模型

采用 Calce PWA 软件建立受试产品的故障预计模型如图 2.16 所示。

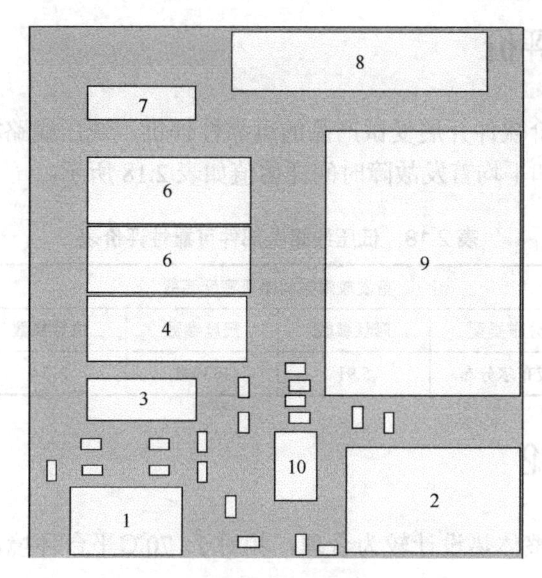

图 2.16 受试产品的故障预计模型

2.6.6.2 故障预计初始状态

故障预计初始状态记录单如表 2.17 所示。

表 2.17 试验初始状态记录单

（故障预计）

故障物理分析建模	
文件名称	105
版本号	S-01
建模分析软件及版本	Calce PWA 6.1.7
蒙特卡洛仿真参数设置	
蒙特卡洛仿真工艺参数分布	三角分布
蒙特卡洛仿真次数	1000
蒙特卡洛仿真期望的失效百分比	50
环境条件	
温度环境剖面条件	振动环境剖面条件
见 2.6.5.1 节	见 2.6.5.2 节

2.6.6.3 故障预计结果

采用 Calce PWA 软件开展受试产品的故障预计。结果表明无潜在故障点，各模块无 30000h 内失效率大于 62.5%的元器件。

2.6.7 可靠性评价

采用可靠性评价软件开展受试产品的可靠性评价。低压线路板部件的首发故障时间概率密度函数和平均首发故障时间评估值如表 2.18 所示。

表 2.18 低压线路板部件可靠性评价表

名称	首发故障时间概率密度函数				平均首发故障时间（h）
	分布类型	形状参数	尺度参数	位置参数	
低压线路板部件	威布尔分布	5.91	183941	2734	173237

2.6.8 试验结论

（1）受试产品整体热设计较为合理，相对于 70℃平台环境，机箱平均温升为 3.8℃。

（2）受试产品整机振动设计较为合理，机箱与各模块连接处模态振型最大时的模态频率为 3216.3Hz，与 PCB 一阶谐振频率符合倍频程规则。

（3）受试产品无高温元器件。

（4）受试产品各模块振动设计较为合理，在仿真试验中未发现与振动有关的薄弱环节。

（5）受试产品平均首发故障时间评估值为 173237h。

参 考 文 献

[1] 张蕊,汪凯蔚,沈峥嵘. 高可靠电子设备可靠性仿真试验技术应用研究[J]. 电子产品可靠性与环境试验,2012,30(6):14.

[2] 张建伟,白海波,李昕,等. ANSYS14.0 超级学习手册[M]. 北京:人民邮电出版社, 2013.

[3] 刘贤. 机载电子设备机箱的热场分析与仿真技术研究[D]. 西安:西安电子科技大学,2009.

[4] 乔峰. 机载电子设备结构功能模块的抗振设计与优化[D]. 成都:电子科技大学,2011.

[5] 李春洋. 印制电路板有限元分析及其优化设计[D]. 长沙:国防科学技术大学,2005.

第3章

环境应力筛选

3.1 环境应力筛选概述

随着现代电子产品设计能力的日趋成熟，电子产品缺陷通常在制造过程中尤其是在批生产阶段中被引入。使用有缺陷的原材料和元器件、制造工艺不完善、制造人员操作不当等都可能引入潜在的电子产品缺陷，使产品不能满足设计中期望的可靠性水平。而传统的质量检验只能够检查出产品功能或外观问题，并不能暴露产品的潜在缺陷。因此，必须在产品交付前采取有效的手段暴露产品缺陷并剔除故障产品，以降低电子产品的早期故障率。

环境应力筛选（ESS）是为减少早期故障，对产品施加规定的环境应力，以发现和剔除制造过程中的不良零部件、元器件和工艺缺陷的一种工序和方法。它用于产品的生产阶段，迫使存在于产品的会变成早期故障的缺陷提前变成故障，以便在产品投入使用前就加以剔除，以保障产品在设计过程中获得的高可靠性不因制造过程而降低，并对产品的质量和可靠性进行持续监控。

3.1.1 环境应力筛选基本概念

环境应力筛选的定义：在电子产品上施加随机振动及温度循环应力，以鉴别和剔除产品工艺和元器件等引起的早期故障的一种工序或方法。

环境应力筛选是产品研制生产的一种工艺手段，也是产品质量控制检查和测试过程的延伸，它通过向电子产品施加合理的环境应力和电应力，将其内部的潜在缺陷加速变成故障，以便人们发现并排除，使产品在出厂时便进入随机失效阶段，以固有的可靠性水平交付用户使用，是保证产品使用可靠性的有效手段。

3.1.2 环境应力筛选基本特性

1. 工艺性

环境应力筛选是一种工艺，而不是一种试验。制造、装配过程各个环节都有可能引入潜在缺陷，而不同组装等级下用来暴露潜在缺陷的应力水平也各不相同。例如，元器件级的筛选不能暴露板级故障，而板级的筛选应力有所下降，也不能完全暴露元器件级的故障。因此，在效费比和时间允许的条件下，环境应力筛选应贯穿电子产品生产过程的各个组装级别。可见，环境应力筛选实际上是制造过程中检验工作的延伸，是制造过程中使用的一种剔除制造缺陷的工艺手段。

2. 全数检验

产品缺陷可能在制造过程的任何环节被引入，具有随机性。同批次产品中部分产品的完好并不能证明所有产品无缺陷。因此，在各个组装等级上进行的筛选应该针对全部产品进行，而不是抽样检验，只有这样才能充分筛选出所有存在缺陷的产品。以故障形式表现和暴露出来的缺陷越多，筛选越有效。

3. 加速环境应力

环境应力筛选的目的是快速激发出产品的潜在缺陷，暴露可能发生的早期故障。如果采用产品正常的工作应力，那么通常需要经过很长的时间才能激发产品缺陷，这是现代产品的工期和生产成本要求都不能接受的。因此，必须采取超过产品正常工作应力水平的加速环境应力来开展产品的筛选工作，同时还要保障产品不受到过应力，以免损坏好的部分或引入新的缺陷。通过加速环境应力，可把原来在产品使用寿命期内可能发生的故障在相对短的时间内激发。

此外还要注意，环境应力筛选的应力主要取决于受筛选产品对应力的响应，而不仅是该应力的输入。应当在了解与产品设计极限有关的响应特性（如振动响应特性和温度响应特性）后确定筛选应力，这是因为筛选的有效性是由产品对施加应力的响应特性确定的，而不是单纯由应力输入确定的。

4. 可剪裁性

环境应力筛选的对象是多元化的。不仅电子设备要求进行筛选，机电、光电设备也要求将筛选作为一种工艺，对不同级别（元器件级、板级、组件级和单机设备等）的产品筛选方案也各不相同。通常，不同产品对环境应力（如振动、温度）的响应是不同的，几乎不可能存在一种应力使所有产品都获得最佳筛选效果。在工程实践中，常存在对具体产品的筛选大纲剪裁不当使产品筛选效果不明显、效费比低的情况。因此，需要根据每种产品特征，对标准进行一定的剪裁，为其制定合适的环境筛选方案和应力水平。

5. 动态性

环境应力筛选过程中，生产工艺、组装技术和操作熟练程度是随着生产的进展而不断完善和成熟的，在各个筛选级别存在的缺陷数量、类型和分布情况也都随着生产过程而不断变化。因此，生产之初确定的筛选方案可能会不再适用，需要根据生产过程动态调整。

通常，应该持续评估各阶段的筛选有效性，以某等级和状态下能将已知缺陷完全暴露的筛选方案为基准，根据产品在不同阶段或同阶段不同状态下的特征动态改变筛选流程和条件。条件允许时，可以对相似生产条件下同类产品的历史现场故障数据进行统计分析，制定适当调整环境应力筛选的条件。

6. 不提高产品的固有可靠性

环境应力筛选主要用来排除产品的早期故障，使产品尽早进入偶发故障阶段，但不能改变设计时确定的产品的固有可靠性水平。通过可靠性增长试验则可以暴露产品中的设计缺陷，降低由设计缺陷造成的故障的出现概率，提高产品的固有可靠性水平。

3.1.3 环境应力筛选分类

环境应力筛选目前可分为3种类型。

（1）常规筛选。常规筛选是指不要求筛选效果与产品的可靠性目标和成本建立定量关系的筛选，筛选所用的应力是凭经验数据确定的，仅以能剔除产品早期故障为目标。常规筛选是目前应用最为广泛的一种筛选方式，典型的常规筛选的文件和标准有美国海军电子产品筛选大纲、美国环境科学与技术协会（IEST）提出的组件环境应力筛选指南，以及我国的GJB 1032《电子产品环境应力筛选方法》。

（2）定量筛选。定量筛选是指要求在筛选效果、成本与产品的可靠性目标、现场故障修理费用之间建立定量关系的筛选。制定定量筛选大纲时要先估计产品制造过程中引入潜在缺陷的数量，确定所用的应力的筛选强度和检测仪表检出故障的能力，以确保所用的应力能将引入缺陷都激发成为故障，能通过检测仪表检查出来并加以排除，产品经定量筛选后达到浴盆曲线的故障率恒定阶段。MIL-HDBK-344/344A《电子产品环境应力筛选方法》和GJB/Z 34《电子产品定量环境应力筛选指南》是定量筛选标准。

（3）高加速应力筛选。高加速应力筛选（HASS）是在高加速寿命试验（HALT）的基础上发展起来的新的筛选技术。HASS采用的应力远大于常规筛选的应力，时间也短得多，使用的试验设备也不同于常规筛选的设备。HASS只适用于经过高加速寿命试验确定其工作极限和破坏极限的产品，这种产品有很大的工作裕度和破坏裕度。HASS的应力要根据这两个极限来确定。

上述3种筛选中，HASS是新的筛选技术，技术上不太成熟，也未标准化，国内较少应用；定量筛选方面虽然制定了GJB/Z 34，但由于该方法涉及引入缺陷密度和筛选检出度的定量计算，这些计算需要有各种元器件和工艺的缺陷率数据及各种应力的筛选强度数据，我国这方面数据往往不完整且准确度较差，而且筛选大纲的设计和过程控制十分复杂，因而在我国尚未贯彻实施；用得最多的还是常规筛选。

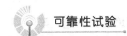

3.2 环境应力筛选应力及剪裁

3.2.1 主要筛选应力介绍

在环境应力筛选中，不同的筛选应力，其针对的生产缺陷并不相同。目前的环境应力筛选主要以温度循环和随机振动两种筛选应力实现激发，以下对这两种应力进行介绍。

3.2.1.1 温度循环筛选的相关特性分析

温度循环是指将产品在一定的温度上、下限范围内持续反复运行。当温度在上、下限内循环时，受筛产品交替膨胀和收缩，使设备中产生热应力和应变。如果产品内部邻接材料的热膨胀系数不匹配，则这些热应力和应变会加剧，这种应力和应变在缺陷处最大，它起着应力集中的作用。这种循环加载使缺陷增长，最终可能造成结构故障并从而产生电气故障。温度循环是使钎焊接头和PCB上电镀通孔等产生故障的首要原因。例如，有裂纹的电镀通孔其周围最终完全裂开，引起开路。

温度循环的主要激发缺陷如下。

（1）玻璃容器和光学仪器碎裂。

（2）运动部件卡紧或松弛。

（3）不同材料的收缩或膨胀率、诱发应变速率不同。

（4）零部件变形或破裂。

（5）表面涂层开裂。

（6）密封舱泄漏。

（7）绝缘保护失效。

GJB/Z 34规定的温度循环的筛选强度计算公式为

$$S_S = 1 - \exp\left\{-0.0017\left(R+0.6\right)^{0.6}\left[\ln\left(\mathrm{e}+v\right)\right]^3 N\right\} \tag{3.1}$$

式中，S_S为筛选强度；R 为温度变化范围，$R=(T_u-T_L)$（℃）；v 为温度变化速率（℃/min）；N为循环数。

从式（3.1）可知，在温度循环各参数中，对筛选效果最有影响的是温度变化范

围 R、温度变化速率 v 和循环数 N。增加这 3 个参数中任一参数的量值均有利于提高温度循环筛选效果。

3.2.1.2 随机振动筛选的相关特性分析

随机振动是在很宽的频率范围内对产品施加振动，产品在不同的频率上同时受到应力，使产品在多个共振点上同时受到激励。这就意味着具有不同共振频率的元器件同时在共振，从而使安装不当的元器件受到扭曲、碰撞等而损坏的概率增加。即使产品在实际使用中不经受任何振动，随机振动筛选一般也是适用的。这是因为环境应力筛选重点考虑的是其把缺陷变成故障的能力，而不管实际使用寿命中这些缺陷如何变成故障。

随机振动激发的产品主要故障模式如下。

（1）结构部件、引线或元器件接头产生疲劳。

（2）电缆磨损、引线脱开、密封破坏及虚焊点脱开。

（3）螺钉松弛。

（4）安装不当的元器件引线断裂。

（5）钎焊接头受到高应力，引起钎接薄弱点故障。

（6）元器件引线因没有充分消除应力而造成损坏。

（7）已受损或安装不当的脆性绝缘材料出现裂纹。

表征随机振动筛选应力的基本参数是频率范围、加速度功率谱密度（PSD）、振动时间和振动轴向。

GJB/Z 34 规定的随机振动的筛选强度计算公式为

$$S_S = 1 - \exp(-0.0046 G_{RMS}^{1.71} t) \tag{3.2}$$

式中，S_S 为筛选强度；G_{RMS} 为实测的振动加速度均方根值（g 或 g_{rms}）；t 为振动时间（min）。

从式（3.2）可知，加速度越大，筛选效果越好；振动时间越长，筛选效果越好。随机振动效果相当显著。

3.2.2 振动应力量值的剪裁

不同的产品其动力学特性不同，相同的振动激励引起的振动响应是不同的，激发产品潜在缺陷的能力也是不同的。从这个意义上说，相同的振动激励对不同的产品并不能都达到高效筛选的目的，所以 GJB 1032 等标准除了给出筛选应力的基线应力外，都强调要进行振动调查，以确定产品内部的振动响应，为剪裁出高效的振动筛选应力提供依据，但标准只提出振动调查的要求和简单的说明，可操作性差，需要很有经验的试验工程师才能很好的实施，也是这个原因导致目前很少对产品进行振动调查，而是千篇一律地采用标准推荐的筛选应力等级，根本不知道这个应力是否合适，会不会产生过应力给产品带来损伤（新的失效机理），会不会应力不足根本达不到高效筛选的目的。

下面介绍通过振动调查对受筛产品内部响应进行分析，给出高效振动应力筛选量级的剪裁方法。

3.2.2.1 振动筛选量级的剪裁

筛选方案的确定是一个动态过程，首先要确定一个初始的筛选方案，然后通过对工厂和现场故障数据的研究来评价筛选的有效性，还要随着筛选的成熟而不断地调整筛选参数，最终获得较为成熟的筛选方案。获得初始振动筛选量级最简单的办法是使用以前类似产品大纲验证了的筛选量级（继承性筛选）。而对初次参与筛选的产品而言，可用的故障数据并不多，非常有必要通过振动调查获得产品的内部响应，经过剪裁来确定高效的初始振动筛选量级。

1. 步进应力法

步进应力法是从小量级（一般是环境试验量级）开始试验，而后按预先确定的幅度增加振动输入量级，在不超过振动设计极限的情况下直到产品出现故障；然后分析故障的性质，确定是与设计有关，还是潜在缺陷，同时根据振动调查的结果来确定是否继续增加振动输入量级；最后分析从步进应力振动试验中获得的数据来确定高效的振动筛选量级。用这种方法确定的振动筛选量级既能足够有效地析出缺陷，又不至过于严酷而损害好的产品。

步进应力法流程图如图 3.1 所示。

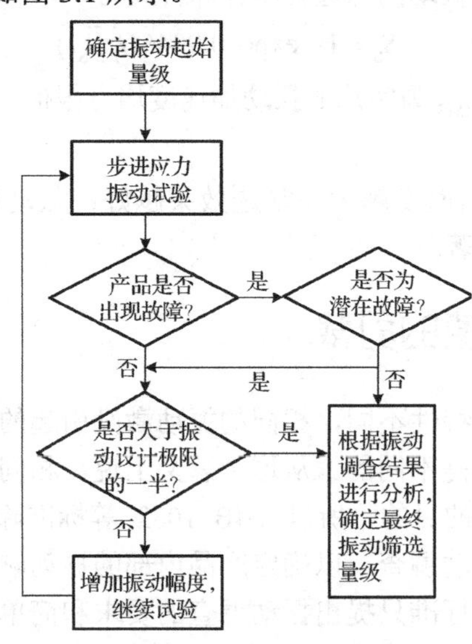

图 3.1 步进应力法流程图

2. 振动设计极限

步进应力法必须知道产品的耐振动设计极限，这样就可以确定安全的筛选量级，能在设计极限之下为获得满意的筛选效果进行必要的筛选量级更改，剪裁出高效的振动筛选量级。若设计时没考虑或不知道设计极限，则在第一次筛选时，必须将振动应力一直增加到使产品在相对集中的时间内出现较多的故障（如在好的硬件中诱发出缺陷，像良好的钎焊接头开裂、安装得很好的元器件破坏等），此时的振动应力即近似为产品的振动设计极限。

振动设计极限与振动筛选量级的关系如图 3.2 所示。

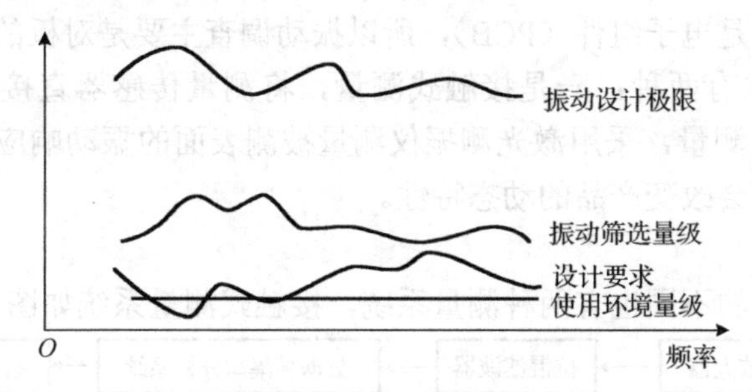

图 3.2　振动设计极限与振动筛选量级的关系

3. 振动筛选谱形

振动筛选谱形按 GJB 1032 规定的梯形谱，如图 3.3 所示。

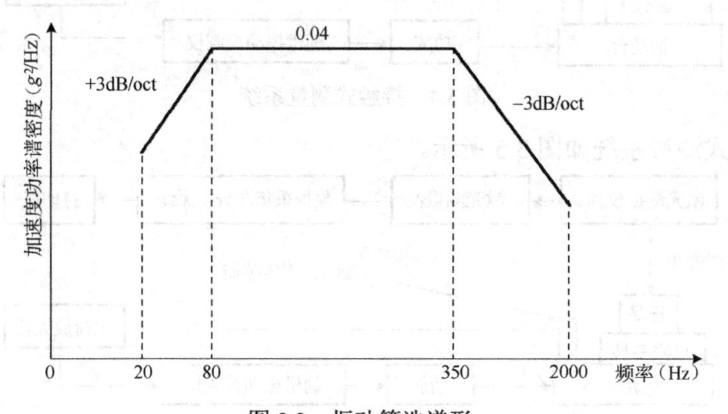

图 3.3　振动筛选谱形

4. 振动起始量级与应力步进幅度

振动起始量级应高于或等于环境试验量级，在上述输入谱形下，所用的宽带随机振动输入谱的总均方根加速度量值一般为 $2g_{rms}$ 或 $3g_{rms}$。每次应力步进的幅度为 $2g_{rms}$，当总均方根加速度量值超过 $6g_{rms}$ 时，幅度相应减小为 $1g_{rms}$ 或更小。

5. 振动持续时间

在每个步进应力量级上应保持振动一段时间，用于诱发潜在的缺陷。每个轴向的振动持续时间一般为 10min，总均方根加速度量值超过 $6g_{rms}$ 时取 5min。在施加每一振动量级期间和施加后，必须检查受筛产品是否能正常工作，若出现故障，则应停止试验并结合振动调查对故障原因进行分析。

3.2.2.2 振动调查

振动调查的基本目的是确定产品对某一任意的非破坏性振动输入的内部响应，用于高效振动筛选量级的确定。

1. 测量方式

一般测量对象是电子组件（PCB），所以振动调查主要是对板的表面进行振动响应测量。测量方式有两种：一是接触式测量，将测量传感器直接粘贴在被测表面上；二是非接触式测量，采用激光测振仪测量被测表面的振动响应。优先采用非接触式测量，这样不会改变产品的动态特性。

2. 测量系统

根据测量方式的不同也有两种测量系统。接触式测量系统如图 3.4 所示。

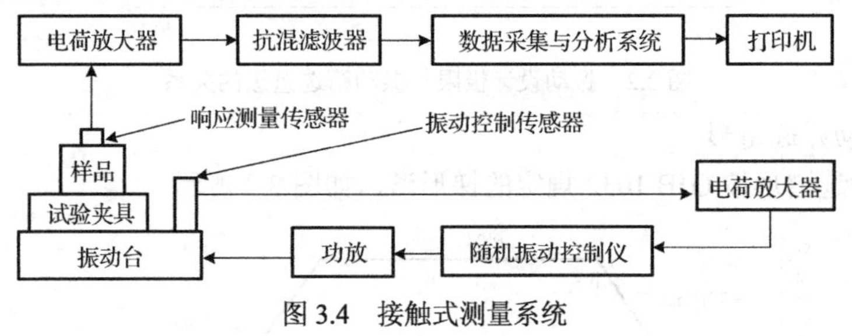

图 3.4 接触式测量系统

非接触式测量系统如图 3.5 所示。

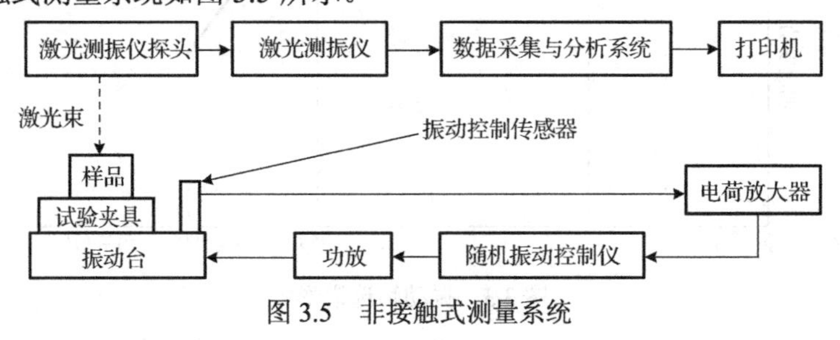

图 3.5 非接触式测量系统

3. 测量传感器的选择

由于电子组件尤其是标准 PCB 薄且刚性差，所以测量传感器的尺寸应足够小，以便将其安装在选定的位置上，又不改变被测表面的刚度；还要足够轻，使其不会改变被测样品的动态特性。压电式加速度计是比较好的选择，它容易做得小且轻，目前最轻的大约为 0.14g。理论上已证明，只有当测量传感器质量与被测样品质量之比足够小（一般要小于 0.1）时，附加质量的影响带来的测量误差才可忽略。同样，测量传感器的尺寸也应小于被测样品尺寸的 10 倍以上，才能忽略测量传感器给被测样品表面刚度带来的影响。

基于上述原因，优先推荐采用非接触式测量，它不存在上述种种问题。但这种设备非常昂贵，无法普及，对测量场地也有很高的要求。在不具备条件且手头又没有足够小的测量传感器时，可以采用测量传感器柔性安装技术，将测量传感器用弹性材料支承起来，并通过探针与被测样品粘接，旨在减小测试接触面，以保证不至于改变动态特性和不至于找不到安装空间。

测量传感器柔性安装测量系统如图 3.6 所示。

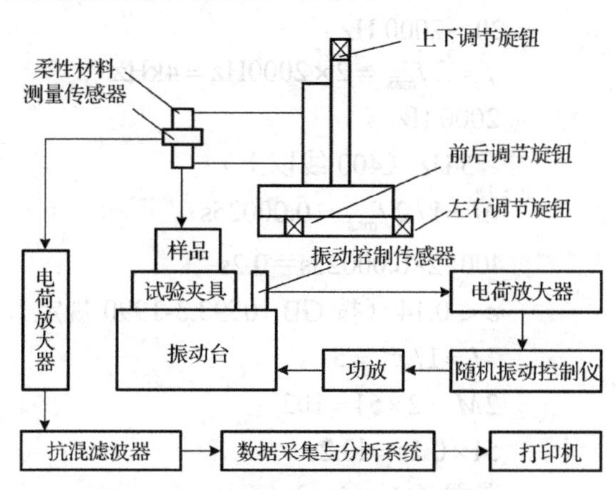

图 3.6　测量传感器柔性安装测量系统

4. 测量传感器的安装

非接触式测量时，将激光束对准选定的位置就可以了；接触式测量时，可将测量传感器用蜂蜡或 502 胶牢固地粘贴在选定的位置上，粘贴后的频响应大于分析频率上限的 5 倍。

5. 测量位置的选择

测量位置主要选择在能代表电子组件内大多数潜在故障发生的位置，其次选择比较重或安装引腿较长的零部件安装处，再进行必要的工程判断选择那些结构比较薄弱、预计响应较大的位置。应强调不是测量某一特定元器件（零部件）的响应，而应测量一些元器件（零部件）的输入，也就是元器件的安装处。

6. 振动响应测量

一般可利用振动控制系统的测量通道与分析功能来进行响应测量和分析，这样不用增加测量与分析的硬件。在测量通道数不足的情况下，可以对每个测量点逐次测量，分步调查，即分析每个测量点的加速度响应后，再把测量传感器移到其他位置或方向上进行测量。

有条件的可采用专用的数据采集与分析系统，可以一次测量所有的测量点，并进行实时分析，也可以用磁带记录仪将响应信号记录下来，然后回放给频谱分析仪进行数据分析。

测量过程中应特别注意的是，测量系统的动态范围、频率范围和测量时间要满足分析的需要，一般测量系统的动态范围应在 35 dB 以上，频率范围为 20～2000 Hz，测量时间在 1 min 左右。

7. 振动响应分析

振动调查的最终结果是各个测量点的振动功率谱密度函数和总均方根加速度，数据分析时参数选择如下。

分析频率范围	20～2000 Hz
采样频率	$f = 2f_{\max} = 2 \times 2000\text{Hz} = 4\text{kHz}$
抗混滤波频率	2000 Hz
频率分辨率	≥5 Hz（400 线以上）
采样间隔	$\Delta t = 1/2f_{\max} = 0.00025\text{s}$
每帧长度	400×2×0.00025s＝0.2s
统计误差	$\varepsilon \leqslant 0.14$（按 GB 10593.3-1990 规定）
帧数	$M = 1/\varepsilon^2 = 51$
自由度为	$2M = 2 \times 51 = 102$
采样长度	$51 \times 0.2\text{s} = 10.2\text{s}$
窗函数	海宁（Hanning）窗

根据上述分析参数进行振动响应数据分析，最终获得各个测量点的功率谱密度和总均方根加速度量值。

3.2.2.3 确定高效振动筛选量级的方法

准备选择 2～4 块电子组件，进行振动调查的具体步骤如下。

（1）确定振动调查的振动量级，选择比基线筛选量级低 6～10dB 或 $2g_{rms}$ 的量级进行。

（2）选择合适的测量传感器及数据采集与分析系统，并进行必要的标定。

（3）确定测量点的位置。

（4）安装测量传感器。

（5）选择合适的振动激励系统和试验夹具。

（6）对电子组件进行 5～10min 的激振并测量各测量点的振动响应。

（7）试验期间或试验后对电子组件进行电性能检查。

（8）对响应数据进行功率谱密度和总均方根加速度分析。

（9）若无故障出现，则增加振动激励幅度，重复步骤（6）～（8），直至试验应力达到设计极限的一半以上。

（10）若出现故障，则分析其失效机理，结合响应数据的分析结果和试验应力的大小，决定是否增加振动应力幅度继续试验。

（11）对获得的所有信息进行分析，确定高效的振动筛选量级。

3.2.2.4 小结

通过产品的振动调查，确定测量系统、测量传感器、测量位置、传感器的安装和数据的采集与分析方法，采用步进应力法确定高效的振动筛选量级，给出振动持续时间、振动起始量级、应力步进幅度和振动筛选谱形。

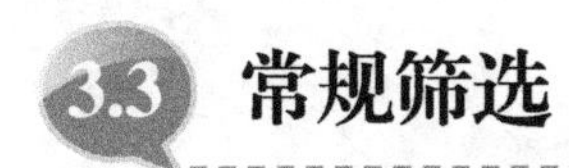

常规筛选

3.3.1 适用标准

GJB 1032-1990《电子产品环境应力筛选方法》是 MIL-STD-2164《电子产品环境应力筛选方法》的等效标准。自 1990 年颁布以来，该标准在我国装备的研制和生产中得到了广泛应用，为剔除产品早期故障提供了有效手段，并在提高装备质量和可靠性方面发挥了重大作用。

3.3.2 一般要求

1. 筛选大纲（方案）的编制

产品环境应力筛选大纲（方案）是产品进行环境应力筛选的依据。进行筛选前，生产单位应根据产品特点编制筛选大纲，大纲应规定筛选项目及范围、筛选应力条件、检测项目及方法、筛选结束标志等。

2. 故障（失效）记录、分析与纠正体系

承制方应建立故障报告、分析与纠正措施系统（FRACAS 系统），对故障信息及纠正措施进行跟踪和监控。

3. 筛选设备要求

（1）能满足产品筛选大纲规定的温度循环条件的设备。

（2）能满足产品筛选大纲规定的随机振动条件的振动激励装置。

（3）筛选设备经检定合格并在有效期内。

4. 检测仪器仪表要求

筛选所用检测仪器仪表经计量合格并在有效期内，测试精度符合规定的要求。

5. 振动试验夹具要求

振动试验夹具在规定的振动频率范围以内不允许有共振频率存在，即在规定的振动频率范围内沿振轴方向的传递函数必须保持平坦，其不平坦允差不超过±3dB，如不能满足，则允许在500～2000Hz范围内允差不超过±6dB，但累计带宽应在300Hz以内。

6. 对振动筛选产品的要求

产品在进行振动筛选时，应直接将产品安装在振动台上，不带外部减震装置。

7. 筛选结果报告

产品筛选结束后，应编制环境应力筛选结果报告。结果报告应包括筛选时间、地点及组织，筛选简要过程，故障情况，筛选结论等，并附各种记录图表、报告。

3.3.3 筛选应力条件

3.3.3.1 筛选应力确定原则

筛选应力的确定应符合“尽快暴露早期失效，又不超过产品设计极限”的原则，即应力的等级和持续时间既可保证筛选效果，又不使完好的设备出现疲劳损坏或性能降低。

生产单位应不断积累筛选数据，寻求效果最佳的筛选应力条件。

3.3.3.2 一般筛选应力条件

通常情况下，在进行模块、单元、分机筛选时，可选用表 3.1 中提供的一般筛选应力条件。

在进行单元和分机筛选时，若某部件、模块不适宜进行规定应力的筛选振动或快速温变，则可以对该部件和模块采取保护措施或将其卸下。

3.3.3.3 筛选应力允差

1. 筛选温度允差

除必要的支承点外，受试产品应完全被温度试验箱内空气包围。箱内温度梯度（靠近受试产品处测得）应小于1℃/m，箱内温度不得超过试验温度±2℃的范围。

2. 随机振动参数允差

（1）随机振动试验控制点谱形允差如表 3.2 所示。对功率谱计算其允差的分贝数（dB）按下式进行。

$$\mathrm{dB}=10\lg\frac{W}{W_0} \tag{3.3}$$

式中，W 为实测的加速度功率谱密度（g^2/Hz）；W_0 为规定的加速度功率谱密度（g^2/Hz）。

（2）均方根加速度允差应不大于1.5 dB，其允差分贝数（dB）按下式计算。

$$dB = 20\lg \frac{G_{RMS}}{G_{RMS0}} \tag{3.4}$$

式中，G_{RMS} 为实测的均方根加速度（g 或 g_{rms}）；G_{RMS0} 为规定的均方根加速度（g 或 g_{rms}）。

表 3.1 一般筛选应力条件

<table>
<tr><th colspan="2" rowspan="2">筛选层次
项目和参数</th><th colspan="3">受试产品</th></tr>
<tr><th>模块</th><th>单元</th><th>分机</th></tr>
<tr><td rowspan="7">温度循环</td><td>温度范围</td><td>−55～85℃①</td><td>−50～70℃②</td><td>−50～70℃②</td></tr>
<tr><td>温度变化速率（试验箱空气温度）</td><td>≥15℃/min</td><td>≥5℃/min</td><td>≥5℃/min③</td></tr>
<tr><td>上、下限温度保持时间</td><td>60 min④</td><td>90 min④</td><td>120 min④</td></tr>
<tr><td>循环数</td><td>≥24（不大于 40）</td><td>10+10⑤</td><td>5+10⑤</td></tr>
<tr><td>通/断电</td><td>不通电⑥</td><td colspan="2">从低温升温开始直至高温保温结束，通电并检测性能；工作时处于最大电源负载状态，其余时间断电。在高低温温度稳定后，通断电源各 3 次</td></tr>
<tr><td>电压拉偏</td><td>不通电</td><td colspan="2">电应力按试验循环，依次进行上限、标称和下限电压拉偏</td></tr>
<tr><td>试验中功能或性能监测</td><td>不进行</td><td colspan="2">进行</td></tr>
<tr><td rowspan="7">随机振动</td><td>功率谱密度</td><td>0.04g^2/Hz⑦</td><td colspan="2">0.04g^2/Hz⑦</td></tr>
<tr><td>频率范围</td><td>20～2000Hz</td><td colspan="2">20～2000Hz</td></tr>
<tr><td>振动轴向</td><td>2</td><td colspan="2">1⑧</td></tr>
<tr><td>振动持续时间</td><td>每轴向 5min</td><td colspan="2">每轴向 5+15 min⑨</td></tr>
<tr><td>通/断电</td><td>不通电⑥</td><td colspan="2">通电</td></tr>
<tr><td>电压拉偏</td><td>不通电</td><td colspan="2">电应力为标称值，不进行拉偏</td></tr>
<tr><td>试验中功能或性能监测</td><td>不进行</td><td colspan="2">进行</td></tr>
</table>

注：①参照 GJB/Z 34 给出的上、下限温度参考值。根据受试产品的实际情况，筛选温度范围可采用产品高、低温储存温度，或者依据产品所用元器件的最小温度范围确定。

②参照 GJB/Z 34 给出的上、下限温度参考值。根据受试产品的实际情况，筛选温度范围可采用产品高、低温工作温度。

③大型机柜筛选时，受试验设备限制，升温、降温速率允许适当降低。

④此为上、下限温度保持时间的推荐值。根据受试产品的实际情况，温度保持时间可采用受试产品的机箱内温度达到与试验箱内的温度之差不大于 5℃所需的时间（可向上调整到 5min 的倍数）。

⑤循环数中，前半部分为故障剔除周期数，后半部分为无故障检验周期数，后 10 个周期中有连续 5 个周期无故障则结束。

⑥由于模块通电筛选的效果更加，推荐采用通电并测试的方式对模块进行筛选。

⑦随机振动功率谱密度一般取 0.04g^2/Hz，也可根据振动摸底试验（应力量值由小到大）结果确定。若功率谱密度取值低于 0.04g^2/Hz（如 0.03g^2/Hz、0.029g^2/Hz 或 0.01g^2/Hz），则振动时间应逐级延长。

⑧施振方向的选择取决于产品的物理结构特点、内部部件布局及产品对不同方向振动的灵敏度。一般情况只选取一个轴向施振即可有效地完成筛选，必要时也可增加施振轴向以使筛选充分。

⑨振动时间前 5min 为剔除故障时间（在温度循环前进行），后 15min 为无故障检验时间（在温度循环后进行），后 15min 中有连续 5min 无故障则结束。

表 3.2 随机振动试验控制点谱形允差

<table>
<tr><th>频率范围</th><th>分析带宽</th><th>允差</th></tr>
<tr><td>20～200Hz</td><td>25Hz</td><td rowspan="3">±3dB</td></tr>
<tr><td>200～500Hz</td><td rowspan="2">50Hz</td></tr>
<tr><td>500～1000Hz</td></tr>
<tr><td>1000～2000Hz</td><td>100Hz</td><td>±6dB</td></tr>
</table>

注：当有困难时，在 500～1000Hz 频率范围允差可放宽，放宽到–6dB，累计带宽应在 100Hz 以内；放宽到–9dB，累计带宽应在 300Hz 以内。

3.3.3.4 温度循环筛选曲线

不通电温度循环筛选曲线如图 3.7 所示。无冷却系统的产品的通电温度循环筛选曲线如图 3.8 所示。有冷却系统的产品的通电温度循环筛选曲线如图 3.9 所示。

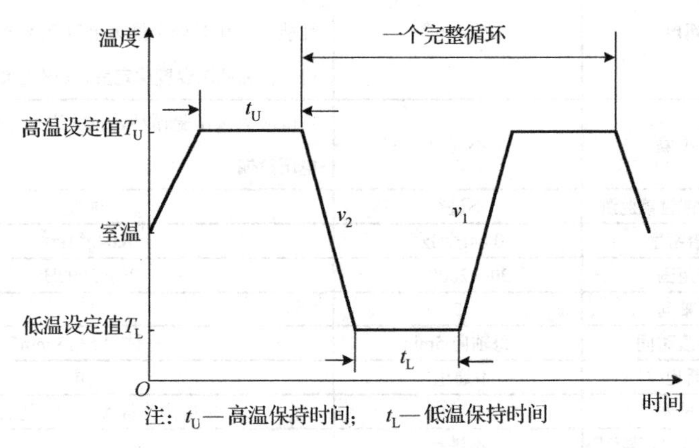

图 3.7 不通电温度循环筛选曲线

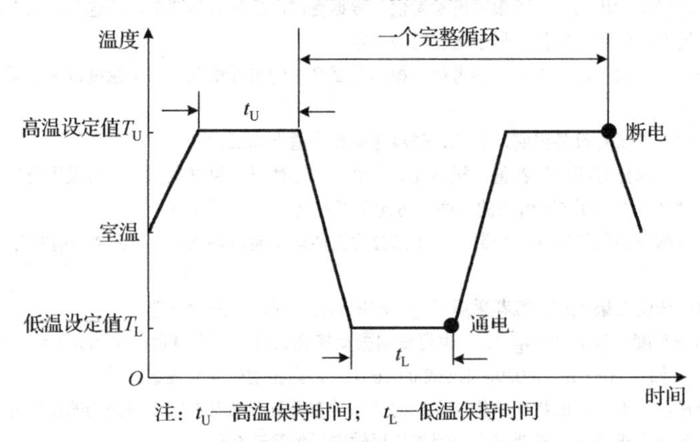

图 3.8 无冷却系统的产品的通电温度循环筛选曲线

3.3.3.5 随机振动筛选谱形

随机振动筛选谱形如图 3.10 所示。

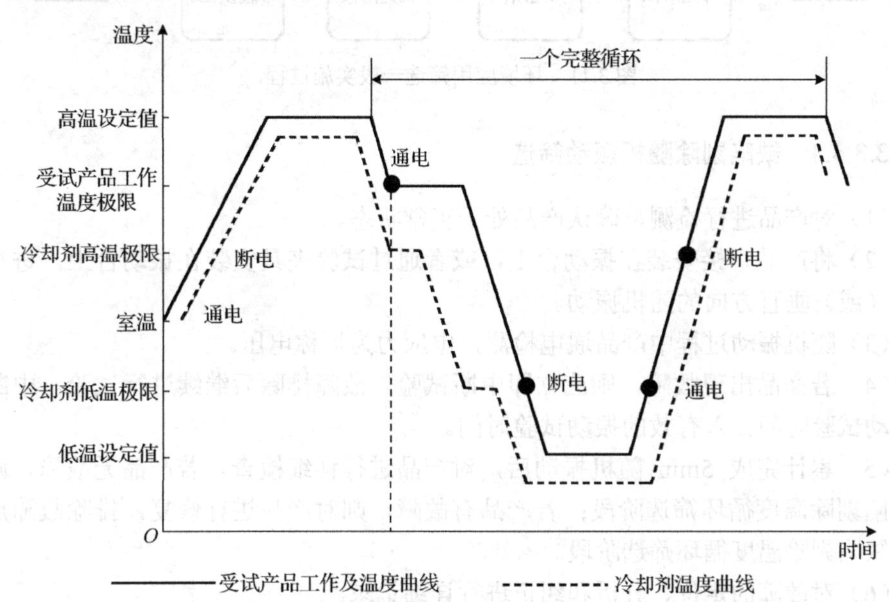

图 3.9 有冷却系统的产品的通电温度循环筛选曲线

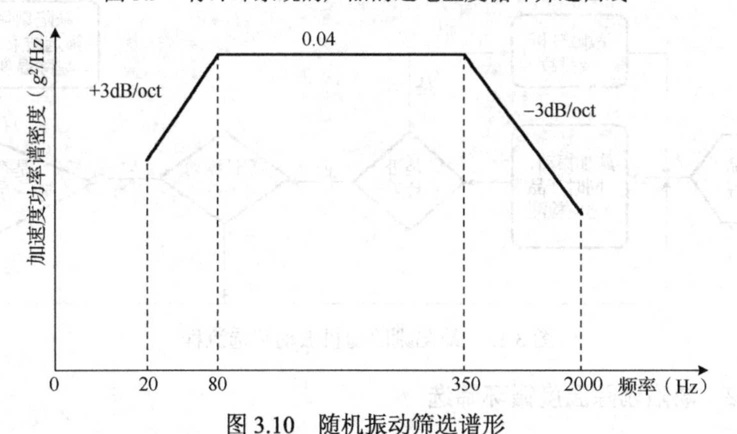

图 3.10 随机振动筛选谱形

3.3.4 一般实施过程

环境应力筛选一般包括缺陷剔除随机振动筛选、缺陷剔除温度循环筛选、无故障检验温度循环筛选、无故障检验随机振动筛选 4 个阶段，如图 3.11 所示。

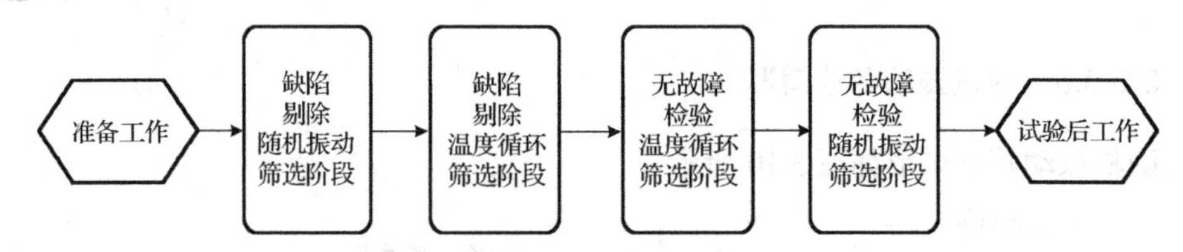

图 3.11　环境应用筛选一般实施过程

3.3.4.1　缺陷剔除随机振动筛选

（1）对产品进行检测，确认产品处于正常状态。

（2）将产品直接安装在振动台上，或者通过试验夹具安装在振动台上，进行水平和（或）垂直方向的随机振动。

（3）随机振动过程中产品通电检测，电应力为标称电压。

（4）若产品出现故障，则应立即中断试验。故障排除后继续进行试验。中断前的振动试验时间计入有效的振动试验时间。

（5）累计完成 5min 随机振动后，对产品进行详细检查。若产品无故障，则转入缺陷剔除温度循环筛选阶段；若产品有故障，则对产品进行修复，排除故障后再转入缺陷剔除温度循环筛选阶段。

（6）对故障的定位、分析和纠正进行详细记录。

缺陷剔除随机振动筛选流程如图 3.12 所示。

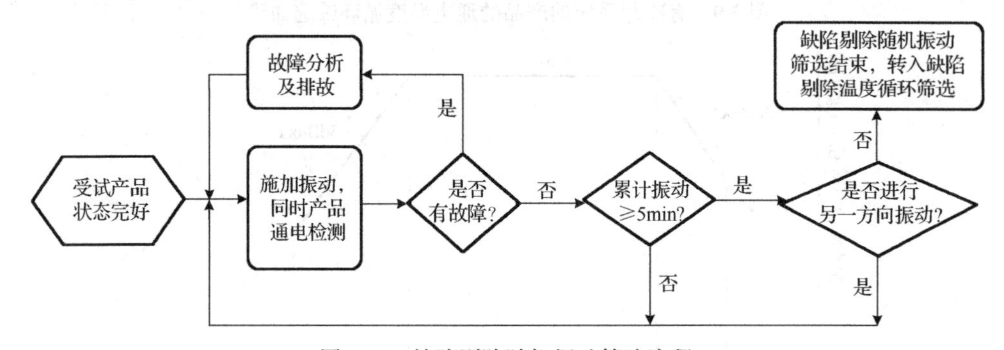

图 3.12　缺陷剔除随机振动筛选流程

3.3.4.2　缺陷剔除温度循环筛选

（1）确认产品处于正常状态。

（2）将产品安放在温度循环试验箱内，进行温度循环试验。受试产品的数量、体积应符合试验箱技术规范的要求。

（3）温度循环过程中产品通电检测，电应力按试验循环，依次进行上限、标称和下限电压拉偏。

（4）若产品出现故障，则应立即中断试验。故障排除后，重新进行该循环的试验。

（5）累计完成 10 个循环的温度筛选后，对产品进行详细检查。若产品无故障，则转入无故障检验温度循环筛选阶段；若产品有故障，则对产品进行修复，排除故障后再转入无故障检验温度循环筛选阶段。

（6）在温度循环过程中，若试验设备运行异常或发生故障，则值班员在保证受试产品不经受过应力的情况下可作应急处理，并及时通知筛选工作组组长和驻承制方军代表室。在试验设备排故的同时，应对受试产品进行全面检查，以排除试验设备故障对受试产品可能造成的影响。

（7）因故中断后恢复试验时，应从中断所在循环的起点开始试验。

（8）对故障的定位、分析和纠正进行详细记录。

缺陷剔除温度循环筛选流程如图 3.13 所示。

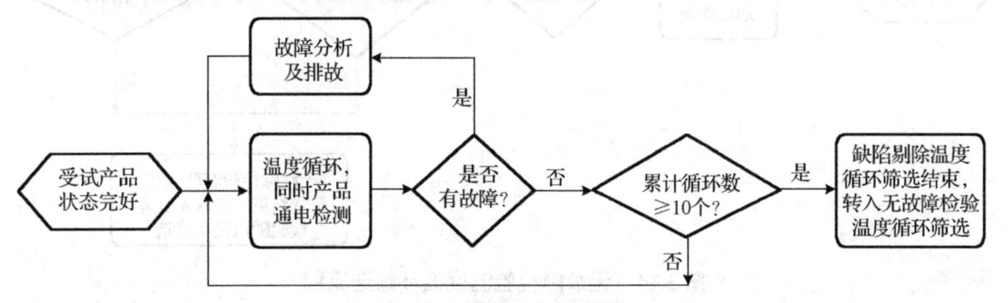

图 3.13 缺陷剔除温度循环筛选流程

3.3.4.3 无故障检验温度循环筛选

（1）确认产品处于正常状态。

（2）将产品安放在温度循环试验箱内，进行温度循环试验。

（3）温度循环过程中产品通电检测，电应力按试验循环，依次进行上限、标称和下限电压拉偏。

（4）若产品出现故障，则应立即中断试验。故障排除后，重新进行该循环的试验。

（5）若受试产品经受连续 5 个温度循环，经详细检查，无故障发生，则转入无故障检验随机振动筛选阶段。

（6）若累计 10 个周期温度循环进行完毕后，产品仍未达到连续无故障循环数要求，则筛选工作组和驻承制方军代表室应仔细进行分析研究，确定是否有价值或有必要继续进行筛选。

（7）在温度循环过程中，若试验设备运行异常或发生故障，则值班员在保证受试产品不经受过应力的情况下可作应急处理，并及时通知筛选工作组组长和驻承制方军代表室。在试验设备排故的同时，应对受试产品进行全面检查，以排除试验设备故障对受试产品可能造成的影响。

（8）恢复进行试验时，应从中断所在循环的起点开始试验。

（9）对故障的定位、分析和纠正进行详细记录。

无故障检验温度循环筛选流程如图 3.14 所示。

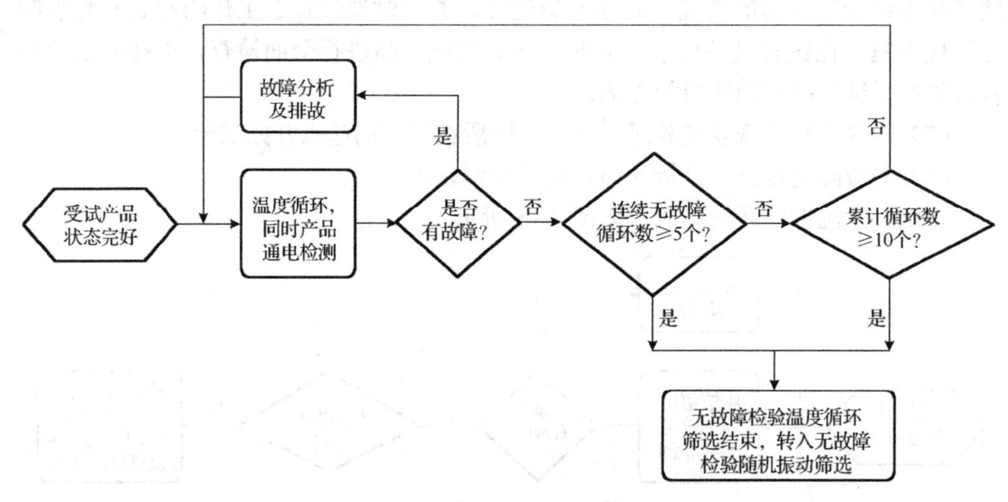

图 3.14　无故障检验温度循环筛选流程

3.3.4.4　无故障检验随机振动筛选

（1）确认产品处于正常状态。

（2）将产品直接安装在振动台上，或者通过试验夹具安装在振动台上，进行水平和（或）垂直方向的随机振动。

（3）随机振动过程中产品通电检测，电应力为标称电压。

（4）若产品出现故障，则应立即中断试验。故障排除后继续进行试验。中断前的振动试验时间计入有效的振动试验时间。

（5）若受试产品经受连续 5min 随机振动，经详细检查，无故障发生，则单元筛选结束。

（6）若累计振动 15min 后，产品仍未达到连续无故障振动时间要求，则筛选工作组和驻承制方军代表室应仔细进行分析研究，确定是否有价值或有必要继续进行筛选。

（7）对故障的定位、分析和纠正进行详细记录。

无故障检验随机振动筛选流程如图 3.15 所示。

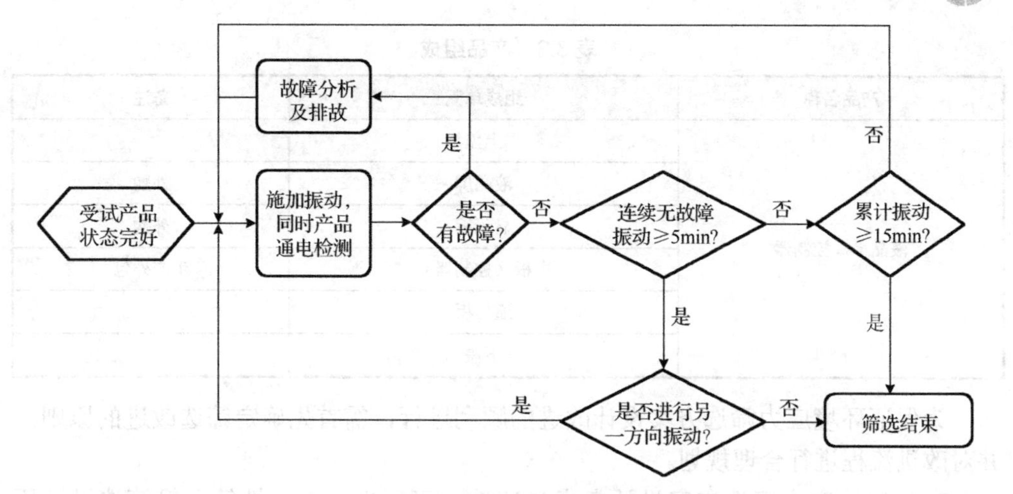

图 3.15 无故障检验随机振动筛选流程

3.3.5 应用案例

如前所述，环境应力筛选的本质在于其动态性，不存在一个通用的、所有产品都具有最佳效果、一成不变的筛选方法。其主要体现在环境应力筛选的方法和应力量值的变化是一个动态的闭环管理过程，应该通过不断对筛选的有效性进行评估后进行调整，对不同阶段的产品也应采用不同的筛选流程和条件。要实现这一目的，必须针对产品的生产特点变化和外场反馈信息，对产品筛选应力条件和方案不断进行修正，并评估能否在高效地激发产品早期故障的同时，不过多影响使用寿命。

下面以某液晶平板控制器环境应力筛选方案设计改进为例，介绍生产阶段产品环境应力筛选改进流程与步骤。

3.3.5.1 项目背景及规划

某型车载液晶平板控制器通过了可靠性设计鉴定，已进入了批生产阶段，但产品外场使用的早期失效较多，维修成本难以负荷。生产单位为降低外场的早期故障和维修成本，根据产品外场实际使用情况，决定对原环境应力筛选方案设计进行改进。

液晶平板控制器的主要功能有：对电压、电阻、开关量、周期等数字及模拟量进行采集，输出电压、PWM、数字量、电机驱动等控制信号，与其他设备进行 CAN 通信；具有 GPS 定位及 GPRS 远程通信功能；对部分控制信息有显示功能。产品组成如表 3.3 所示。

表 3.3　产品组成

产品名称	组成单元	备注
液晶平板控制器	上盖	
	液晶屏	外购
	显示板	外购
	主板（控制器）	生产外包
	通信板	
	下盖	

为保证环境应力筛选方案设计改进的顺利进行，需首先确定筛选改进的原则，并对改进流程进行合理规划。

产品环境应力筛选方案设计考虑加速性、可行性、安全性等一般筛选设计原则，如表 3.4 所示，其设计改进流程如图 3.16 所示。

表 3.4　环境应力筛选方案设计一般原则

设计原则	原则简介
加速性	环境应力筛选通过施加加速环境应力，在最短时间内析出最多的可筛缺陷，找出产品中的薄弱部分。其加速作用是通过施加高于正常使用时遇到的环境应力来实现的，但此应力不能超出设计极限
可行性	选择的筛选应力应当是能够实现的（即有相应的试验设备或装置），或者可以通过外协实现（即可利用外单位的试验设备或装置）；筛选能按计划进度完成，而不会延缓生产或研制进度（如果这种进度不许改变）
安全性	选择的筛选应力强度应当能激发出最多的早期故障，但不损坏产品中原来完好的部分，又不过多影响使用寿命
可剪裁性	每一种结构类型的产品，应当有其特有的筛选条件。严格说来，不存在一个通用的、对所有产品都具有最佳效果的筛选方法，这是因为不同结构的产品对环境应力（如振动、温度）的响应是不同的。因此，筛选条件应根据产品的特点确定
经济性	筛选剔除早期故障的费用一般应少于现场修理费用。因此，在能剔除现场使用中最经常出现的早期故障的前提下，应尽量选用低费用的筛选方法进行筛选
动态性	环境应力筛选的本质在于其动态性，主要体现在环境应力筛选的方法和应力量值的变化是一个动态的闭环管理过程。应该通过不断对环境应力筛选的有效性进行评估后进行调整，对不同阶段的产品也应采用不同的筛选流程和条件

3.3.5.2　现状分析

产品现行环境应力筛选方案是依据企业检验中心试验设备能力及生产部门经验设计的，如表 3.5 所示。

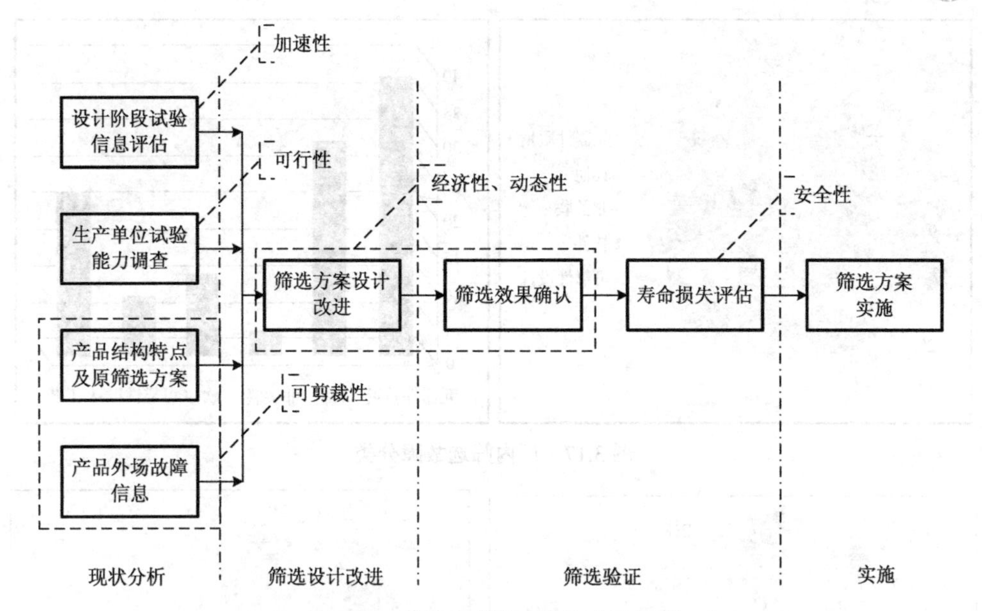

图 3.16 环境应力筛选设计改进流程

表 3.5 现有环境应力筛选方案

序号	测试项目	测试规格	备注
1	随机振动	30V 上电，5～500Hz，2.2grms，每轴 15min，共 3 轴 45min	模拟实际使用振动
2	温度冲击	30V 上电，–20/50℃，驻留 1h，温变时间 5min 内，共两个循环 5h	只有温冲设备
3	高温老化	30V 通电检测，50℃，72h/36h/24h	高温房最高只能达到 50℃

为评估现行筛选方案的效果，根据企业提供的“厂内筛选故障品分析、对策追踪表”和“售后故障品分析、对策追踪表”（由于“售后故障品分析、对策追踪表”内只有故障部件分布，没有详细的故障模式分析，无法对产品厂内和售后故障模式进行比较），我们对产品的故障进行了统计和分析，如图 3.17 至图 3.19 所示。

由图 3.17 可知，导致产品失效的主要故障模式及比例分别为：元器件质量 33%，生产工艺 22%，与设计相关 43%（可靠性设计 7%，软件 9%，其他 27%）。这显示产品仍处于成熟过程中，需在实际生产中不断完善设计，最终向技术状态稳定过渡。而影响产品质量的最大因素是对外购部件质量的控制，其中尤为突出的是显示屏的质量控制。图 3.18、图 3.19 显示，显示屏故障占售后故障超过 90%，占厂内筛选故障也接近 80%。失效分析的结果显示，显示屏故障并非疲劳或寿命损伤，而主要是生产方的工艺制造缺陷造成的（如表 3.6 所示）。这就需要企业制定一套严格的外购外包部件测试程序，从源头把关，将不良外购件剔除在生产线外。

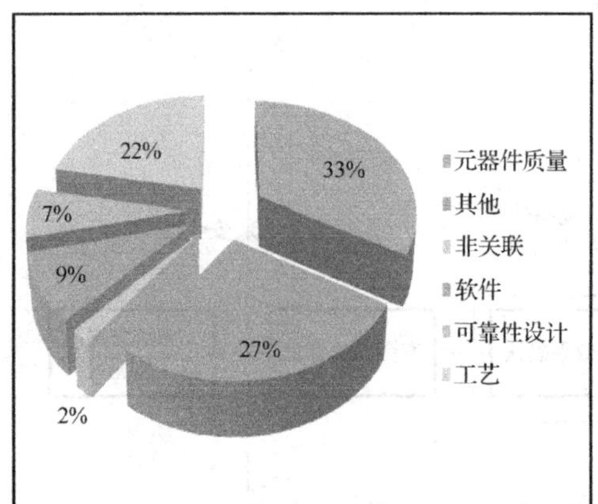

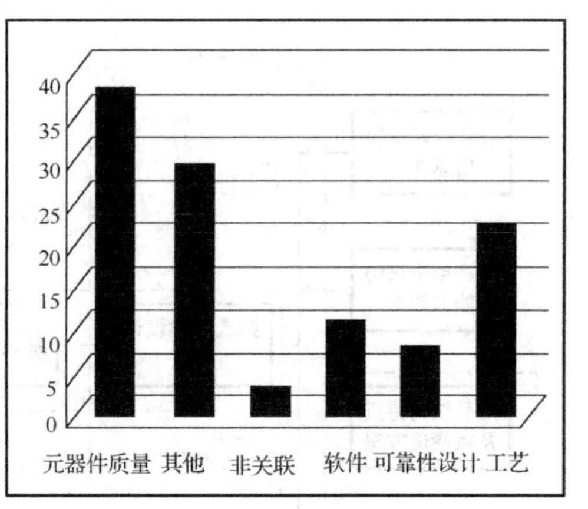

图 3.17　厂内筛选故障分类

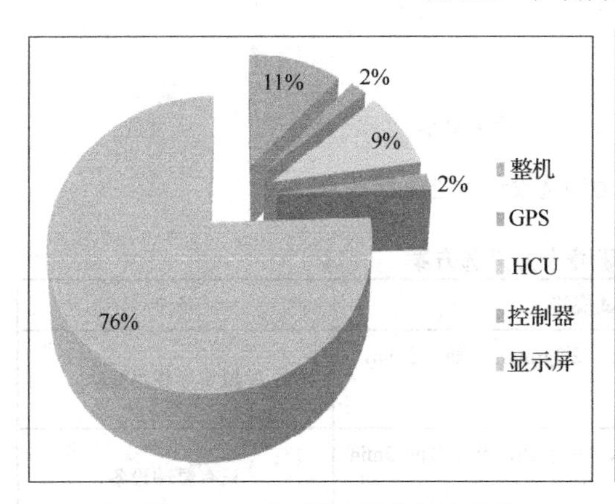

图 3.18　厂内筛选故障部件分布

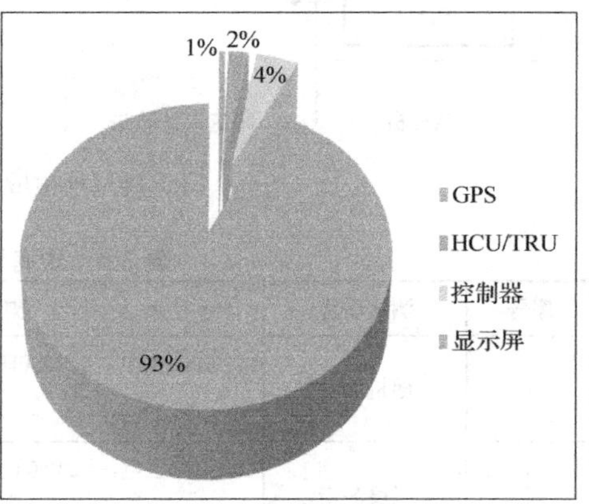

图 3.19　售后故障部件分布

表 3.6　显示屏的主要故障模式

序号	故障模式	备注
1	显示屏虚焊、空焊、焊接不良	可通过环境应力筛选暴露
2	显示屏排线接触不良（尺寸规格有差异）	主要通过工艺检查解决，也可通过环境应力筛选暴露
3	显示屏导线短路	可通过环境应力筛选暴露
4	显示屏按键不灵敏（铜片移位）	主要通过工艺检查解决，也可通过环境应力筛选暴露
5	显示屏前盖松动，安装螺孔无螺纹，螺丝滑牙	主要通过工艺检查解决，环境应力筛选无法暴露
6	GPRS 通信部分焊接不良	可通过环境应力筛选暴露
7	SIM 卡表面脏污	主要通过工艺检查解决，环境应力筛选无法暴露

为评估产品现行筛选方案的应力强度，我们对某批次产品售后故障时间进行跟踪（如图 3.20 所示），发现产品在外场的早夭期仍较长（约需 800h 才到达浴盆曲线

底端），有必要提升产品筛选的应力强度。根据产品设计阶段可靠性强化试验结果（如表 3.7 所示可知），产品具备提升筛选应力强度的能力。

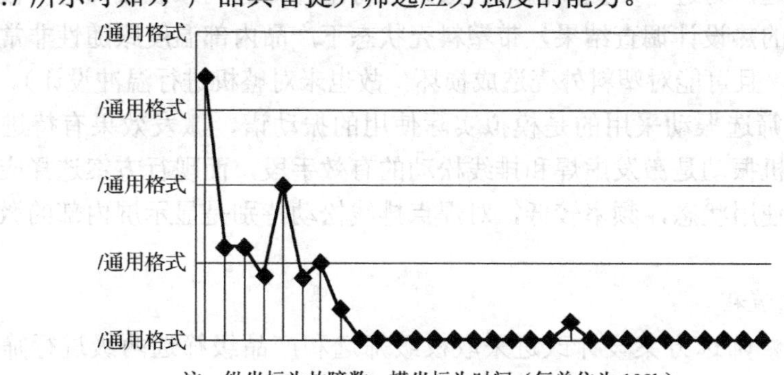

图 3.20　某批次产品售后 3000h 内故障统计

表 3.7　产品设计阶段可靠性强化试验结果

序号	极限信息	设计阶段可靠性强化试验结果
1	低温步进工作极限	–45℃
2	高温步进工作极限	+80℃
3	振动步进工作极限	$30g_{rms}$

现有的数据显示，产品现行筛选方案发挥了其应有的作用，大量的工艺故障得到暴露，但仍有提升筛选应力强度的必要；同时由于企业还未建立严格的外购件筛选和质量监控体系，导致外购元器件质量问题（特别是显示屏）严重影响产品质量。

3.3.5.3　筛选设计改进

1．改进总体思路

根据液晶平板控制器的结构特点和产品生产特点，结合企业试验室设备能力和产品故障信息，产品环境应力筛选方案设计改进总体思路如下。

（1）对已发现的典型工艺或设计缺陷，企业应进行根本原因分析，在设计和生产流程中根本杜绝该类缺陷的产生。

（2）对产品进行分级筛选，即分为模块级和产品级，模块级在模块供货商处进行筛选，企业只进行产品级筛选，这样既减轻生产压力，又降低筛选成本。

（3）高温老化对模块及元器件的缺陷暴露效果明显，而受企业试验能力限制（高温房只有 50℃，无法提升温度），因此现行高温老化的要求（温度和时间）应保留，但将老化分为两级，即模块级（24h，在模块供货商处进行）和产品级（12h，用于暴露整机在高温运行时可能存在的元器件缺陷）。

（4）温冲和随机振动是激发工艺缺陷的主要手段，但企业无法做到产品级去外壳进行温冲筛选，为进一步提高温冲的效果，将温冲筛选列入板级筛选（根据相似大小产品进行的热设计调查结果，带塑料壳状态下产品内部温度跟随性非常差，温冲筛选效率低，且可能对塑料外壳造成损坏，故也未对整机进行温冲设计）。

（5）现行筛选振动采用的是模拟实际使用的振动谱，激发效果有待进一步加强。例如，随机振动是激发虚焊和排线松动的有效手段，而现行方案选择应力的原则是模拟实际使用状态，频率较低，对焊点排线松动特别是显示屏内部的激发效果并不好。

2. 总筛选流程

综上所述，筛选方案设计改进采取板级筛选和产品级筛选两级进行筛选和验证，即首先进行板级筛选然后进行产品级筛选的筛选步骤，总筛选流程如图 3.21 所示。

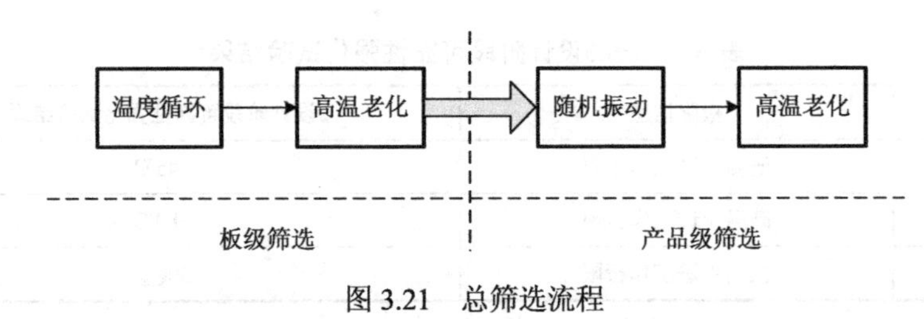

图 3.21　总筛选流程

（1）板级筛选包括“液晶屏”和“显示板、通信板、主板（以下统称为电路板）”两类组件，均采用“温度循环+高温老化”的顺序进行筛选，温度循环条件参考产品规格书和强化试验结果确定。板级筛选流程及详细参数如表 3.8 所示。

表 3.8　板级筛选流程及详细参数

序号	测试项目	测试规格	备注
1	温度循环（通电）	产品的低温工作温度/高温工作温度，驻留 20min，温变时间 5min 内，每个循环共 50min，循环数最少为 10 个，最多不超过 20 个，剖面如图 3.22 所示	项目 2 选 1
	温度循环（非通电）	产品的低温储存温度/高温储存温度，驻留 10min，温变时间 5min 内，每个循环共 30min，循环数最少为 24 个，最多不超过 40 个	
2	高温老化	30V 通电检测，50℃，24h	

（2）产品级筛选进行“随机振动+高温老化”，高温值根据企业高温房能力选取。产品级筛选流程及详细参数如表 3.9 所示。

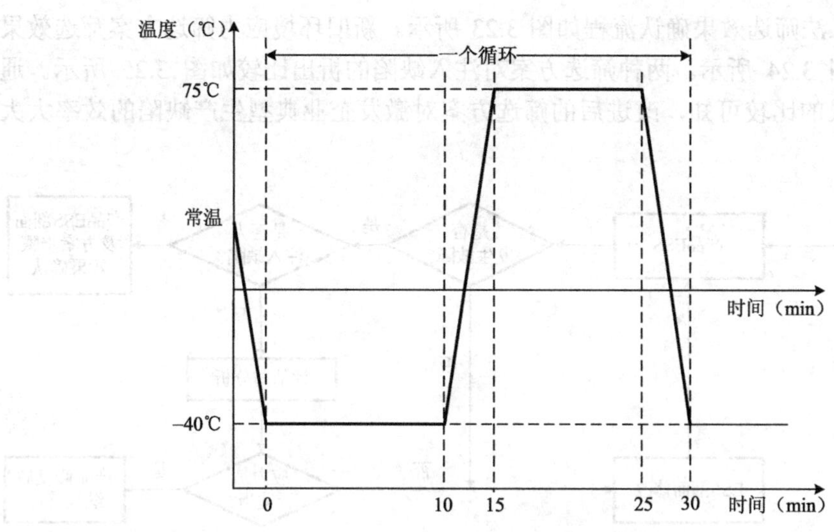

图 3.22 板级筛选温度循环剖面

表 3.9 产品级筛选流程及详细参数

序号	测试项目	测试规格
1	随机振动	5～2000Hz，6.06g_{rms}，分别在 3 个方向对受试产品施加 5min 的随机振动，随机振动筛选谱形如图 3.10 所示
2	高温老化	最高工作电压，通电检测，50℃，12h

3.3.5.4 筛选验证

完成筛选方案设计改进后，必须对其进行验证。筛选验证过程用于确认筛选效果和确定筛选不会引入缺陷或严重影响产品的有效寿命。因此，筛选验证分为两步（如图 3.16 所示）：第一步是筛选效果确认，由能否激发出注入的潜在缺陷来评估；第二步是寿命损失评估，需要证明改进的筛选方案并没有过多消耗产品的有效寿命。

1. 筛选效果确认

这里主要采取注入缺陷析出情况结合两种筛选方案对比的方法进行筛选效果确认。

实施步骤：首先通过对企业主要生产过程缺陷类型和缺陷注入的可实施性分析，决定对产品注入液晶屏、主板、焊接、锡珠、PCB 与螺丝短路 5 类生产缺陷；然后对注入缺陷的 17 台产品实施改进的环境应力筛选方案，确定这些缺陷的析出情况；之后再将同样的缺陷注入产品按原筛选方案实施验证；通过对两个筛选方案的注入缺陷析出情况的对比，评估改进后的筛选方案的筛选效果。

缺陷注入法筛选效果确认流程如图 3.23 所示。新旧环境应力筛选方案筛选效果对比流程如图 3.24 所示。两种筛选方案对注入缺陷的析出比较如图 3.25 所示。通过对激发效果的比较可知，改进后的筛选方案对激发企业典型生产缺陷的效率大大提高。

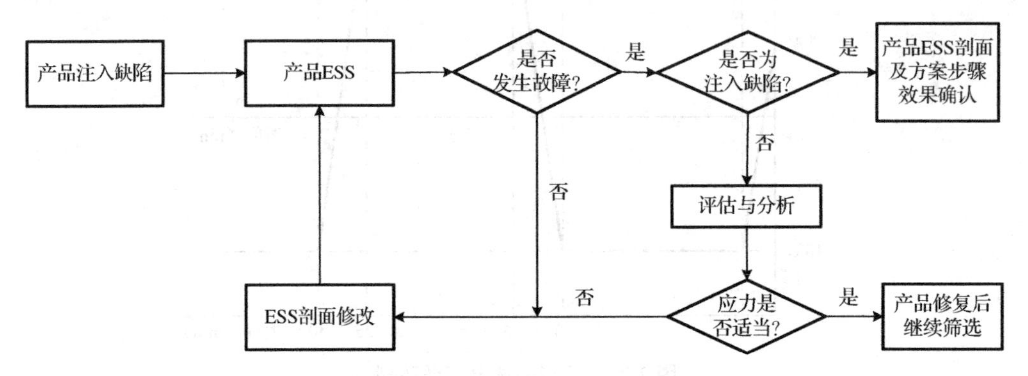

图 3.23 缺陷注入法筛选效果确认流程

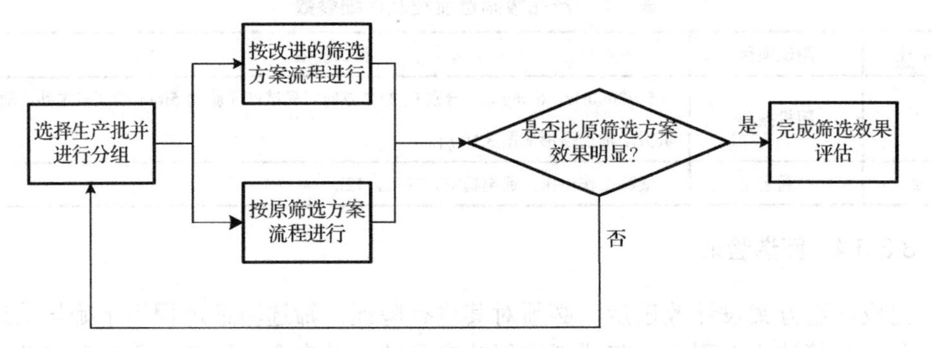

图 3.24 新旧环境应力筛选方案筛选效果对比流程

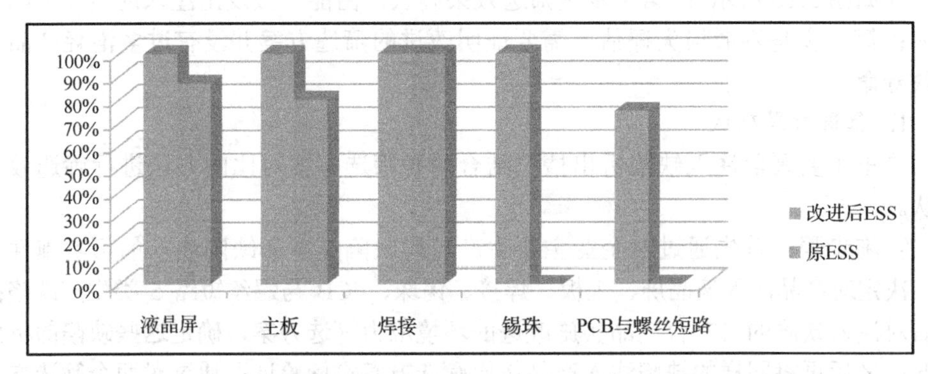

图 3.25 两种筛选方案对注入缺陷的析出比较

2. 寿命损失评估

确认改进后筛选方案的筛选效果后，还需评估筛选方案对产品有效寿命的损失比例。

实施步骤：选取一批完好产品，按改进后的筛选方案不断重复施加筛选应力，直至产品出现疲劳损坏，统计总的试验次数，假设这个试验次数等效产品的寿命次数，若筛选次数低于寿命次数的 10%，则认为改进后的筛选方案没有对产品的有效寿命产生过多的损失。

这是一种简易的、国际流行的筛选寿命损失评估工程方法，流程如图 3.26 所示。17 台受试产品进行寿命损失评估验证结果如表 3.10 所示。

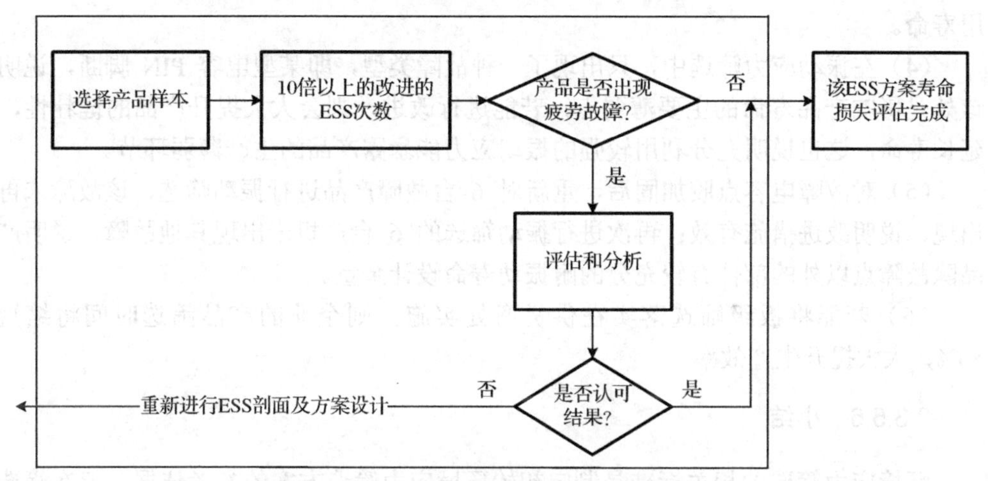

图 3.26 筛选寿命损失评估工程方法流程

表 3.10 寿命损失评估验证结果

序号	实施方法	筛选项目	结果	故障现象	原因分析	处理方法
1	10 倍筛选次数	板级温冲	无故障	/	/	/
2		板级老化	无故障	/	/	/
3		产品级振动	6 台产品故障，故障部位相同	C1161 电容 PIN 脚断，导致掉电容	设计薄弱点，疲劳损伤	引脚点胶后重新振动 10 倍的时间，无故障
4		产品级老化	无故障	/	/	/

3.3.5.5 筛选设计改进结果

通过对筛选验证的两个阶段实施结果分析，我们对液晶平板控制器的筛选设计改进得出以下评价。

（1）在筛选效果确认过程中，注入的在实际生产过程中曾经暴露且售后可能出现的问题均得到激发，因此判断新的筛选方案能暴露产品的生产缺陷，能涵盖原筛选方案中无法完全暴露的生产缺陷，即改进的筛选方案筛选效果优于原筛选方案。

（2）在后续的 10 倍筛选次数验证中，17 台受试产品均未出现由于工艺缺陷、元器件质量等原因造成的故障，因此可判断本筛选方案能将工艺和元器件等原因造成的缺陷隔离在出厂前，即有很好的工艺、元器件缺陷拦截作用。

（3）在筛选寿命损失评估中，只在振动应力筛选中出现疲劳损伤故障，在温度应力条件下均未出现故障，因此温度应力筛选是合理的，不会过多损伤产品使用寿命。

（4）在振动应力筛选中，只出现了一种故障类型，即某型电容 PIN 脚断，说明该处是影响产品寿命的主要薄弱点，若能进行改进，则会大大提升产品的健壮性，延长寿命，这也说明充分利用较强的振动应力能暴露产品的生产薄弱环节。

（5）对故障电容点胶加固后，重新对 6 台故障产品进行振动筛选，该故障未再出现，说明改进措施有效；再次进行振动筛选的 6 台产机未出现其他故障，说明产品除故障点以外的部件有较充分的耐振动寿命设计余量。

（6）若能将板级筛选落实在供货商处实施，则企业的产品筛选时间将缩短 50%，大大提升生产效率。

3.3.5.6 小结

环境应力筛选的相关标准是制定初始环境应力筛选方案的参考依据，但在筛选执行过程中，还应根据产品的工艺成熟度及现场使用的质量反馈数据对筛选条件进行动态调整，以保证产品的筛选效果。通过本次液晶平板控制器筛选设计改进，我们摸索出了一套利用产品在生产阶段和外场使用获得的信息，为产品筛选进行优化的实施方法和筛选验证方法，使某型液晶平板控制器的筛选效率大幅提升，可为其他产品优化筛选提供借鉴。

3.4 定量筛选

3.4.1 定量筛选适用标准

定量环境应力筛选是环境应力筛选的高级阶段，是要求在筛选效果、成本与产品的可靠性目标、现场故障修理费用之间建立定量关系的筛选。目前，我国定量筛选主要依据 GJB/Z 34-1993《电子产品定量环境应力筛选指南》实施。

3.4.2 定量筛选参数及实施

GJB/Z 34 规定的定量筛选是要根据具体产品的可靠性指标要求、结构和复杂程度，适当安排筛选组装等级及所用的筛选应力，保证筛选后受筛产品中的残留可筛缺陷密度与可靠性要求相一致。所以，对引入缺陷数、筛选应力强度及检测仪表的检测能力都要进行定量控制，并通过筛选中的监测评估结果对筛选进行定量调整，最终达到残留缺陷密度的定量目标。

要了解定量筛选体系，我们首先需对现行定量筛选参数进行解读。

3.4.2.1 定量筛选参数

1. 定量筛选基本参数

定量筛选基本参数有引入缺陷密度 D_{IN}、筛选检出度 T_S、筛选析出量 F 或残留缺陷密度 D_R。筛选析出量或残留缺陷密度是前两个参数的应变量。

2. 引入缺陷密度

引入缺陷密度取决于制造过程中从元器件和制造工艺两个方面引入产品中潜在缺陷的数量，与产品中的元器件数量、元器件制造质量、产品复杂程度、生产人员操作水平、制造工艺等有关。从元器件和制造工艺两个方面引入产品中的潜在缺陷是否会变成早期故障或可筛缺陷，主要取决于其未来的使用环境。如果未来使用环境比较温和，有些缺陷在使用寿命期内不会变成早期故障，那么就不应把它看作可筛缺陷，当然也就不是筛选要考虑的对象了。因此，在 GJB/Z 34 中的元器件缺陷率表中，缺陷率要根据使用环境类别和元器件质量等级两个因素来分析，从这些表可看出，环境越严酷，元器件质量等级越低或加工质量越差，缺陷率也就越高。

3. 筛选检出度

筛选检出度是指用筛选和检测将缺陷析出的程度，因此它是筛选强度和检测效率的乘积，即

$$T_S = S_S \times E_D \tag{3.5}$$

式中，T_S 为筛选检出度；S_S 为筛选强度；E_D 为检测效率。

（1）筛选强度取决于所施加的筛选应力的强度。环境应力筛选通常使用温度循环和随机振动两种应力。温度循环的筛选强度主要取决于温度变化范围、温度变化速率和循环次数。随机振动的筛选强度主要取决于其加速度均方根值和振动时间。

（2）检测效率是检测系统检测充分程度的度量，这是由规定的检测过程发现的缺陷数与筛选中施加应力后变为可检测到的总缺陷数之比。一般来说，检测系统性能越先进，检测效率越高。组装等级越高，往往配备的检测系统越成熟、越完整，检测效率越高。

3.4.2.2 实施定量筛选应具备的条件

1. 产品应有可靠性定量要求

很明显，如果生产交付的产品没有定量的可靠性要求，那么就无法对筛选提出定量要求。按照 GJB/Z 34 的规定，当知道交付验收产品的 MTBF 要求时，就可求出其允许的故障率，即 λ_0=1/MTBF。根据规定的故障率就可求出交付产品中允许存在的残留缺陷密度 D_R。当知道产品中引入缺陷密度 D_{IN} 时，就可求出要用筛选析出的缺陷密度 D_F，即 $D_F= D_{IN}-D_R$。当合同的交付验收要求中并未列入可靠性要求值时，这些产品就无法确定定量筛选目标，则无条件实施定量筛选。

2. 产品中存在的潜在缺陷的数量估计值已知

进行定量筛选，首先要知道产品中存在的潜在缺陷的数量估计值。产品中的缺陷主要是由元器件和制造过程引入的，也有一小部分是设计不当引起的，分别称为元器件缺陷、工艺缺陷和设计缺陷。产品中，上述 3 种缺陷的比例随产品生产成熟程度增加而变化。

3. 要有提供 4 种应力的设备

GJB/Z 34 只提供了温度循环、恒定高温、随机振动和扫频正弦振动 4 种应力的筛选强度计算公式，列出了一系列参数下的筛选强度数据和故障率数据。筛选强度是筛选中施加的环境应力强度的体现，是计算析出故障的重要因素。如果生产厂没有温度循环和随机/扫频正弦振动设备，无法提供这 4 种应力用于筛选，则无法进行定量筛选。

4. 检测效率数据已知

检测效率是筛选的重要因素。施加的环境应力把潜在缺陷变成故障后，要靠检测系统把故障找出来。环境应力筛选寻找早期故障的能力，即筛选检出度 T_S 取决于施加环境应力的强度（即筛选强度）S_S 和检测系统的检测效率 E_D，即 $T_S = S_S \times E_D$。如果检测系统的检测效率未知，不能计算出筛选检出度，则无法实施定量筛选。

5. 筛选成品率置信水平给出

在环境应力筛选中，必须有一定时间的无故障筛选，以保证在规定或要求的某一置信水平下满足定量筛选目标。很明显，若要提高定量筛选结果的置信水平，必然要增加无故障筛选时间。定量筛选中使用的环境应力确定后，便可找出某一应力参数下的故障率 λ_D；当受筛产品要求的故障率 λ_0 已知时，便可求出定量筛选目标 D_{RG}，计算出筛选成品率下限 Y_L；再根据 λ_D / λ_0 比值范围和要求的筛选成品率置信水平，进而求出无故障工作时间 T。显然，如果给不出筛选成品率置信水平要求数据，就无法求出无故障工作时间 T，则定量筛选无法进行。

6. 成本阈值已知

定量筛选中有两个目标：一个目标是残留在产品中的潜在缺陷数量，即定量筛选目标 D_{RG}，这一目标取决于要求的可靠性；另一个目标是析出每个缺陷所需要用的费用限额，即成本阈值，这一目标是根据使用中故障修理费用等决定的。很明显，如果筛选中修理一个故障的平均费用高于外场每剔除一个故障的平均费用，则筛选效费比不理想；如果这个故障在使用中很容易修复，且对产品完成任务不会产生重大影响，则很可能这一筛选由于成本太高而不必要，至少要重新选择和安排筛选，以降低费用。

要对筛选的成本进行定量，必须有两个条件：一个是能提出筛选的成本阈值，另一个是具备必要数据，以计算采用的筛选方案筛出每个缺陷所花的平均费用，将其和成本阈值比较。由此可见，即使能提出筛选成本阈值，若无必要数据来计算析出每个故障的费用，仍难以进行定量筛选，至少不能进行考虑费用的定量筛选。

7. 定量筛选的其他有关要求条件

定量筛选涉及大纲制定、筛选的选择安排、引入和残留缺陷密度计算、成本计算等复杂的技术工作。尽管 GJB/Z 34 提供了基本方法和数据，但进行这些工作中对数据的应用需要进行工程判断和处理，这些方法需要根据产品和生产部门的实际进行剪裁引用，而且在实施定量筛选大纲中要进行监督、评价和控制，对筛选中出的故障要进行分析、分类，随时计算实际析出量观察值，并与控制极限进行比较、分析和决定采取相应措施。

3.4.2.3 定量筛选流程

定量筛选流程如图 3.27 所示。

3.4.3 定量筛选典型筛选应力及筛选强度

3.4.3.1 筛选强度函数分析

定量筛选的目标与有可靠性目标值的产品中残留缺陷密度 D_R 有关。产品中残留缺陷密度 D_R 则与引入缺陷密度 D_{IN} 和析出的缺陷密度 D_F 有关，也可以通过引入缺陷密度 D_{IN} 和筛选检出度 T_S 表示，筛选检出度 T_S 与筛选强度 S_S 和检测效率 E_D 有关。上述关系的表达式如下。

$$\begin{cases} D_R = D_{IN} - D_F \\ D_R = D_{IN}(1-T_S) \\ T_S = S_S \times E_D \end{cases} \tag{3.6}$$

由上述关系可知

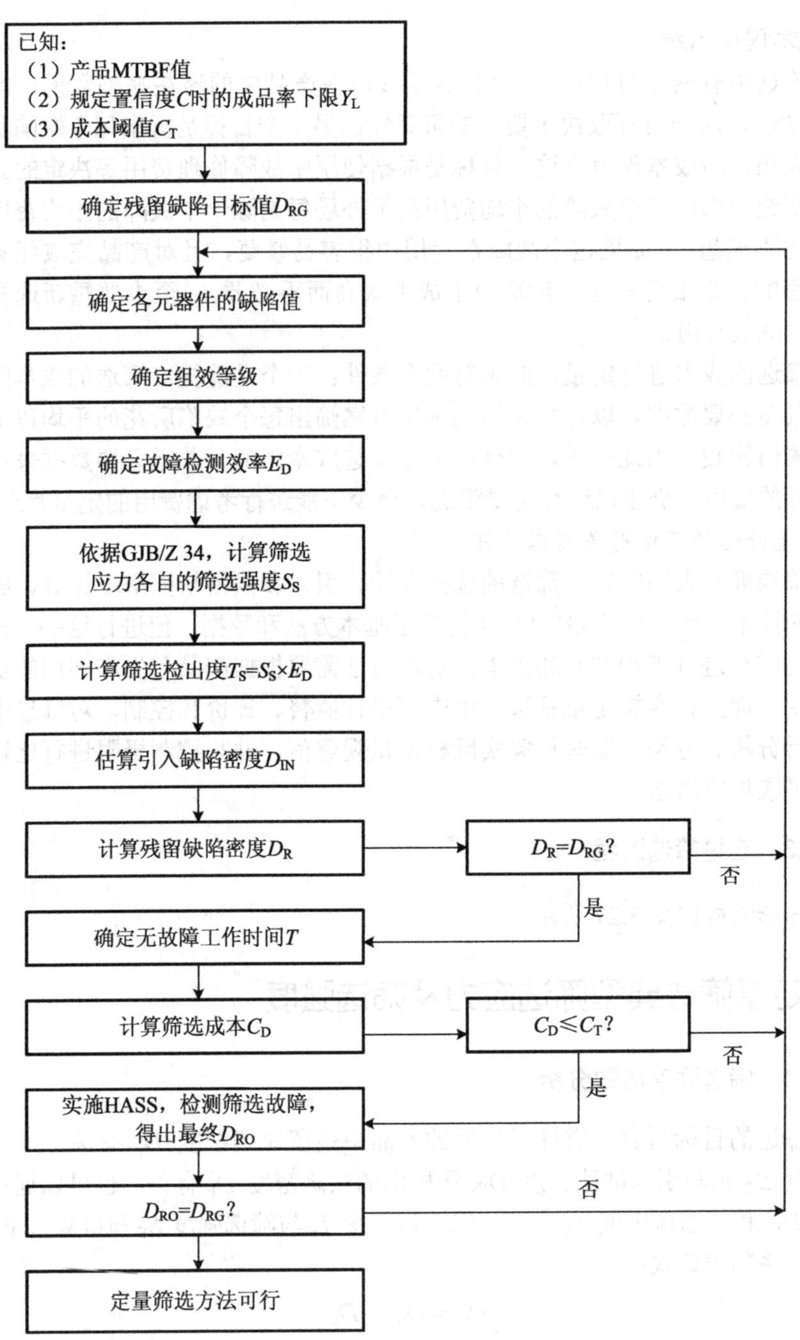

图 3.27　定量筛选流程

$$D_F = D_{IN} \times S_S \times E_D \tag{3.7}$$

也就是说，析出量与缺陷数、筛选强度、检测效率有密切关系，是成正比的。在固定引入缺陷数与检测效率的前提下，析出量与筛选强度成正比。因此，可以用筛选强度 S_S 表示筛选的效率。

3.4.3.2 典型筛选应力及筛选强度公式

1. 恒定高温筛选应力及筛选强度公式

恒定高温也叫高温老炼、高温老化，这种方法是使产品在规定高温下连续不断地工作，以迫使其早期故障出现。其筛选机理是通过提供额外的热作用，迫使缺陷发展。进行这种筛选时，如果受筛产品不是发热产品，则额外的热作用仅取决于筛选温度；如果受筛产品是发热产品，则高温筛选下产品内部温度分布将极不均匀，特定位置或部件上的温度降取决于特定部位的发热量、表面积、表面辐射系数及附近空气速度等。因此，应当测量受筛产品热敏感元件的温度，以保证其达到筛选温度，或防止受到过度热应力。

恒定高温筛选是析出电子元器件缺陷的有效方法，广泛用于元器件的筛选，但不推荐用于组件级或其以上级别的筛选。恒定低温筛选较少使用。

恒定高温能激发的主要故障模式如下。

（1）使未加防护的金属表面氧化，导致接触不良或机械卡滞。

（2）加速两种材料之间的扩散。

（3）使液体干涸，如电解电容器和电池的泄漏造成的干涸。

（4）使塑料软化，如果这些塑料零部件处于太高的机械张力下，则产生蠕变。

（5）使保护性化合物和灌封的蜡软化或蠕变。

（6）提高化学反应速率，加速与内部污染粒子的反应过程。

（7）使部分绝缘、损坏处绝缘击穿。

表征恒定高温筛选应力的基本参数是上限温度 T_U 和恒温时间 t。另外一个要考虑的参数是环境温度 T_e，因为影响恒定高温效果的变量是温度变化范围 R，R 是上限温度 T_U 与室内环境温度 T_e 之差。

恒定高温的筛选强度可按下式计算，即

$$S_S = 1 - \exp[-0.0017(R + 0.6)^{0.6} t] \tag{3.8}$$

式中，S_S 为筛选强度；R 为温度变化范围，是上限温度 T_U 与室内环境温度 T_e 之差（℃）（室温一般取 25℃）；t 为恒定高温持续时间（h）。

2. 温度循环筛选应力及筛选强度公式

温度循环是指将产品在一定的温度上、下限范围内持续反复运行。当温度在上、下限内循环时，受筛产品交替膨胀和收缩，使设备中产生热应力和应变。如果产品内部有瞬时的热梯度（温度不均匀），或产品内部邻接材料的热膨胀系数不匹配，则这些热应力和应变会加剧，这种应力和应变在缺陷处最大，它起着应力集中的作用。这种循环加载使缺陷增长，最终可能造成结构故障并从而产生电气故障。温度循环是使钎焊接头和 PCB 上电镀通孔等产生故障的首要原因。例如，有裂纹的电镀通孔其周围最终完全裂开，引起开路。

持续时间受温度循环数控制，每经历一个循环，应力/应变方向变化一次，循环数也是应力/应变方向的变化次数。温度变化范围越大，产品受到的应力/应变范围越大，产品内缺陷发展为故障所需的应力/应变次数（也即循环参数）越小，适当地确定温度应力大小就能析出故障而不过多消耗使用寿命。

温度循环能激发的主要故障模式如下。

（1）使涂层、材料或线头上各种微观裂纹扩大。

（2）使粘接不好的接头松弛。

（3）使螺钉连接或铆接不当的接头松弛。

（4）使机械张力不足的压配接头松弛。

（5）使质差的钎焊接触电阻加大或造成开路。

（6）粒子污染。

表征温度循环筛选应力的基本参数是上限温度 T_U、下限温度 T_L、温度变化速率（简称温度速率或温变率）v_1 和 v_2、上限温度保温时间 t_U、下限温度保温时间 t_L 和循环数 N。

温度循环的筛选强度可按下式计算，即

$$S_s=1-\exp\{-0.0017(R+0.6)^{0.6}[\ln(e+v)]^3N\} \tag{3.9}$$

式中，S_S 为筛选强度；R 为温度变化范围，$R=(T_U-T_L)$（℃）；e 为自然对数的底；v 为温度变化速率，$v=(v_1+v_2)/2$（℃/min）；N 为循环数。

从式（3.9）可知，在温度循环各参数中，对筛选效果最有影响的是温度变化范围 R、温度变化速率 v 及循环数 N。增大温度变化范围和提高温度变化速率能加强产品的热胀冷缩程度和缩短这一过程的时间，导致增强温度应力，而循环数的增加则能累积这种激发效应。增加这 3 个参数中任一参数的量值均有利于提高温度循环筛选效果。缩短在上、下限温度值上的停留时间有利于缩短整个温度循环的周期，提高筛选效率。产品温度达到温度稳定的时间可以以产品中的关键部件为准。必要时，要特别监测这些部件的温度，以保证筛选有效并防止其被损坏。

3. 随机振动筛选应力及筛选强度公式

随机振动是在很宽的频率范围内对产品施加振动，产品在不同的频率上同时受到应力，使产品在多个共振点上同时受到激励。这就意味着具有不同共振频率的元器件同时在共振，从而使安装不当的元器件受到扭曲、碰撞等而损伤的概率增加。

由于随机振动这一同时激励特性，其筛选效果大大增强，筛选所需持续时间大大缩短，其持续时间可以减少到扫频正弦时间的1/3～1/5。

为了使产品中要重点加以筛选的元器件受到强应力筛选，而又使对振动敏感的关键元器件或影响过大的部位不产生损坏，可适当调整输入振动谱形和量值。要做到这一点，必须事先对产品进行详细的振动调查。

即使产品在实际使用中不经受任何振动，随机振动筛选一般也是适用的。这是因为环境应力筛选重点考虑的是其把缺陷变成故障的能力，而不管实际使用寿命中这些缺陷如何变成故障。

随机振动能激发出主要故障模式如下。

（1）结构部件、引线或元器件接头产生疲劳。

（2）电缆磨损、引线脱开、密封破坏及虚焊点脱开。

（3）螺钉松弛。

（4）安装不当的元器件引线断裂。

（5）钎焊接头受到高应力，引起钎接薄弱点故障。

（6）元器件引线因没有充分消除应力而造成损坏。

（7）已受损或安装不当的脆性绝缘材料出现裂纹。

表征随机振动筛选应力的基本参数是频率范围、加速度功率谱密度（PSD）、振动时间和振动轴向。

随机振动的筛选强度可按下式计算，即

$$S_S = 1 - \exp(-0.0046 G_{RMS}^{1.71} t) \quad (3.10)$$

式中，S_S 为筛选强度；G_{RMS} 为实测的振动加速度均方根值（g 或 g_{rms}）；t 为振动时间（min）。

从式（3.10）可知，加速度越大，筛选效果越好；振动时间越长，筛选效果越好。随机振动效果相当显著，一般15～30min就能产生最理想的效果。过分延长随机振动时间，不仅不会增强筛选效果，反而可能会引起损伤，一般认为产品经受 $0.04g^2$/Hz 的随机振动（按图3.10的随机振动筛选谱形），并将振动时间控制在30min以内，不会产生疲劳损伤。当用此谱形按其他量值振动时，其等效时间为

$$t_0 = 20\left(\frac{w_0}{w_1}\right)^3 \quad (3.11)$$

式中，t_0 为等效时间（min）；w_0 为基准振动量值（$0.04g^2$/Hz）；w_1 为实际振动量值（g^2/Hz）。

加速度均方根值、功率谱密度和等效时间的一些对应数值如表3.11所示。

表 3.11　加速度均方根值、功率谱密度和等效时间对应表

加速度均方根值（g 或 g_{rms}）	功率谱密度（g^2/Hz）	等效时间（min）
6.06	0.04	20
5.2	0.03	47
4.24	0.02	160
3.0	0.01	1280

3.4.4　环境应力筛选加速效应分析

3.4.4.1　高温老化筛选方法加速效应分析

由 GJB/Z 34 规定的高温老化（恒定高温）的筛选强度计算公式可知，所需筛选时间 t 为

$$t = \ln(1-S_{\mathrm{S}}) / [-0.0017(R+0.6)^{0.6}] \tag{3.12}$$

在加速筛选条件（R_{a}）下相对于在常规筛选条件（R_{u}）下，要达到相同的筛选强度，所需筛选时间的比值为加速因子，即

$$\mathrm{AF} = t_{\mathrm{u}} / t_{\mathrm{a}} \tag{3.13}$$

则

$$\mathrm{AF} = \left(\frac{R_{\mathrm{a}}+0.6}{R_{\mathrm{u}}+0.6}\right)^{0.6} \tag{3.14}$$

式（3.14）表明了在高温老化效应下筛选加速效应量化关系，由式可知，提高 R_{a} 可以增大筛选的加速效应，从而在更短的时间 t_{a} 内达到相同的筛选强度 S_{S}。

在表 3.12 中，假设常规应力筛选采用高温 60℃进行筛选，考虑室温通常选取为 25℃，则常规应力筛选下 R_{u}=35℃，如果要达到筛选强度 95%，则所需高温老化试验时间 t_{u}=206.6h。如果采用加速应力筛选，高温为 120℃，则加速应力筛选下 R_{a}=95℃，如果要达到相同的筛选强度 95%，则所需高温老化试验时间 t_{a}=114.3h。由此可见，高温老化试验时间由 206.6h 缩短为 114.3h，前者是后者的 1.8 倍。

采用加速因子的计算公式计算得出 AF=1.8。

由此可见，高温老化试验时间缩短的倍数与加速因子 AF 是一致的。

根据上述关系，可以得到各个加速筛选条件相对于常规筛选条件的加速因子。

表 3.12 恒定高温筛选的加速因子分析

序号	常规筛选的高温（℃）	加速筛选的高温（℃）	AF
1	60	70	1.2
2	60	80	1.3
3	60	90	1.4
4	60	100	1.6
5	60	110	1.7
6	60	120	1.8

3.4.4.2 温度循环筛选方法加速效应分析

由 GJB/Z 34 规定的温度循环的筛选强度计算公式可知，试验所需循环数 N 为

$$N = \ln(1-S_S) / \{-0.0017(R+0.6)^{0.6}\left[\ln(e+v)\right]^3\} \tag{3.15}$$

在加速筛选条件（v_a, R_a）下相对于在常规筛选条件（v_u, R_u）下，要达到相同的筛选强度，所需循环数的比值为加速因子，即

$$AF = N_u / N_a \tag{3.16}$$

则

$$AF = \left(\frac{R_a+0.6}{R_u+0.6}\right)^{0.6}\left[\frac{\ln(e+v_a)}{\ln(e+v_u)}\right]^3 \tag{3.17}$$

式（3.17）表明了在热疲劳效应下筛选加速效应量化关系，由式可知，提高 R_a、v_a 可以增大筛选的加速效应，从而在更少的循环数 N_a 达到相同的筛选强度 S_S；另外，从本式还可以看出，温度循环加速效应为高温老化加速效应与循环速率加速效应的乘积。

在表 3.13 中，假设常规应力筛选采用低温–20℃、高温 60℃、5℃/min 的温变速率进行筛选，则常规应力筛选下 R_u=80℃，v_u=5℃/min，如果要达到筛选强度 95%，则所需循环数 N_u = 14.8 个。如果采用加速应力筛选，高温为 80℃，低温为–40℃，温变速率为 20℃/min，则加速应力筛选下 R_a=120℃，v_a=20℃/min，如果要达到相同的筛选强度 95%，则所需循环数 N_a=3.26 个。由此可见，循环数由 14.8 个减少为 3.26 个，前者是后者的 4.5 倍。

采用加速因子的计算公式计算得出 AF=4.5。

由此可见，循环数减少的倍数与加速因子 AF 是一致的。

从表 3.13 还可以看出，温变速率产生的加速效应显著大于温差产生的加速效应。

表 3.13　温度循环筛选的加速因子分析

筛选方式	高温（℃）	低温（℃）	温变速率（℃/min）	温变范围（℃）	AF
常规筛选	60	–20	5	80	
加速筛选	70	–20	10	90	2.1
	70	–30	10	100	2.2
	80	–30	10	110	2.3
	80	–40	10	120	2.5
	90	–40	10	130	2.6
加速筛选	70	–20	20	90	3.8
	70	–30	20	100	4.1
	80	–30	20	110	4.3
	80	–40	20	120	4.5
	90	–40	20	130	4.8
加速筛选	70	–20	30	90	5.3
	70	–30	30	100	5.7
	80	–30	30	110	6.0
	80	–40	30	120	6.3
	90	–40	30	130	6.6
加速筛选	70	–20	40	90	6.7
	70	–30	40	100	7.1
	80	–30	40	110	7.5
	80	–40	40	120	7.9
	90	–40	40	130	8.3

3.4.4.3　随机振动筛选方法加速效应分析

由 GJB/Z 34 规定的随机振动的筛选强度计算公式可知，所需振动时间 t 为

$$t = \ln(1 - S_S) / (-0.0046 G_{RMS}^{1.71}) \tag{3.18}$$

在加速筛选条件（G_{RMSa}）下相对于在常规筛选条件（G_{RMSu}）下，要达到相同的筛选强度，所需振动时间的比值为加速因子，即

$$AF = t_u / t_a \tag{3.19}$$

则

$$AF = \left(\frac{G_{RMSa}}{G_{RMSu}}\right)^{1.71} \tag{3.20}$$

式（3.20）表明了在振动疲劳效应下筛选加速效应量化关系，由式可知，提高 G_{RMSa} 可以增大筛选的加速效应，从而在更短的时间 t_a 内达到相同的筛选强度 S_S。

在表 3.14 中，假设常规应力筛选下 G_{RMSu}=2.5，如果要达到筛选强度 95%，则所需振动时间 t_u=135.92min。如果采用加速应力筛选，G_{RMSa}=6，如果要达到相同的筛选强度 95%，则所需振动时间 t_a=30.4min。由此可见，振动时间由 135.92min 缩短为 30.4min，前者是后者的 4.47 倍。

采用加速因子的计算公式计算得出 AF=4.47。

由此可见，振动时间缩短的倍数与加速因子 AF 是一致的。

表 3.14 随机振动筛选的加速因子分析

序号	常规筛选的 G_{RMSu}	加速筛选的 G_{RMSa}	AF
1	2.5	4	2.23
2	2.5	5	3.27
3	2.5	6	4.47
4	2.5	7	5.82
5	2.5	8	7.31

3.4.4.4 其他标准或模型的筛选方法加速效应分析

1. 高温老化加速效应

当以温度作为加速应力时，在某一时刻的老化速度与温度的关系，是 19 世纪 Arrhenius 从经验中总结得到的 Arrhenius 模型，即

$$\mu(T) = A\mathrm{e}^{-\frac{E_a}{kT}} \tag{3.21}$$

式中，$\mu(T)$ 为在 T 温度应力水平下的老化速度；A 为频数因子；E_a 为激活能，以 eV 为单位；k 为玻尔兹曼常数，即 8.6171×10^{-5} eV/K；T 为温度（开氏度）。

根据式（3.21）可以推导出加速高温条件（T_a）相对于常规高温条件（T_u）的加速因子，即

$$\mathrm{AF}\left(T_a : T_u\right) = \mathrm{e}^{\frac{E_a}{k}\left(\frac{1}{273.15+T_u}-\frac{1}{273.15+T_a}\right)} \tag{3.22}$$

根据近年大量研究文献资料，大多数产品的激活能 E_a 约为 0.6～1.2eV。根据该模型及其模型参数，加速效应相对于 GJB/Z 34 提供的模型要高很多，也就是说筛选效率要高很多，如表 3.15 所示。

表 3.15　Arrhenius 模型与 GJB/Z 34 提供的模型比较

常规（℃）	加速（℃）	GJB/Z 34 提供模型的 AF	Arrhenius 模型的 AF		
			E_a=0.6eV	E_a=0.8eV	E_a=1.0eV
60	70	1.2	1.8	2.3	2.8
60	80	1.3	3.3	4.8	7.2
60	90	1.4	5.6	10.0	17.8
60	100	1.6	9.4	19.8	41.8
60	110	1.7	15.3	38.0	94.2
60	120	1.8	24.3	70.3	203.5

由此可见，根据加速试验理论，在相同的试验条件下，加速因子 AF 随 E_a 变化，并且加速效应很有可能相对于 GJB/Z 34 提供的模型大得多。也就是说，GJB/Z 34 提供的模型对应的经验参数取值保守。另外，实际上，不同的产品激活能不完全相同，由此可知，GJB/Z 34 提供的模型将筛选模型参数完全固化的方法实际上是一种简化的做法，有其利弊，利的一面是标准便于使用和操作，不利的一面是忽视了产品间差异。

因此，应有针对性地结合产品的特点，摸清楚加速效应后进一步制定高效筛选方案，这样更加严谨和科学，这特别适合于专门从事同类型产品研发与生产的单位。

2. *温度循环加速效应*

根据 JESD 94A 提供的温度循环模型，温度循环加速效应与加速条件下高温 T_a、温循的温差 ΔT_a、温变速率 v_a 及常规条件下的高温 T_u、温循的温差 ΔT_u、温变速率 v_u 有关。加速因子为

$$\mathrm{AF}=\left(\frac{\Delta T_a}{\Delta T_u}\right)^{1.9}\left(\frac{v_a}{v_u}\right)^{1/3}\exp\left[0.01(T_a-T_u)\right] \tag{3.23}$$

将 JESD 94A 提供的模型与 GJB/Z 34 提供的模型进行比较，如表 3.16 所示。

表 3.16　JESD 94A 提供的模型与 GJB/Z 34 提供的模型比较

筛选方式	高温（℃）	低温（℃）	温变速率（℃/min）	温变范围（℃）	GJB/Z 34 提供模型的 AF	JESD 94A 提供模型的 AF
常规筛选	60	–20	5	80		
加速筛选	70	–20	10	90	2.1	1.7
	70	–30	10	100	2.2	2.1
	80	–30	10	110	2.3	2.8
	80	–40	10	120	2.5	3.3
	90	–40	10	130	2.6	4.3

续表

筛选方式	高温（℃）	低温（℃）	温变速率（℃/min）	温变范围（℃）	GJB/Z 34 提供模型的 AF	JESD 94A 提供模型的 AF
加速筛选	70	–20	20	90	3.8	2.2
	70	–30	20	100	4.1	2.7
	80	–30	20	110	4.3	3.6
	80	–40	20	120	4.5	4.2
	90	–40	20	130	4.8	5.4
加速筛选	70	–20	30	90	5.3	2.5
	70	–30	30	100	5.7	3.1
	80	–30	30	110	6.0	4.1
	80	–40	30	120	6.3	4.8
	90	–40	30	130	6.6	6.2
加速筛选	70	–20	40	90	6.7	2.8
	70	–30	40	100	7.1	3.4
	80	–30	40	110	7.5	4.5
	80	–40	40	120	7.9	5.3
	90	–40	40	130	8.3	6.8

由此可见，在 GJB/Z 34 提供模型的温度循环加速效应与 JESD 94A 提供模型的较为接近。

3. *振动疲劳加速效应*

根据近年研究成果，振动疲劳加速效应为逆幂模型，即

$$u_l = A \cdot V^{-n} \tag{3.24}$$

该模型形式与 GJB/Z 34 提供的模型相比具有类似性，GJB/Z 34 提供模型的逆幂次数 n=1.71。然而，根据相关文献，逆幂次数 n 为 3～7，GJB 1032 提供的模型中取值为 3，GJB 150 提供的模型中取值为 4。

在假定逆幂次数选取 3 的情况下，将逆幂模型与 GJB/Z 34 提供的模型进行比较，如表 3.17 所示。

表 3.17 逆幂模型（n=3）与 GJB/Z 34 提供的模型比较

序号	常规筛选的 G_{RMSu}	加速筛选的 G_{RMSa}	GJB/Z 34 提供模型的 AF	逆幂模型（n=3）的 AF
1	0.5	1.0	3.3	8
2	0.5	1.5	6.5	27
3	0.5	2.0	10.7	64

续表

序号	常规筛选的 G_{RMSu}	加速筛选的 G_{RMSa}	GJB/Z 34 提供模型的 AF	逆幂模型（n=3）的 AF
4	0.5	2.5	15.7	125
5	0.5	3.0	21.4	216
6	0.5	3.5	27.9	343

由此可见，当代加速试验理论中逆幂模型的经验参数比 GJB/Z 34 提供的模型的经验参数要大，逆幂模型的振动疲劳加速效应要大得多。

3.4.5 小结

随着技术的发展，环境应力筛选也由常规筛选向定量筛选发展，通过对筛选进行监测和评估，保证实现产品残留缺陷定量目标，同时又使筛选成本不超过现场故障修理阈值，使筛选实现最经济有效原则。目前，我国电子产品定量筛选主要参照 GJB/Z 34 执行，该标准对传统的筛选应力，如温度循环、随机振动、恒定高温等组合应力提供了筛选强度模型，为定量筛选的推广打下了坚实基础。

3.5 高加速应力筛选

3.5.1 传统筛选技术面临的问题

环境应力筛选是一种发现产品潜在缺陷、提高产品质量、保证产品在使用寿命期内安全且可靠工作的有效措施，也是可靠性工程工作的一个重要环节。它通过在内场对产品施加特定的环境应力，提前暴露并剔除由元器件、生产工艺等引起的产品早期失效，以降低产品的故障率，提高产品的外场使用可靠性；同时发现产品在生产过程中发生质量和可靠性问题的根源，为尽早发现产品生产过程中的问题提供依据。合理、科学的筛选工作，不但剔除了产品的早期失效，保证了出厂产品的可靠性水平，而且能够使产品在可靠性鉴定、可靠性增长、鉴定试飞等大型试验中反映产品真实的设计制造水平，为试验的顺利通过提供有效的保证。

我国的军工行业非常重视环境应力筛选工作，自从 1990 年颁布 GJB 1032《电子产品环境应力筛选方法》(等同采用美国的 MIL-STD-2164《电子产品环境应力筛选方法》）以来，该标准在我国电子装备的研制和生产中得到了广泛应用，所有电子设备均经过 100%的环境应力筛选。该标准在剔除产品早期故障、提高电子装备质量和可靠性方面发挥了重大作用，目前已成为贯标率最高的国军标之一。但随着GJB 1032贯彻使用的深入和新型装备质量与可靠性要求的提高，GJB 1032逐渐暴露出越来越多的问题。

1. 筛选时间长

按照GJB 1032环境应力筛选方法的要求，对于研制阶段、生产初期的产品必须进行80～120h的环境应力筛选；在生产阶段，对于全数试验，按照简化方案，至少进行40h的筛选，这40h必须是产品连续无故障工作时间。目前，机载电子设备常用的筛选方案参数如表3.18所示。

表3.18 目前机载电子设备常用的筛选方案参数

温度循环参数	
高温设定值	设备高温工作极限温度，工作在设备舱的通常为70℃左右
低温设定值	最低一般为55℃
一个循环高、低温保持时间	200min左右
温度平均变化速率	5℃/min
循环数	20个
随机振动参数	
频率范围	20～2000Hz
振动时间	10~20min
振动方向	单向
振动量值（均方根加速度）	$6.06g_{rms}$

如果产品批量比较大，品种比较多，交付进度比较紧，那么由于此筛选方案需要的时间比较长，会影响到产品交付进度。例如，某应答机系统生产单位平均每年必须向用户提供应答机500～600套。按照要求，产品在交付前都必须进行环境应力筛选，以降低产品的早期失效率。应答机控制盒和主机在飞机上安装位置不同，筛选条件不一样，需分别进行筛选。如果每个月交付50套，以5套为一组进行筛选，以每次筛选需40h计，则需要10次×40h×2=800h。考虑到在实际筛选过程中因故障造成的试验中断而需要增加的筛选时间，筛选时间将大于800h。而该单位可用于温度循环筛选的试验箱只有一台，该设备除了进行应答机的筛选任务外，还要承担其他产品的环境应力筛选或进行其他试验，现有的筛选方法根本无法保证交机进度。如果单纯靠增加试验设备来保证交机进度，则需要花费大量资金购置试验设备，随之引发人员配备、设备场地布置、循环冷却水系统和电力增容等一系列棘手问题。因此，迫切需要一种新的、既能缩短筛选时间又能保证产品可靠性的筛选技术。

2. 不考虑产品特点

GJB 1032 对筛选所用的应力及施加时间、方式和次序均作了明确规定，其显著优点就是不必考虑受筛产品结构的复杂程度、制造工艺的优劣和其他因素而可直接套用，可操作性较强，但随着筛选的广泛应用，其没有结合产品的具体特征确定筛选条件的问题逐渐暴露。虽然 GJB 1032 明确规定受筛产品可以是电路板及组件、电子部件和整机，但并未规定不同组装等级的筛选条件，对结构复杂性不同的产品都统一规定了温度循环数，对不同结构的产品都统一使用了相同的振动应力。可以设想，对一个由几块线路板组装的简单组件，按照 GJB 1032 的有关规定，在环境应力筛选中必然会降低其温度的上、下限，从而降低温度应力的强度，同时又不必要地增加了上、下限温度的稳定时间，降低了筛选效果和效率。正是由于这种统一的、未按产品特点制定的筛选方案，使当前的筛选对剔除产品的早期失效和潜在故障有一定的局限性，不能充分暴露产品的生产缺陷和潜在故障，这也是许多产品使用中故障率较高的原因之一。

3. 筛选效率低

目前，电子产品采用板级、电子部件级和系统级（综合应力试验）的三级筛选体系，但在各级产品环境应力筛选过程中能够发现的产品早期失效数量极其有限，产品经过层层筛选交付外场使用后，使用过程中的早期故障仍然频发，因此出现了内场试验通过率高、外场使用故障率高的“两高”的矛盾现象。

其实每一种结构类型的产品，应当有其特有的筛选条件，严格说来，不存在一个通用的、对所有产品都具有最佳效果的筛选方法。美国人在使用 MIL2164A-1996 的过程中，早已发现依靠一个标准很难解决所有产品的问题，有效的筛选方法必须根据不同产品的特点量身打造。在这种大的认识背景下，美国人停止了对 MIL2164 的改版升级，针对传统的环境应力筛选方法筛选效率低、暴露问题试验时间长和不彻底的问题，提出了高加速应力筛选（HASS）的概念，根据产品本身设计的特点，采用激发试验的原理，在不改变失效机理的前提下，通过对产品施加远高于产品正常工作的环境应力，在较短时间内快速激发并消除产品的潜在缺陷，以提高产品可靠性。

3.5.2 高加速应力筛选特点

高加速应力筛选（HASS）技术与可靠性强化试验（RET）技术一样，均属于高加速试验技术，其理论依据是故障物理学。与传统的环境模拟可靠性试验截然不同，高加速应力筛选是专为清除生产过程中引入的产品缺陷而设计的最快最有效的筛选过程，它是采用激发试验的原理，通过对产品施加远高于产品正常工作的环境应力，在较短时间内快速激发并消除产品的潜在缺陷，达到提高产品使用可靠性的一种筛选手段，要求 100%的产品参加筛选。

高加速应力筛选一般需要与可靠性强化试验联合使用，可靠性强化试验应用于产品研制阶段，目的是尽快在现场激发可能存在的隐患和寻找极限应力，健壮产品的设计；高加速应力筛选应用于产品批产阶段，充分利用产品在设计阶段获得的产品信息（可靠性强化试验确定的产品规范极限、设计极限、工作极限和破坏极限）确定其应力选择范围，大大增加了生产过程的筛选效率，并同时减少了筛选的费用和时间；通过新增的筛选验证（POS）过程， 保证了经过筛选后产品不会损失较多的有效寿命，同时确保产品由可靠性强化试验所获得的高可靠性不会因为生产制造过程而降低。图 3.28 介绍了可靠性强化试验和高加速应力筛选是如何融进产品的设计、研制和生产过程的。

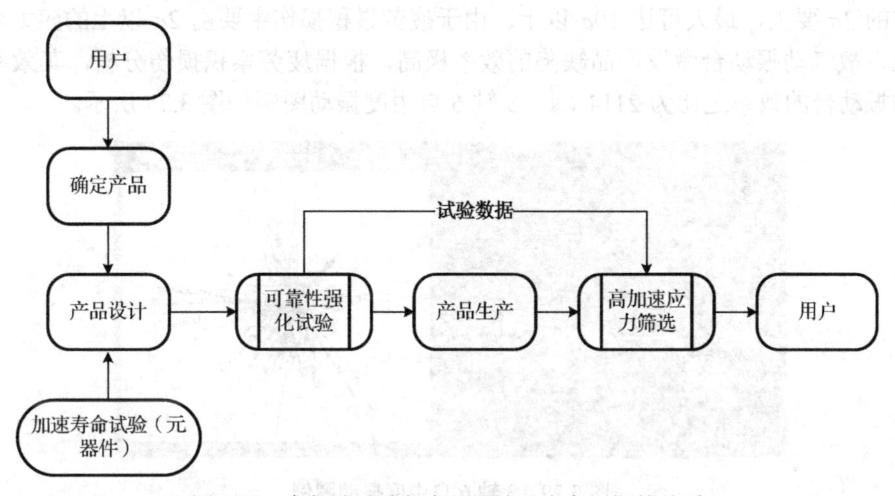

图 3.28 高加速试验与产品设计及生产周期的关系

可见，高加速试验技术在提高产品可靠性水平方面，不论在费用上还是在进度上，和传统可靠性试验技术相比均具有明显的优势。高加速试验技术目前已成为国际上最流行的可靠性试验技术之一，它能快速提高电子产品的使用质量和可靠性，加快产品研制和交付的周期，在国外工业发达国家已经被广泛应用，并在研发生产中发挥了重要作用。

3.5.3 高加速应力筛选试验设备特征

高加速应力筛选的显著效果得益于应力的强化，而不是模拟产品的实际使用环境，所以高加速应力筛选设备与传统试验设备相比，温变范围更宽，温变率要求更快，振动采用 3 个轴向同时施加的方式。传统试验设备无法满足高加速应力筛选的需求，在国外高效的高加速应力筛选试验设备面世后，高加速应力筛选技术得以迅速发展。

高加速应力筛选试验设备的特征如下。

（1）宽温变范围和快速温变特性。高加速应力筛选要求更宽的温变范围和更快的温变率，一般只需要较少的几个循环便可激发出产品的缺陷。因此，高加速应力筛选试验设备极限温度范围可达–100～200℃，温变率可高达 40～70℃/min，为保证降温速率，一般采用液氮制冷。

（2）气动式 3 轴 6 自由度振动台。高加速应力筛选试验振动系统有台面、气动激振器和控制系统 3 个主要组成部分，可产生多轴连续的非高斯宽带伪随机振动信号，振动频率的低频能从 5Hz 起振，高频可达到 10kHz，振动方向包括 X、Y、Z 轴向的线加速度和转动加速度，其峰值概率分布远比传统的电磁振动台产生的高斯分布的 3σ 要大，最大可达 10σ 以上。由于疲劳累积损伤主要由 2σ 以上的应力峰值造成，故气动振动台激发产品缺陷的效率极高，根据疲劳累积损伤分析，其效率与单轴振动台的效率之比为 2114∶1。3 轴 6 自由度振动图例如图 3.29 所示。

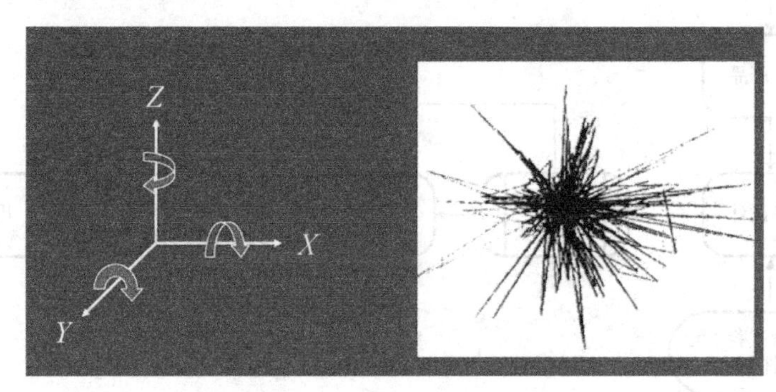

图 3.29　3 轴 6 自由度振动图例

（3）综合应力试验系统。虽然单独的温度循环应力和单独的随机振动应力对故障的激发效率都很高，但数据统计分析，如果将大温变率的温度循环和全宽带随机振动综合作用，激发出来的故障模式将比它们单独作用时所激发出来的故障模式多好几倍。因此，为保证缺陷的激发效率，高加速应力筛选试验系统综合了激发效率最高的环境应力，即高强度 3 轴 6 自由度随机振动、高温变率大温度范围的温度循环，且具备了多应力的综合试验能力。

3.5.4　高加速应力筛选方案设计

高加速应力筛选和传统筛选在原理上并无本质区别，只是高加速应力筛选以可靠性强化试验的结果为依据，采用超出产品技术规范很多又不对产品造成破坏的应力，大大加速缺陷的析出，因此更有利于人们从暴露问题的角度出发去进行这项工作，缩短了筛选时间，大大提高了筛选效率。

典型的高加速应力筛选方案设计过程包括剖面设计、筛选验证和试行 3 个阶段，如图 3.30 所示。

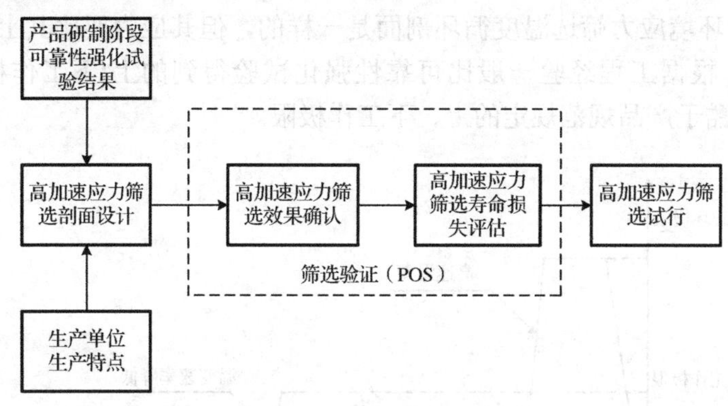

图 3.30　高加速应力筛选方案设计过程

3.5.4.1　高加速应力筛选剖面设计

剖面设计是关键的一步，是一个通过试验反复迭代的过程，包括温度和振动的综合应力的量级、试验时间和试验顺序等，每种应力的极限值都基于可靠性强化试验的结果。筛选应力的确定应符合“尽快暴露早期失效，又不超过受试产品设计极限”的原则，即应力的量级和持续时间既可保证筛选效果，又不使完好的设备出现疲劳损坏或性能降低。

高加速应力筛选典型剖面的结构有常规剖面和最优剖面两种，最终需根据产品的可靠性强化试验的试验结果和产品缺陷特点，决定产品高加速应力筛选采用哪种剖面。以下是两种剖面的比较及选择依据。

1. 最优剖面

当产品在可靠性强化试验中获得足够的试验数据（如所有的工作极限和破坏极限等）时，可采用理想的高加速应力筛选剖面，如图 3.31 所示。从图 3.31 可以看出，剖面分为析出筛选和检测筛选两个部分。析出筛选部分不仅温度变化速率快，而且温度范围宽，其上、下界限接近产品的上、下破坏极限；检测筛选部分温度变化速率比析出筛选部分要低，而且温变范围窄，其上、下界限均接近或不超过产品的上、下工作极限。析出筛选和检测筛选的应力与产品经过可靠性强化试验后得到的工作极限和破坏极限的关系如图 3.31 所示。

在高加速应力筛选过程的每个温度快速变化循环中，一般全程施加规定的随机振动量值，同时按规定时间进行低量值受控激励振动，即微颤振动，以检测高应力下不易发现的缺陷。

2. 常规剖面

当产品在可靠性强化试验中获得部分的试验数据（如所有的工作极限和部分破

坏极限）时，一般采用工程实践中用得较多的常规高加速应力筛选剖面，如图 3.32 所示。从图 3.32 可以看出，剖面不分析出筛选和检测筛选两个部分。这个剖面在形式上与常规的环境应力筛选温度循环剖面是一样的，但其应力要比其上、下温度极限值高得多，根据工程经验一般比可靠性强化试验得到的上/下工作极限值低/高 20%，但远严酷于产品规范规定的上、下工作极限。

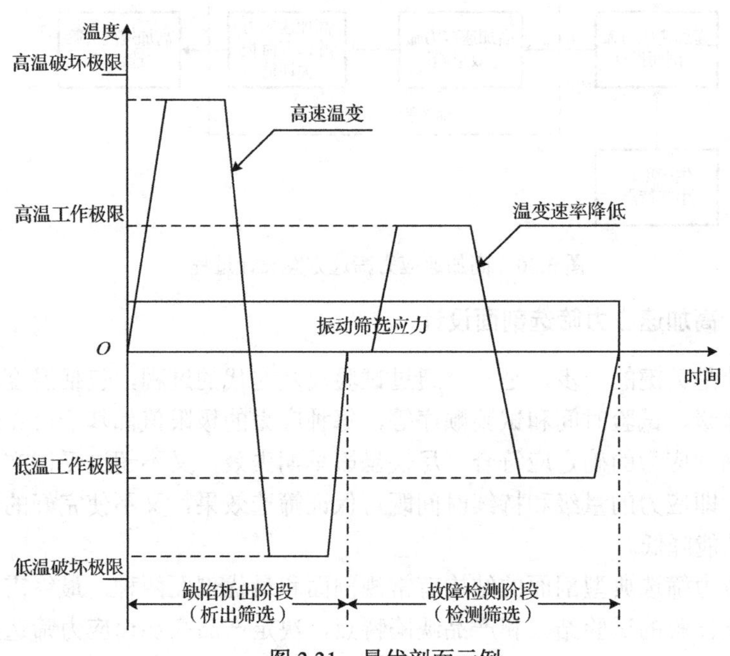

图 3.31　最优剖面示例

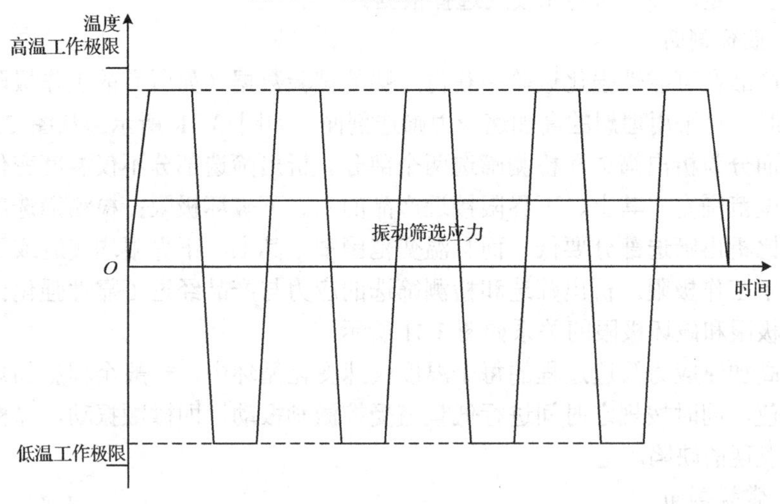

图 3.32　常规剖面示例

一般全程施加规定的随机振动量值，同时按规定时间进行低量值受控激励振动，即微颤振动，以检测高应力下不易发现的缺陷；另一种是用几个振动量值交替振动，还有一种是在温度循环过程中按一定时间间隔振动。

3.5.4.2 高加速应力筛选效果确认

设计了基础的高加速应力筛选剖面后，必须对其进行筛选验证。筛选验证过程用于确认筛选效果和确定筛选不会引入缺陷或严重影响产品寿命。

高加速应力筛选效果确认流程如图 3.33 所示。

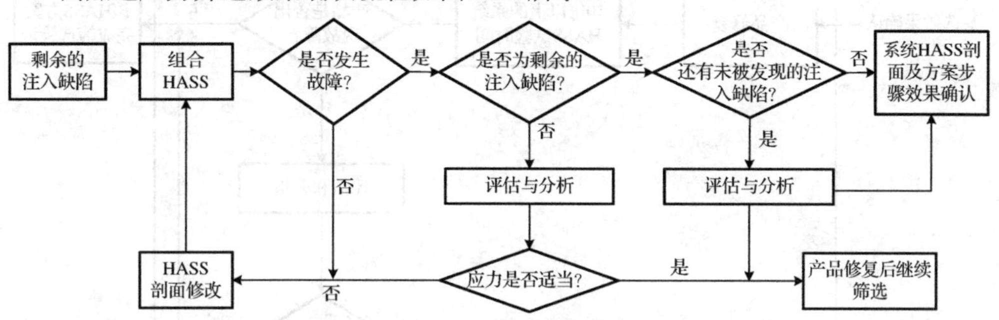

图 3.33 筛选效果确认流程

步骤如下。

（1）开始筛选验证前，参考产品（或同类产品）内场和外场出现的故障模式，对受试产品注入一定数量的缺陷。

（2）进行产品高加速应力筛选。

（3）若高加速应力筛选和环境应力筛选均不能激发注入的缺陷，则说明注入的缺陷不恰当，重新采用合适的方法注入缺陷，并重复进行步骤（2），直至能够充分暴露注入的缺陷为止。

（4）将高加速应力筛选采用的同样缺陷注入受试产品。

（5）按 GJB 1032 规定的传统环境应力筛选流程进行筛选，将其暴露缺陷的数量与高加速应力筛选对比，如图 3.34 所示。

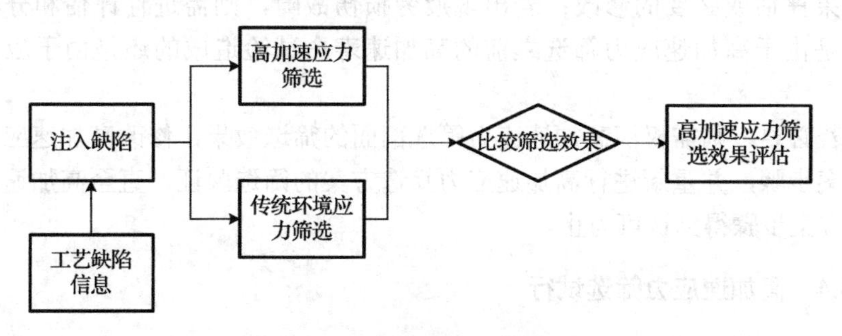

图 3.34 筛选效果对比流程

（6）若对比的结果显示高加速应力筛选激发的缺陷数大于或等于传统环境应力筛选激发的缺陷数，则高加速应力筛选效果得到认可；否则，需要对高加速应力筛选剖面进行评估和修改。

3.5.4.3 高加速应力筛选寿命损失评估

高加速应力筛选寿命损失评估流程如图 3.35 所示。

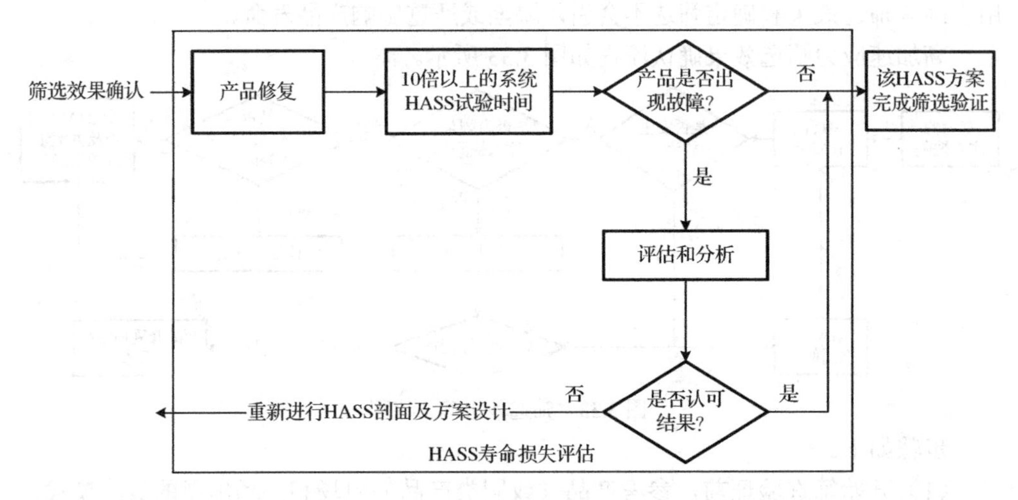

图 3.35 高加速应力筛选寿命损失评估流程

步骤如下。

（1）修复经过筛选效果确认的产品。

（2）按系统高加速应力筛选剖面施加应力。

（3）进行 10～30 倍的系统高加速应力筛选试验时间。

（4）若无故障出现，则认为按该高加速应力筛选方案筛选后，产品仍保留至少 90%的有效寿命；若出现生产工艺故障，则需重新对该高加速应力筛选方案进行筛选效果评估或必要的修改；若出现疲劳损伤故障，则需进行评估和分析，判断该故障是由于高加速应力筛选之前的高加速寿命试验造成的还是由于应力过大造成的。

（5）若必要，则需权衡高加速应力筛选剖面的筛选效果，修改高加速应力筛选剖面和方案步骤，并重新进行高加速应力筛选方案的筛选验证，直至高加速应力筛选剖面和方案步骤得到认可为止。

3.5.4.4 高加速应力筛选试行

对高加速应力筛选剖面进行验证后，就可以对产品进行筛选了，而且，必须对整个筛选过程进行连续监控。高加速应力筛选剖面可以根据生产过程和使用现场的数据进行适当的调整。不过，每次调整都必须慎重考虑，清楚分析。如果筛选漏掉了缺陷，则必须分析原因，如果必要的话，则要对高加速应力筛选进行修改；如果在高加速应力筛选过程中出现某个高失效，就要仔细分析原因，了解是否为高加速应力筛选过程变更所致。不管是哪个应力变了，都必须重新进行一次筛选验证。

3.5.5 高加速应力筛选实施注意事项

在筛选实施阶段要注意以下几点。

（1）进一步对高加速应力筛选方案的优劣进行考证。在整个高加速应力筛选过程中不仅要求在开始或结束时收集失效率数据，还要记录失效出现的时间，绘制出失效率-时间图，来考证产品的高加速应力筛选方案。

如果曲线不变或随时间上升，那么高加速应力筛选程序无效，这可能是因为没有早期失效缺陷或筛选应力和应力量级不当造成的，然后分析原因，对高加速应力筛选方案进行改进。

（2）改进产品，减少或消除筛选过程。因为环境应力筛选是一个鉴定的过程，它不会使产品增值，所以应尽快减少或消除。如果高加速应力筛选程序制定得当，在筛选过程中能深入分析失效机理，及时采取修正措施，就会使产品不断得到改进，最后使早期失效大大减少或消除，从而根据对产品的把握性大小来减少或消除产品的高加速应力筛选过程。

（3）利用筛选过程，检验产品改进措施。对于改进后的产品，在筛选过程中也要进一步收集和分析高加速应力筛选数据。如果改进措施得当，则失效率-时间曲线中早期失效区的面积应当变小，这是由于曲线的斜率减小或在较短的时间内达到不变失效率的结果。如果产品改进后曲线不是这样，则说明改进措施不得当，应立即反馈给有关技术人员。

（4）在高加速应力筛选过程中，为满足产品批量生产的要求，必须认真设计测试系统的软件和硬件，在满足多通道数据采集的同时，不过多衰减反映产品工作状态的信号，满足试件数量多和测试数据准确性高的要求。

（5）在进行温度冲击试验时，要保证试验中所使用的电缆能经受住试验中所施加的热应力。许多商业电缆能承受的温度一般是 105℃，长时间的高温冲击（大于 110℃）可能熔化或软化电缆表皮。高温有可能使电缆承载电流的能力降低，低温会使电缆变脆，使其不能够经受其试验过程中的振动。还有，在试验中的连接器要保证在温度循环和振动应力作用下不产生断断续续的断通现象。

3.5.6 高加速应力筛选应用案例

3.5.6.1 某陀螺组合高加速应力筛选剖面设计

根据某陀螺组合的可靠性强化试验的试验结果（如表 3.19 所示），设计了陀螺组合高加速应力筛选常规剖面，如图 3.36 所示。

表 3.19 某陀螺组合的可靠性强化试验的试验结果

某陀螺组合的可靠性强化试验的试验结果
● 低温步进工作极限为–65℃，温度稳定时间为 94min
● 高温步进工作极限为 90℃，温度稳定时间为 94.5min
● 快速温度循环：85℃～–60℃、±40℃/min
● 振动步进工作极限：$35g_{rms}$
● 综合应力循环：85～–60℃，±40℃/min，$30g_{rms}$

结合可靠性强化试验结果和工程实际，高加速应力筛选剖面如下。

（1）两端温度值为–60℃（驻留 94min）和 85℃（驻留 94.5min），温度变化速率为 40℃/min。

（2）最大振动量级为 $20g_{rms}$，驻留时间为 10min，变化率为 $20g_{rms}$/min。

（3）每个循环由一个低温台阶、一个高温台阶及中间的升温和降温阶段组成，合计 200min，共 3 个循环周期。

（4）每个循环从低温台阶开始计时，低温台阶的第 90min 样机开始通电，持续 12min 并在此期间完成测试；高温台阶的第 188min 样机开始通电，持续 12min 并在此期间完成测试。

（5）在升、降温阶段开始前的 3min 施加振动应力，升、降温阶段样机均处于通电、振动状态。

（6）样机各循环通电电压按图 3.36 所示变化。

（7）系统高加速应力筛选剖面如图 3.36 所示。

3.5.6.2 筛选效果确认

在筛选验证过程中，工作组为了确认高加速应力筛选剖面的有效性和效率，决定参考该类产品在外场的一般工艺故障模式，通过注入缺陷的方法进行对比研究。

（1）缺陷的注入。工作组利用经过可靠性强化试验的产品，将可靠性强化试验验证有效的改进措施落实到该产品中，并人为地注入一些缺陷。由于筛选的作用是快速剔除由元器件、工艺、生产过程波动等因素造成的产品早期失效，通过分析，工作组认为元器件的早期失效难以有效捕捉，故所注入的缺陷基本上是模拟工艺和生产过程波动引起的缺陷。

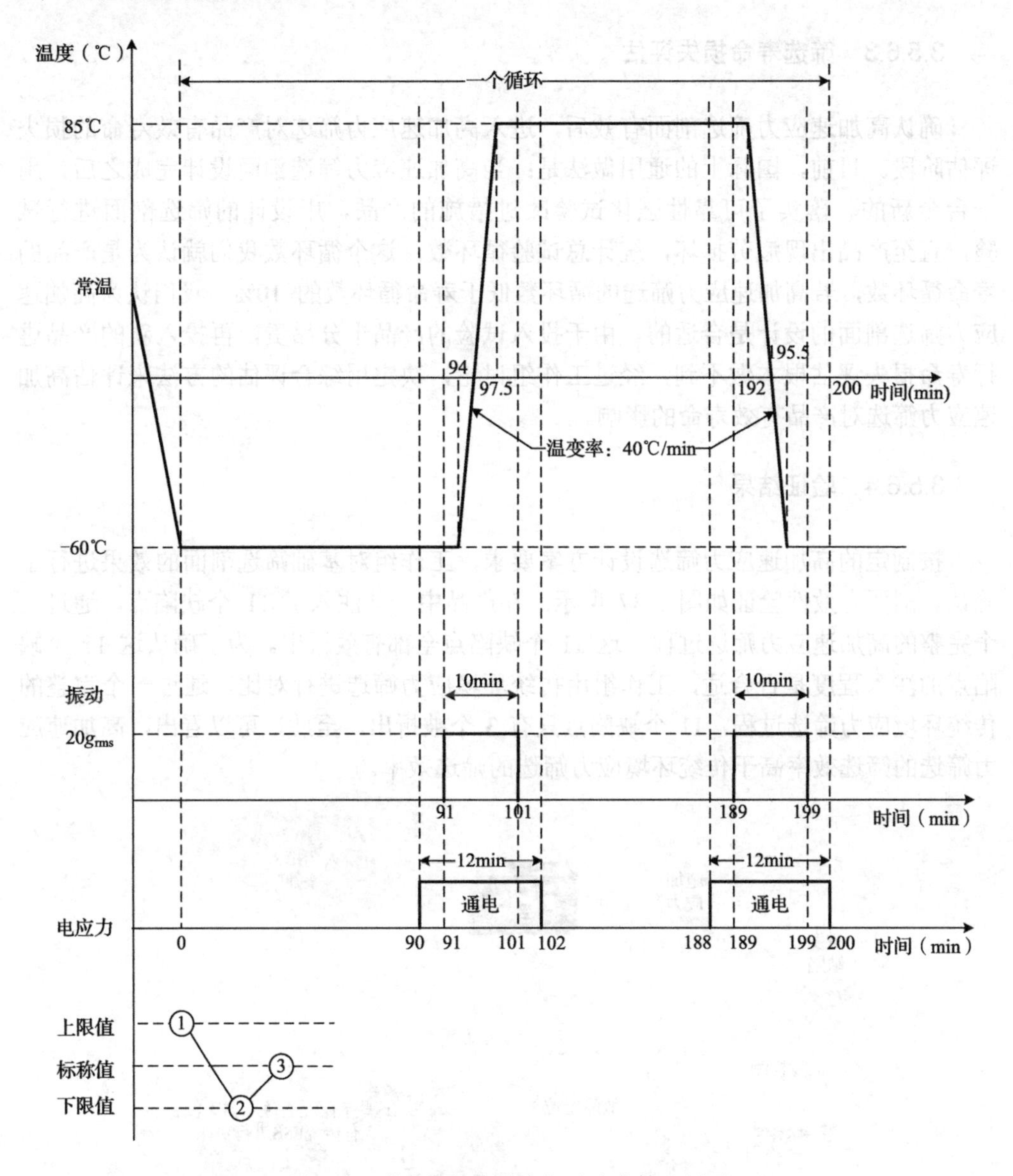

图 3.36 某陀螺组合的高加速应力筛选剖面

（2）进行高加速应力筛选。通过高加速应力筛选，确定这些缺陷的析出情况，进行剖面有效性验证。

（3）进行传统环境应力筛选。将同样的缺陷注入产品进行传统环境应力筛选，

通过两种试验方法缺陷析出情况的对比，确定设计的高加速应力筛选剖面效率是否满足要求。

3.5.6.3 筛选寿命损失评估

确认高加速应力筛选剖面有效后，进入高加速应力筛选对产品有效寿命的损失评估阶段。目前，国际上的通用做法是：当高加速应力筛选剖面设计完成之后，用一台全新的、落实了可靠性强化试验改进措施的产品，用设计的筛选剖面进行试验，直至产品出现疲劳损坏，统计总试验循环数，这个循环数我们就认为是产品的寿命循环数，若高加速应力筛选的循环数低于寿命循环数的 10%，我们认为高加速应力筛选剖面的设计是合适的。由于投入试验的产品十分昂贵，再投入新的产品进行寿命损失评估根本做不到，经过工作组讨论，决定用综合评估的方法来评估高加速应力筛选对产品有效寿命的影响。

3.5.6.4 验证结果

按制定的高加速应力筛选设计方案要求，工作组对基础筛选剖面的效果进行了确认。剖面有效性验证如图 3.37 所示。在产品中一共注入了 11 个缺陷点，通过一个完整的高加速应力筛选过程，这 11 个缺陷点全部有效析出。为了确认这 11 个缺陷点的注入程度是否合适，工作组用传统环境应力筛选进行对比，通过一个完整的传统环境应力筛选过程，11 个缺陷点只有 3 个被析出。至此，可以看出，高加速应力筛选的筛选效率高于传统环境应力筛选的筛选效率。

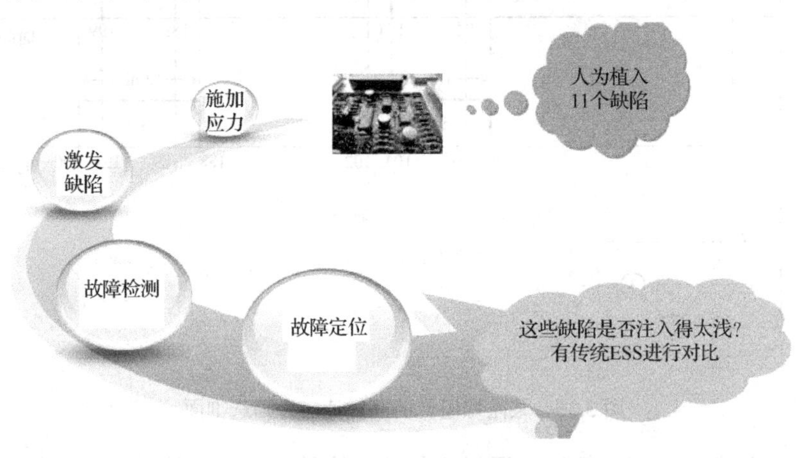

图 3.37 剖面有效性验证

根据高加速应力筛选设计方案，对完成了筛选效果确认的受试产品进行 10 倍的组合高加速应力筛选循环，受试产品未出现疲劳故障，工作组认为，高加速应力筛选所采用的应力剖面不会对产品的有效寿命产生显著影响。

通过高加速应力筛选研究，我们将产品交付过程中的筛选时间由传统方法的100h缩短到13h。

参考文献

[1] GJB 150A-2009 军用装备实验室环境试验方法.

[2] GJB 1032-1990 电子产品环境应力筛选方法.

[3] GJB 451A-2005 可靠性维修性保障性术语.

[4] GJB/Z 34-1993 电子产品定量环境应力筛选指南.

[5] 李劲,张蕊. 电子产品 HASS 的应用探讨[J]. 环境技术,2012(3).

[6] 李劲,沈峥嵘. 生产阶段环境应力筛选动态改进方法探讨[J]. 环境技术, 2013 增刊一.

[7] 刘杭生. 筛选技术概述和新的筛选方法[J]. 电子产品可靠性与环境试验 2005(4).

[8] 祝耀昌. 高加速应力筛选[J]. 航空标准化与质量.

[9] 原艳斌. 高加速应力筛选试验技术研究[J]. 装备环境工程,2005(2).

[10] 康锐,等. 型号可靠性维修性保障性技术规范（第 1 册）.

第4章

可靠性强化试验

4.1 可靠性强化试验概述

现代电子产品通常呈现可靠性高、研制和生产周期短的特点，而传统的环境模拟试验的试验时间往往是 MTBF 的若干倍，对可靠性指标要求较高的产品，试验时间长且费用昂贵。因此，快速有效且满足现代电子产品可靠性发展需求的可靠性强化试验方法，已成为我国电子产品设计阶段可靠性工作的迫切需求。

可靠性强化试验是 20 世纪 90 年代由美国波音公司提出的一种全新概念的可靠性试验技术，能有效解决现代电子产品高可靠性、低开发成本和短研制周期之间的矛盾。可靠性强化试验的原理是通过提高环境应力来快速激发一些潜伏极深或间歇性的故障，其依托于失效物理分析，在产品早期研制工作中发现、研究和纠正故障，及时为产品设计改进提供有效信息，以提升产品的可靠度。通过和不通过试验并不是可靠性强化试验的目的，其主要被用来识别那些以前知之甚少的潜在的产品缺陷，获得更多的产品信息以促进产品改进。

4.2 可靠性强化试验基本原理

开展可靠性强化试验时，首先要弄清产品强度和其承受的环境应力间的关系。产品是由许多机械结构和电子组件所组成的，当产品中某个组件遭遇的环境应力超过产品所能承受的范围时，产品就可能因缺陷被激发而失效。产品在生产及使用过程中所遭遇的环境应力种类繁多，如振动、冲击、温度及湿度等，且各应力大小不一，以产品承受的应力值为横坐标，各应力出现的概率为纵坐标，形成的应力分布如图 4.1 左侧所示；而产品各组件的强度也是各不相同的，以组件强度为横坐标，各强度出现的概率为纵坐标，形成的强度分布如图 4.1 右侧所示；在图 4.1 中的阴影区域，产品强度低于环境应力，则可能发生失效。通过产品的健壮性设计和改善生产过程，可使产品强度远远大于其所经受的应力，但随着使用时间的推移，产品强度可能会逐渐降低，强度分布曲线向左偏移而应力分布不变，两个分布在更低的应力水平重叠（如图 4.2 所示），提高了失效概率。

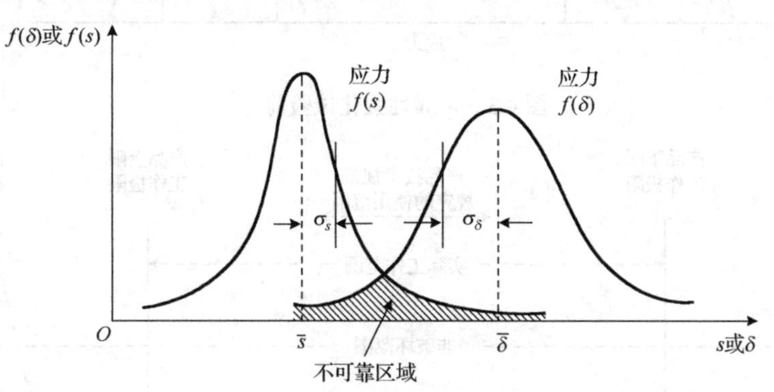

图 4.1 应力与强度分布示意图

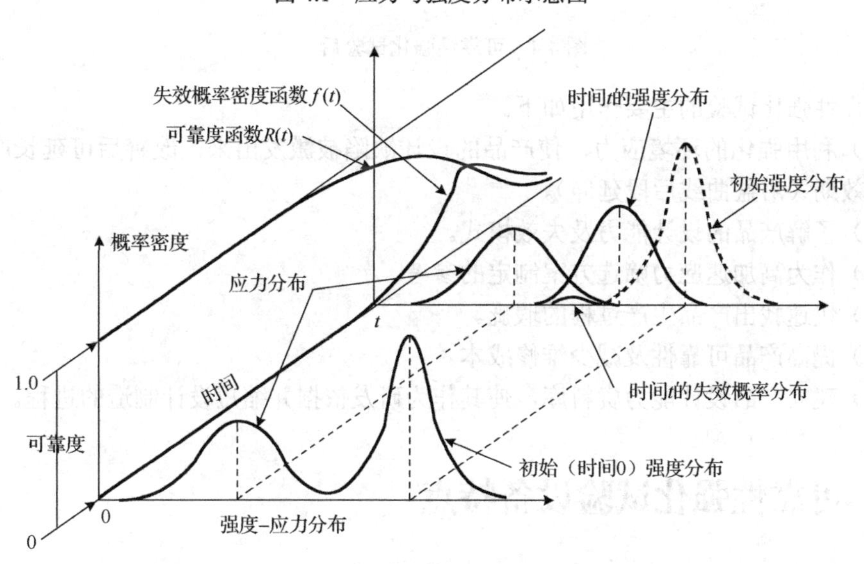

图 4.2 强度–应力分布与失效时间模式的关系示意图

在可靠性强化试验中，利用高环境应力，提早将产品设计缺陷激发出来并进行改进，从而提高设计可靠性。如图 4.3 和图 4.4 所示，可靠性强化试验后产品薄弱环节获得改善，产品的工作极限和破坏极限应力范围扩宽（即产品强度增强，图 4.1 所示的强度分布向右偏移），高于产品技术规范规定的应力水平，因此产品故障概率也大大降低，使产品具有较高的外场可靠性。

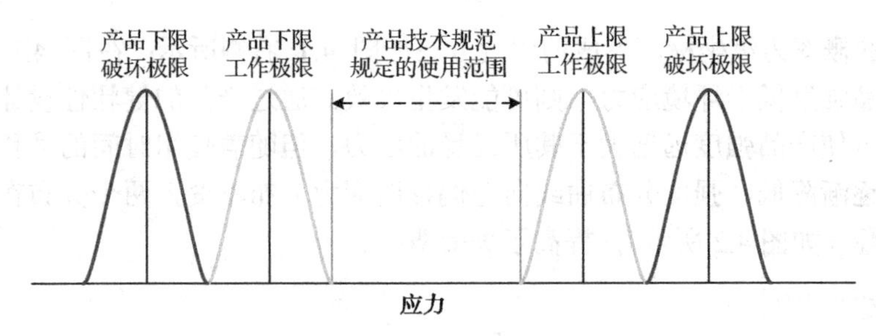

图 4.3 可靠性强化试验前

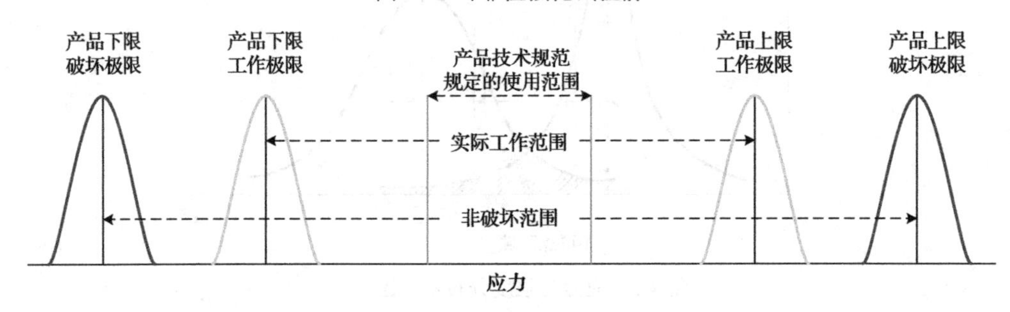

图 4.4 可靠性强化试验后

可靠性强化试验的主要作用如下。

（1）利用强化的环境应力，使产品的设计缺陷被激发出来，改善后可延长产品偶发失效期（浴盆曲线后段延伸）。

（2）了解产品的设计能力及失效模式。

（3）作为高加速应力筛选方案制定的参考。

（4）快速找出产品生产过程的瑕疵。

（5）提高产品可靠性及减少维修成本。

（6）建立产品设计能力资料库，使其作为研发依据并缩短设计制造的进程。

4.3 可靠性强化试验设备特点

可靠性强化试验的显著效果得益于应力的强化，传统的试验设备不能满足这种要求，只有在高效率的试验设备面世以后，可靠性强化试验技术才得以迅速发展。

根据用户的不同需要，以温度循环和随机振动为基本应力的可靠性强化试验既可以单独做，也可以综合做，故试验设备也有用于单应力和组合应力之分，设备包括三大部分：液氮（LN_2）快速制冷温箱、置于箱内的气动式 3 轴 6 自由度（6DOF）振动台和试验系统、电气柜和控制系统。加湿可任选，振动台面根据需要可拆。

（1）液氮制冷温箱与传统的同类制冷温箱在原理、方法上基本相同，结构上有差异，也有人将老箱子改装成液氮制冷温箱。所不同的是，传统制冷温箱的温变率很低，一般都在 10℃/min 以下，而新的液氮制冷温箱的温变率极高，可达 60℃/min 以上，湿度同样可选。

（2）气动式 3 轴 6 自由度振动台是一种 3 轴台，是由反复式冲击机发展起来的，其原理与电动台不同，它是通过弹性应力传播产生激励的。整个系统由台面、激振器和控制系统 3 个部分组成。台面 4 角支持在 4 个弹簧上，起支撑静载和传递激励的作用。每个激振器相对于振动台底面都有斜度，各激振器的对称轴线都在垂直平面内，头两个垂直平面互相平行，各平面内的激振器在 X 方向有较大投影，故称为 X 轴激振器，另两个垂直平面也互相平行，各平面内的激振器在 Y 方向有较大投影，故称为 Y 轴激振器。从激振器到产品的相互作用（力和加速度）通过表面波传播，用系统的主要构件（激振器、台面、夹具、产品）中的纵向和横向声速来描述。纵向和横向声速的比值说明了从激振器到产品传递功率的匹配程度。

总之，为可靠性强化试验研制开发的专用试验设备，制冷采用液氮快速制冷，振动采用气动振动台，这种振动台实际上是多个气锤连续冲击。3 轴 6 自由度振动的产生，来源于将台面弹性支撑，气锤按不同角度安装在台面下，在台面 X、Y、Z 3 个方向均有分量。用伺服阀控制冲击波形及量值大小。加湿方法同于普通三综合环境试验系统。

4.4 可靠性强化试验方案设计

可靠性强化试验必须考虑试验的效率问题，以达到试验快速激发缺陷的目的。因此，在开展可靠性强化试验前，应进行完善的方案设计，规定强化应力环境的加载方法、过程管理要求和试验结果的分析与综合。

4.4.1 受试产品要求

一般来说，电子产品的可靠性强化试验可以在元器件级、PCB 级、单元级和设备级进行。在可靠性强化试验过程中只有按照这种由低到高的层次关系进行试验，才能充分暴露产品中的缺陷，更准确地分析产生这些缺陷的根本原因，确定下一层次试验的试验方案，得到最佳的试验效果，从而使产品的可靠性从根本上得到保障。

可靠性强化试验的受试产品通常为研发、设计或试产阶段的产品，应能代表产品的预期功能、性能设计指标、元器件质量和工艺水平等。

为保证可靠性强化试验的连续性及代表性，受试产品数量一般不少于 3 台（套）。

4.4.2 试验应力的选择

电子产品的缺陷类型众多，其对应的敏感环境应力类型也各不相同，在试验过程中必须根据不同的试验对象和目的选择相应的应力类型。因此，在制定具体产品的可靠性强化试验方案时，需要参照同种或同类型产品成功的可靠性强化试验方法，研究产品可能存在的缺陷类型及相应的可激发缺陷的应力类型。特别注意，要依据历史经验和产品实际情况改进方案，选择到适用于该产品的最有效的应力类型和应力综合方式。下面将分析可靠性试验中常施加的环境应力类型，以及各种应力通常所能激发的故障模式和故障机理。

4.4.2.1 温度应力

在温度恒定及温度循环过程中，高热应力和热疲劳交互作用在产品上，影响着产品的机械、物理化学和电气性能。在机械性能方面，由于产品由不同的材料组成，材料膨胀系数的差异产生机械应力，在承受高、低温双向变化的热应力时，应力差变化在结合部产生有效作用，使缺陷暴露。在物理化学性能方面，产品中的橡胶和有机塑料等材料在低温时变硬发脆，高温时软化松弛，超出使用温度范围时，其机械性能和抗减振特性均会发生变化，导致产品失效。在电气性能方面，高温能够导致电路发生温漂，增大电路发热量，加速绝缘体的老化甚至热击穿，影响半导体器件（如三极管）的放大倍数和穿透电流，从而造成产品失效。

温度及循环激发的主要故障模式有：①参数漂移与电路稳定性差；②电路板开路、短路、分层等缺陷；③电路板腐蚀；④电路板裂纹、表面和过孔缺陷；⑤元器件缺陷；⑥元器件松动、装配不当或错装；⑦结击穿；⑧开焊、冷焊、焊料不足或没有等焊接缺陷；⑨连线伸张或松脱，以及电线掉头、连接不好等；⑩接触不良；⑪粘结不牢；⑫紧固件缺陷；⑬脆性断裂；⑭电迁移；⑮热匹配差；⑯浪涌电流；⑰金属化；⑱密封失效。

4.4.2.2 振动应力

振动是直接用外力激起产品内部元器件及其结合部的谐振来达到暴露产品潜在缺陷的目的。振动激发的失效分为 3 种。

（1）产品性能超差或失效。振动应力作用于产品时，一方面改变了产品中各元器件、部件之间的相对关系，使产品的结合部的相对位置发生变化，导致产品失效；另一方面，振动时产生干扰信号，干扰电流、电压太大影响了电路的工作点或工作状态，使产品性能超差或混乱。

（2）产品在振动应力反复作用下，造成产品的部分结构、引线松动或磨损甚至脱落。

（3）振动使产品原来具有的微小缺陷和损伤经多次交变应力作用被扩大，造成材料电气、机械性能发生变化或使产品的结构破坏。

振动激发的主要故障模式有：①电路板开路、短路；②元器件装配不当或松脱；③相邻元器件短路；④元器件引脚或导线断裂或有缺陷；⑤IC 插座缺陷；⑥虚焊、开焊、冷焊、焊料不足或没有等焊接缺陷；⑦粘结不牢；⑧连线松脱或连接不好；⑨硬件松脱；⑩紧固件或护垫松动；⑪晶体缺陷；⑫机械缺陷；⑬包装缺陷；⑭外来物。

4.4.2.3 湿度应力

在可靠性试验中，湿度一般施加在高温段，在对湿度激发的故障机理分析的同时要考虑到高温及后期的低温的综合作用。在机械性能方面，湿气侵入材料的表面和内部，会使材料的强度、硬度、弹性等物理特性发生变化，在同时施加的高温和后期的低温作用下，会导致产品的机械强度变坏，甚至会造成机械失效。在物理化学性能方面，湿气能加速金属腐蚀，改变介电特性，促进材料分解、长霉及形变等；如果和高温同时作用，绝缘材料的吸湿加快，甚至会产生吸附、扩散及吸收现象和呼吸作用，使材料表面肿胀、变形、起泡、变粗，还会使活动部件摩擦增加甚至卡死。在电气性能方面，潮湿在温度变化时容易产生凝露现象，从而造成电气短路；潮湿引起的有机材料的表面劣化也会导致电气性能的劣化；同时，在高温下，潮湿还会导致接触部件的触点污染，使触点接触不良。

湿度激发的主要故障模式有：①电气短路；②活动元器件卡死；③电路板腐蚀；④表层损坏；⑤绝缘材料性能降低。

4.4.2.4 电压循环应力

电压的高低循环可以激发那些对电压变化比较敏感的部件的故障。一般情况下，这种应力仅影响电子产品中的稳压器件。对于非调整性器件，在电压的高低循环过程中，高压有利于暴露二极管、晶体管的缺陷，低压有利于暴露继电器及其他开关器件和电路的故障（特别是在低温情况下）。

电压循环激发的主要故障模式有：①间歇失效；②冷却回火；③半导体性能减弱；④导线搭接；⑤电路误动作；⑥电气短路；⑦绝缘极限。

另外，其他类型的环境应力和所能激发的故障类型也有一定的对应关系。例如，低温应力能激发的缺陷类型有元器件参数漂移、电路稳定性差、PCB 上过孔缺陷、冷焊等；高温应力能激发的缺陷类型有粘结不牢、电容泄漏、化学腐蚀、元器件固定不紧、元器件参数漂移、绝缘部分出现裂纹、电路稳定性差、机械缺陷、氧化缺陷、基板裂纹、基板安装缺陷、冷焊、焊料不足或没有等，还能查找绝缘极限。

当然，在产品可靠性试验中，施加综合应力比单一应力更能有效地激发产品的缺陷，因为某一种环境因素对产品的影响会在另一种环境因素诱发下得到加强并导致失效。这就要求，在对具体产品进行可靠性强化试验时，必须深入分析各类型应力对产品各类型缺陷作用的机理，确定可靠性强化试验中各种应力的最优综合方式。

4.4.3 应力极限

可靠性强化试验是一种可靠性研制试验，通过系统地施加逐步增大的环境应力和工作应力，激发和暴露产品设计中的薄弱环节，发现产品应力极限，改进设计和工艺，提高产品健壮性和可靠性。

产品的应力极限包括产品工作极限和破坏极限。

4.4.3.1 工作极限

工作极限（Operating Limit，OL）是指产品的一个或多个工作状态在超过该应力强度后不再满足产品技术条件要求，但应力恢复至产品规范规定的上限值（或下限值）后，产品仍能恢复正常工作的应力强度值（软故障）。工作极限可分为工作极限上限（Upper Operating Limit，UOL）和工作极限下限（Lower Operating Limit，LOL）。对于振动试验，工作极限只有上限值。

工作极限的一般确定方式：可靠性强化步进应力试验过程中，受试产品任一功能或性能参数在超过某应力强度后出现不正常，但恢复至产品规范规定的上限值（或下限值）后，其功能或性能参数恢复正常，则该台阶应力值即为受试产品的工作极限值。

4.4.3.2 破坏极限

破坏极限（Destruct Limit，DL）是指产品的一个或多个工作状态在超过该应力强度后不再满足产品技术条件要求，应力恢复至产品规范规定的上限值（或下限值）后，产品也不能恢复正常工作的应力强度值（硬故障）。破坏极限可分为破坏极限上限（Upper Destruct Limit，UDL）和破坏极限下限（Lower Destruct Limit，LDL）。对于振动试验，破坏极限只有上限值。

破坏极限的一般确定方式：可靠性强化步进应力试验过程中，受试产品任一功能或性能参数在超过某应力强度后出现不正常，恢复至产品规范规定的上限值（或下限值）后，若受试产品功能或性能参数仍不能恢复正常，则该台阶应力值即为受试产品的破坏极限。

4.4.3.3 国外可靠性强化试验产品极限统计数据

根据美国 1995 年 5 月 22 日至 1996 年 3 月 31 日对 10 个不同行业、33 个公司的 47 种电子/机电产品可靠性强化试验研究事例统计数据，按产品极限特征、环境应力和产品应用类型，列出可靠性强论试验极限参考值，如表 4.1 至表 4.3 所示。

表 4.1 可靠性强化试验极限参考值（按产品极限特征列出）

特征	温度数据（℃）				振动数据（g_{rms}）	
	LOL	LDL	UOL	UDL	VOL	VDL
平均	–55	–73	93	107	61	65
最严酷	–100	–100	200	200	215	215
最不严酷	15	–20	40	40	5	20
中值	–55	–80	90	110	50	52

表 4.2 可靠性强化试验极限参考值（按环境应力列出）

环境	温度数据（℃）				振动数据（g_{rms}）	
	LOL	LDL	UOL	UDL	VOL	VDL
办公室	–62	–80	92	118	46	52
有用户的办公室	–21	–50	67	76	32	36
车上	–69	–78	116	123	121	124
外场	–66	–81	106	124	66	69
有用户的外场	–49	–68	81	106	62	62
飞机上	–60	–90	110	110	18	29

表 4.3 可靠性强化试验极限参考值（按产品应用类型列出）

产品应用	温度数据（℃）				振动数据（g_{rms}）	
	LOL	LDL	UOL	UDL	VOL	VDL
军用	–69	–78	116	123	121	124
外场	–57	–74	94	115	64	66
商用	–48	–73	90	95	32	39

4.4.4 试验剖面设计

可靠性强化试验剖面是整个可靠性强化试验的核心，指导着整个试验过程的进行，它涉及应力的施加方式、应力的施加顺序和试验停止原则等。

4.4.4.1 可靠性强化试验应力的施加方式

在可靠性强化试验中，应力的施加是采用步进的方式进行的，这些应力可以是环境应力，如温度、振动、工作应力（如电压），也可以是这些应力的组合。对于各台阶，表示在试验过程中所施加应力的变化；各台阶的长度表示在试验过程中各应力量级作用时间的长短。第一级或第一步通常处于或低于规范应力要求，这一步完成后将失效的零件拆除并进行分析修正，修正完成后可继续在该应力量级进行试验，直至修正成功，然后再逐步增大应力等级重复这一“试验—改进”过程。因此，在应力步进施加过程中，以下的应力增量的选择和各应力量级停滞时间的选择是两个关键性的问题。

1. 应力增量的选择

在应力步进施加过程中，由于不同的应力类型和应力大小都会影响失效模式及其加速因子。因此，各种应力每步增加的幅度对可靠性强化试验非常重要。设置步进应力增量的一般方法是：参照同类产品以确定试件（即受试产品）针对各种应力的破坏极限应力值，将其与产品实际承受的应力值之差分成 10 等份，把各等份值作为步进应力的增量。

该方法有两大优点：一是易于实施；二是在假设实际应用中各种环境应力对试件造成破坏的机会均等时，产品在各应力作用下受到的各种破坏是均衡发展的（该假设是合理的，因为合理的产品设计和优化过程应该使产品遭受各种应力的累积损伤的机会是均等的）。然而，对于不同的试件，还要根据具体情况具体分析，以选择合适的应力增量设置方法。

2. 各应力量级停滞时间的选择

在可靠性强化试验 中，各量级应力作用于试件的时间长短取决于失效本身（包括类型、严重程度、间歇故障还是永久故障）、所采用的量级大小和被试对象类型（PCB、部件、电源、设备框架等）等。选择结果将直接影响可靠性强化试验及后续高加速应力筛选的有效性。如果在较低的应力量级持续时间太长，则会导致产品产生累积损伤和疲劳损伤，而不能准确地确定出其破坏极限，导致后续高加速应力筛选中所选应力水平过低，不能有效筛选出全部产品缺陷。如果在各应力量级持续时间较短，则有可能导致各量级下相应的缺陷得不到充分激发，反而在较高的应力量级下表现出来，由此确定的产品工作极限和破坏极限会偏高，导致高加速应力筛选中所选应力水平太高而改变产品故障机理。

一般来说，在可靠性强化试验的振动环境应力试验中，在各步进应力量级停留 5～10min 就足够确定产品的破坏极限和工作极限。而在温度环境应力试验中，在端点温度停留的时间要根据具体的产品来决定；如果温度循环中用极大应力来激发故障，则在端点温度停留的时间不要等到产品完全达到温度平衡（最多达到 90%）；如果温度循环试验是为了确定产品的工作极限和破坏极限，则在端点温度停留的时间至少要保证产品达到 100 %的温度平衡为止。

4.4.4.2 可靠性强化试验应力的施加顺序

为了保护可靠性强化试验中所选的试验样本，以保证从这些样本中获得尽可能多的信息，各种应力的试验顺序必须遵循这样的原则：先试验破坏性比较弱的应力，然后再试验破坏性比较强的应力。对热应力和振动应力而言，这意味着试验按照这样的顺序进行：低温、高温、快速温度变化、振动，然后是温度和振动综合应力。

目前，可靠性强化试验的一般应力施加顺序为低温步进应力试验、高温步进应力试验、快速温度循环试验、振动步进应力试验和综合环境应力试验，如图 4.5 所示。

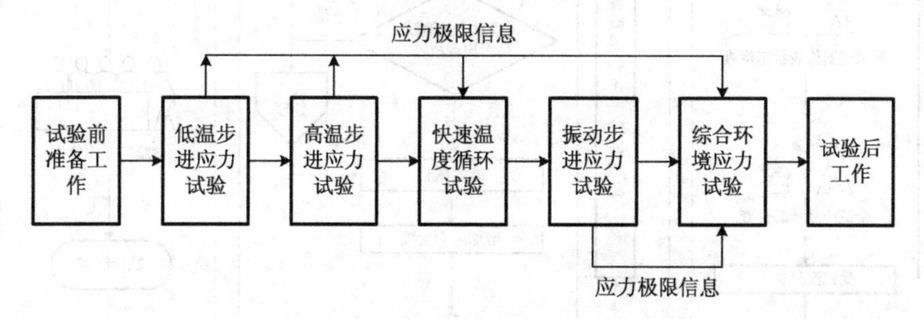

图 4.5 可靠性强化试验一般应力施加顺序

4.4.4.3 可靠性强化试验停止原则

可靠性强化试验是不断增加应力量级的，不断重复“试验—修正—再试验”的过程，直到出现下述 3 种情况之一时停止。

（1）全部受试产品都失效。

（2）应力量级已经达到或远远超过了为验证产品设计所要求的应力水平。

（3）更高的应力量级引入新的失效机理，不相关失效开始出现。

4.5 可靠性强化试验的实施

可靠性强化试验的实施流程如图 4.6 所示。

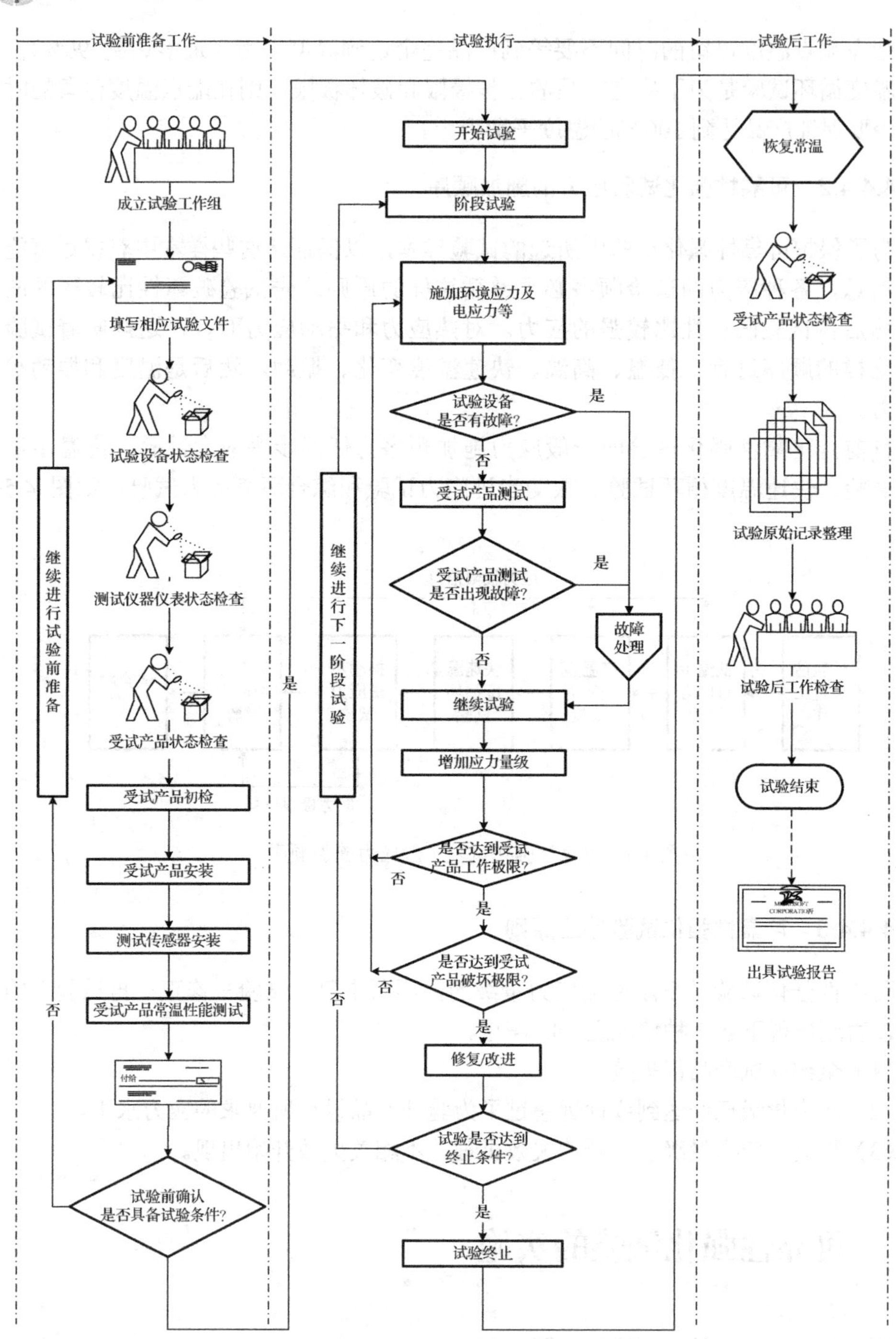

图 4.6　可靠性强化试验的实施流程

4.5.1 试验前准备工作

开展可靠性强化试验前应做的准备工作如下。

4.5.1.1 编制可靠性强化试验大纲（方案）

可靠性强化试验大纲是产品进行可靠性强化试验的依据。可靠性强化试验前应根据产品特点编制可靠性强化试验大纲，大纲至少应包含以下内容。

（1）试验目的。
（2）适用范围。
（3）引用标准和文件。
（4）受试产品的说明（包括产品的组成、功能、性能、技术状态、数量等）。
（5）试验设备及检测仪器仪表的说明和要求。
（6）试验方案。
（7）试验条件。
（8）性能、功能的测试要求（包括测试项目、内容、方法等）。
（9）故障判据、故障分类和故障统计。
（10）试验数据的收集、记录和处理的要求。
（11）组织机构及试验管理的规定。
（12）结束标志。
（13）其他。
大纲内容可根据具体产品的特点进行剪裁。

4.5.1.2 成立可靠性强化试验工作组

为保证可靠性强化试验的顺利进行，并获得良好的试验效果，要在可靠性强化试验前成立试验工作组。

试验工作组应包括产品的设计工程师、制造工程师、可靠性工程师和试验工程师等。设计工程师将协助选定受试产品的功能测试项（包括确定有助于激发缺陷的附加应力等），在受试产品失效分析过程中提供技术支撑；试验工程师负责试验条件保障，并按照大纲的规定施加应力；可靠性工程师和制造工程师作为试验工作组的成员，在可靠性强化试验过程中提供专业建议。

试验工作组应确定工作组组长，全面负责并协调可靠性强化试验的相关技术事项。

试验工作组在试验前应确定可靠性强化试验的相关注意事项，如试验详细流程、产品功能测试要求、受试产品的安装方式、温度与振动测试传感器所放置的区域与位置等。试验工作组在试验后应对可靠性强化试验结果进行评审，如故障的分析和纠正措施的实施方案等。

4.5.1.3 试验设备、测试仪器仪表状态检查

检查所有用于可靠性强化试验的试验设备、测试仪器仪表，确保它们均处于计量合格有效期内，经试运行满足试验条件的要求。

4.5.1.4 受试产品状态检查

提交进行可靠性强化试验的受试产品应能代表产品的预期功能、性能设计指标、元器件质量和工艺水平等。

4.5.1.5 受试产品初检

（1）调查受试产品的热分布情况（包括非接触式测试和接触式测试），为可靠性强化试验温度传感器的布置提供依据。

（2）对受试产品进行 3 个方向的振动响应调查，了解受试产品内部振动响应情况，为受试产品可靠性强化试验振动传感器的布置及故障定位提供参考。

4.5.1.6 受试产品安装

受试产品应直接刚性安装在振动台上，并尽量使振动和温度应力能有效地传递到受试产品内部。受试产品安装时，尽可能将受试产品暴露在自由流通的空气中(如使用专用温度试验夹具等)。

4.5.1.7 测试传感器安装

（1）温度试验前，应根据温度调查的结果在发热较大的元器件（如功率器件）或重要部位安装温度传感器；对于安装传感器有绝缘要求的部位，应采取绝缘措施。

（2）振动试验前，在条件允许的情况下将振动测量传感器安装在受试产品振动响应幅值较大处（或其附近）；对于安装传感器有绝缘要求的部位，应采取绝缘措施。

4.5.1.8 受试产品常温性能测试

对受试产品进行常温性能测试，判断其是否满足大纲要求。

4.5.2 试验执行

下面按可靠性强化试验的一般应力施加顺序介绍可靠性强化试验的执行过程。

4.5.2.1 低温步进应力试验

1. 试验应力施加方式

低温步进应力试验的应力施加方式如图 4.7 所示。

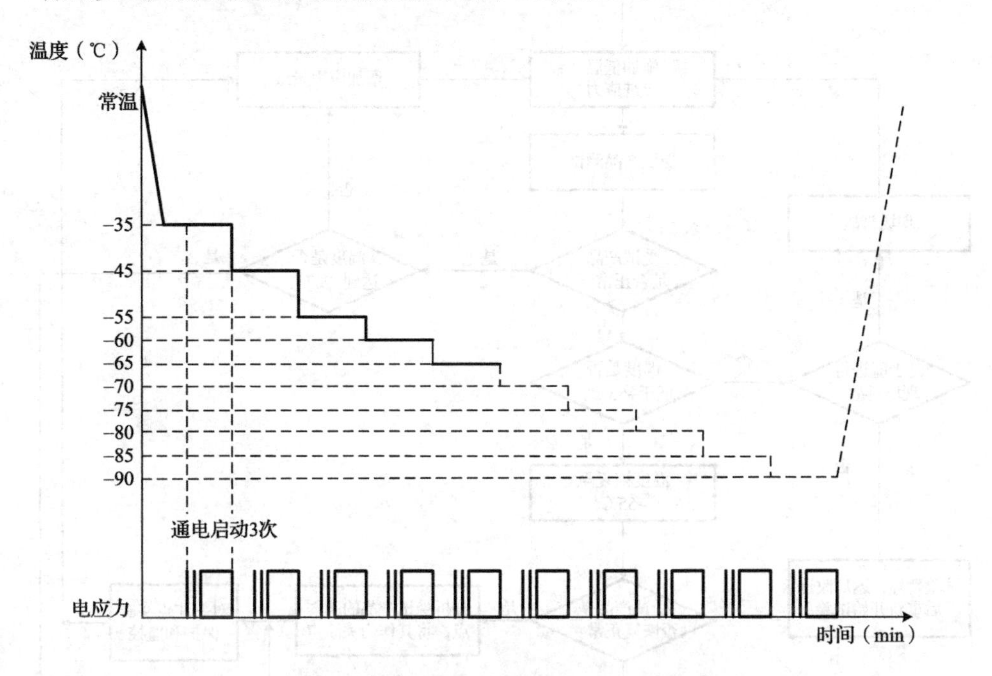

图 4.7 低温步进应力试验剖面（示例）

（1）确定某温度（如–35℃）作为低温步进的起始温度。

（2）在温度达到产品规范低温工作值（如–55℃）之前，以–10℃为步长。

（3）在温度达到产品规范低温工作值（如–55℃）之后，以–5℃为步长。

（4）温度变化速率选择 40℃/min。

（5）每个温度台阶上停留时间为“受试产品达到温度稳定时间+测试时间”。

（6）受试产品达到温度稳定后进行通电启动，必须使受试产品进行 3 次启动检测，以考核受试产品在低温环境下的启动能力；受试产品测试完毕后断电，进入下一台阶，直至完成低温步进应力试验。

（7）低温步进应力试验终止条件：找到受试产品的低温破坏极限，如果受试产品的低温破坏极限低于可靠性强化试验大纲规定值（如–90℃），则以可靠性强化试验大纲规定值为低温步进应力试验结束温度。

2. 试验流程

低温步进应力试验流程如图 4.8 所示。

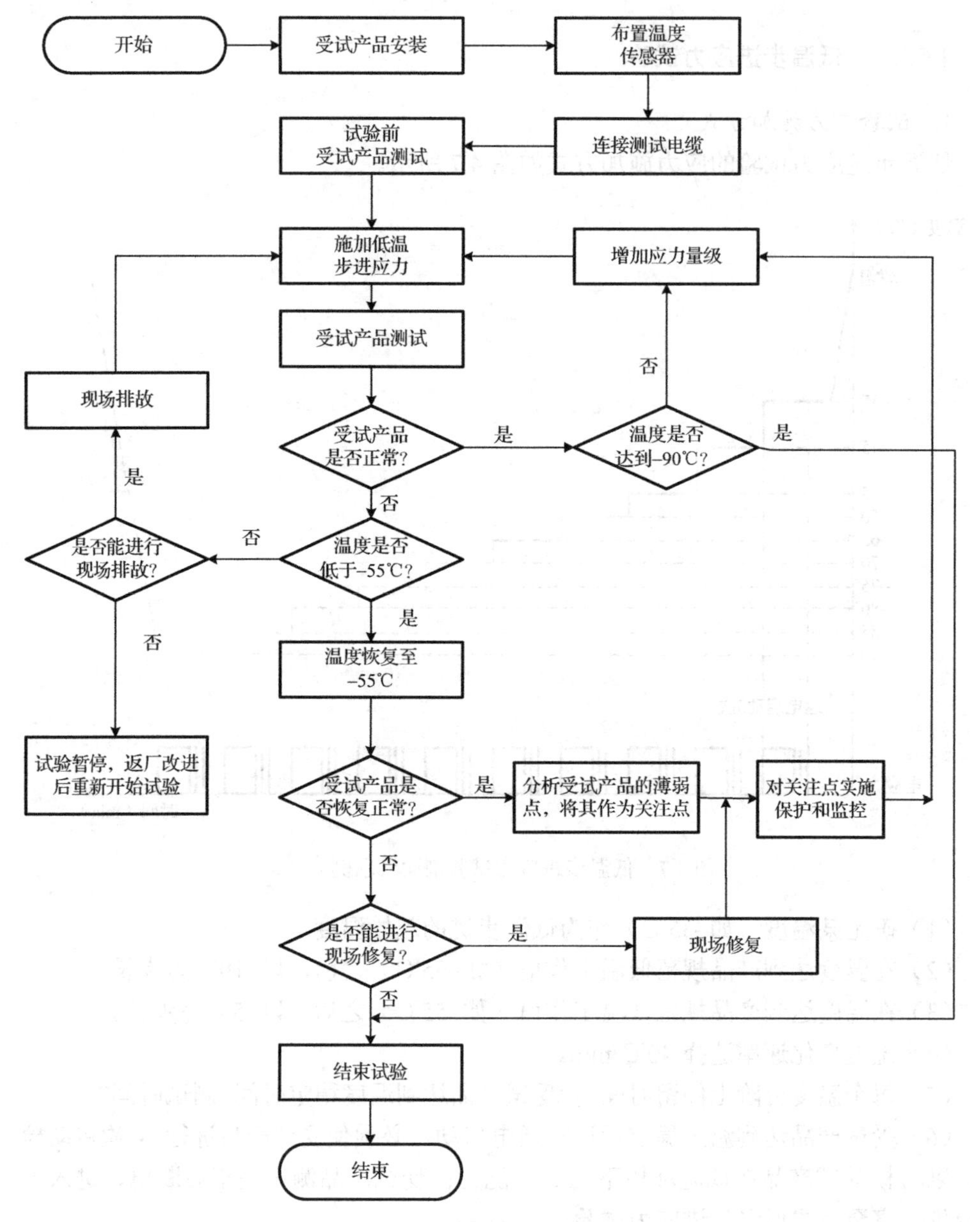

图 4.8　低温步进应力试验流程

4.5.2.2　高温步进应力试验

1. *试验应力施加方式*

高温步进应力试验的应力施加方式如图 4.9 所示。

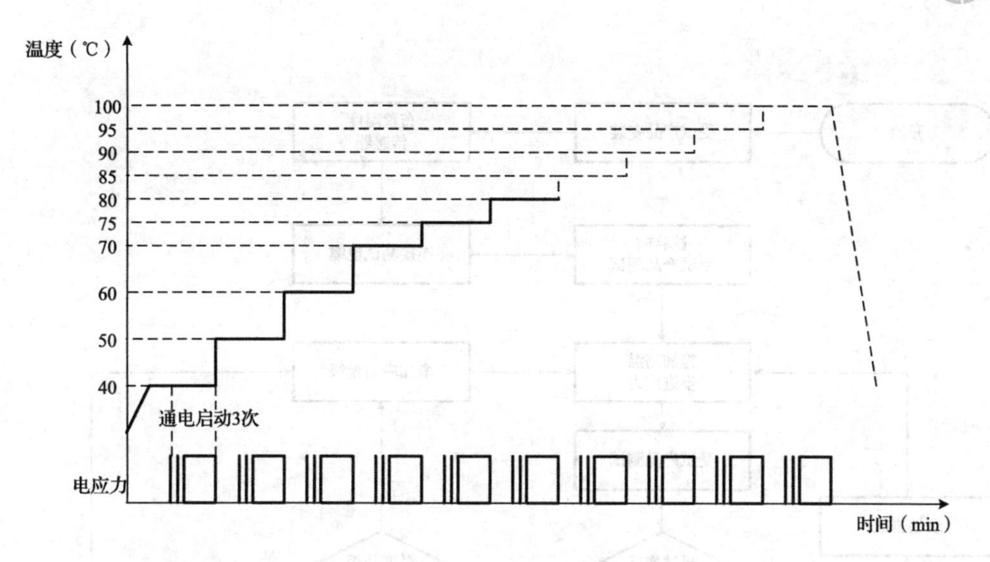

图 4.9　高温步进应力试验剖面（示例）

（1）确定某温度（如 40℃）作为高温步进的起始温度。

（2）在温度达到产品规范高温工作值（如 70℃）之前，以 10℃为步长。

（3）在温度达到产品规范高温工作值（如 70℃）之后，以 5℃为步长。

（4）温度变化速率选择 40℃/min。

（5）每个温度台阶上停留时间为"受试产品达到温度稳定时间+测试时间"。

（6）受试产品达到温度稳定后进行通电启动，必须使受试产品进行 3 次启动检测，以考核受试产品在高温环境下的启动能力；受试产品测试完毕后断电，进入下一台阶，直至完成高温步进应力试验。

（7）高温步进应力试验终止条件：找到受试产品的高温破坏极限，如果受试产品的高温破坏极限高于可靠性强化试验大纲规定值（如 100℃），则以可靠性强化试验大纲规定值为高温步进应力试验结束温度。

2. 试验流程

高温步进应力试验流程如图 4.10 所示。

4.5.2.3　快速温度循环试验

1. 试验应力施加方式

快速温度循环试验的应力施加方式如图 4.11 所示。

（1）以常温作为温度循环的开始。

（2）温度范围：低温工作极限加 5℃至高温工作极限减 5℃（例如，产品工作极限为−50℃和 80℃，若无特别情况，则快速温度循环试验温度范围为−55～75℃）。

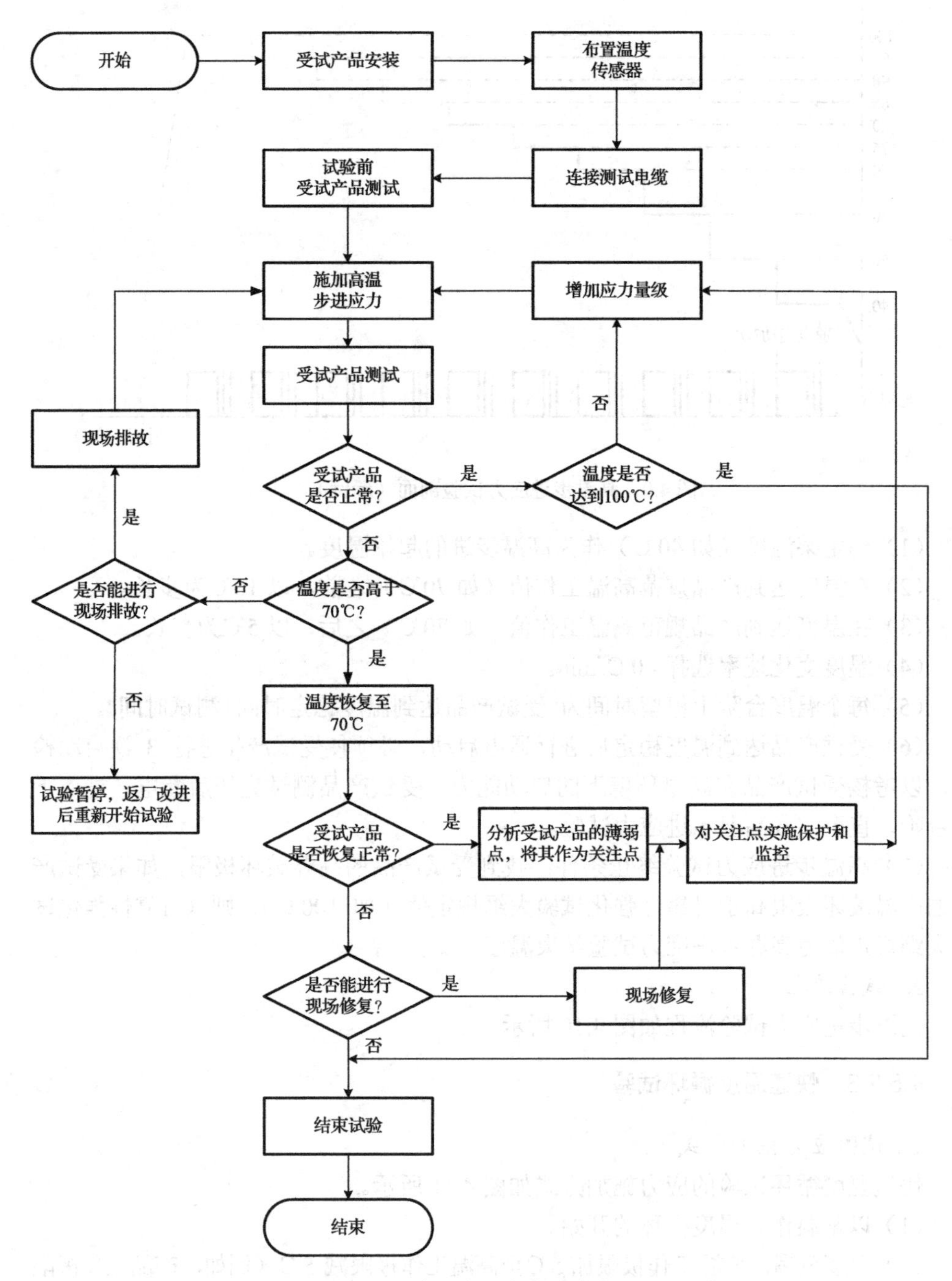

图 4.10　高温步进应力试验流程

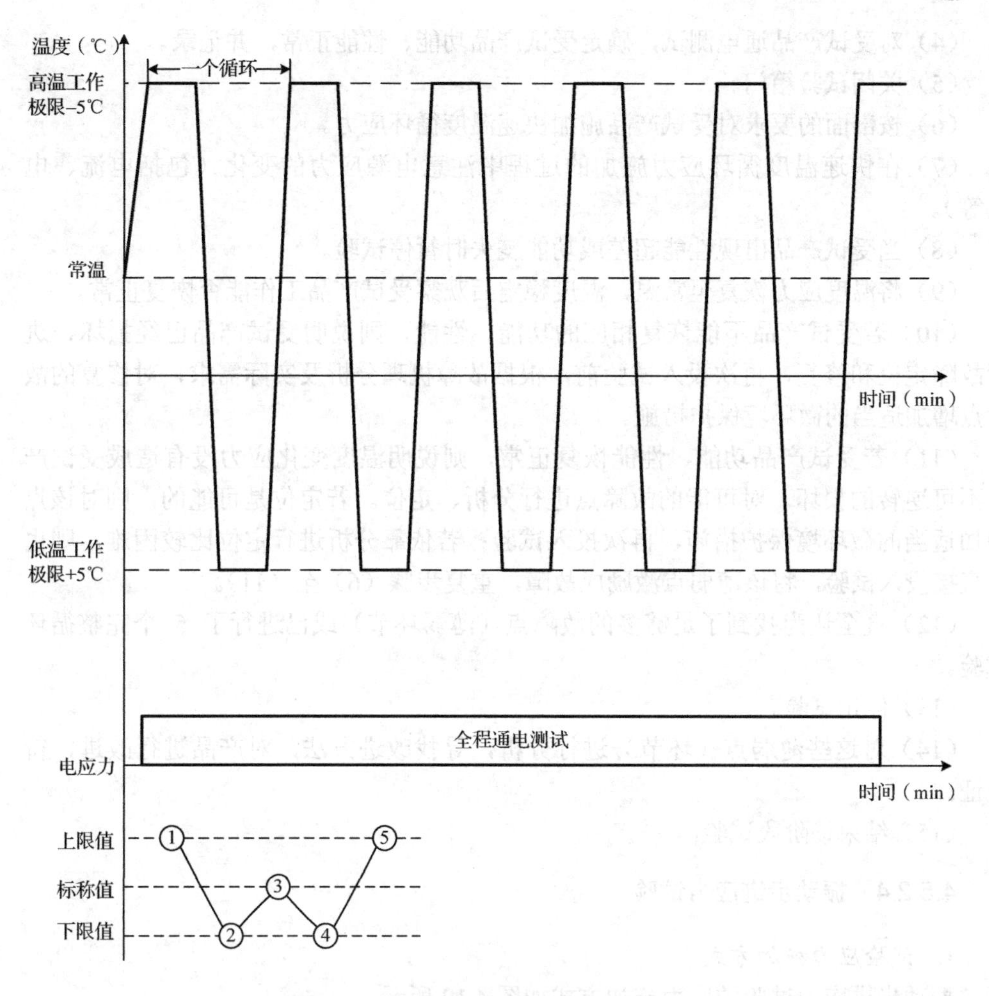

图 4.11 快速温度循环试验剖面（示例）

（3）循环数：一般不少于 5 个完整循环周期。

（4）温度变化速率：40℃/min。

（5）每个循环受试产品一般全程通电测试。

（6）受试产品各循环通电电压按图 4.11 变化。

（7）受试产品拉偏电压按产品技术规范要求确定。

2. 试验步骤

（1）将受试产品固定在可靠性强化试验箱中。

（2）将温度传感器布置在受试产品内部的关注（薄弱）点上（尽量多的测试点，以确定产品的温度稳定状态）。

（3）根据测试的需要连接好测试设备。

（4）对受试产品通电测试，确定受试产品功能、性能正常，并记录。

（5）关闭试验箱门。

（6）按剖面的要求对受试产品施加快速温度循环应力。

（7）在快速温度循环应力施加的过程中注意电源应力的变化（包括电流、电压等）。

（8）当受试产品出现性能超差或功能丧失时暂停试验。

（9）将温度应力恢复至常温，温度稳定后观察受试产品工作能否恢复正常。

（10）若受试产品不能恢复相应的功能、性能，则说明受试产品已经损坏，进行故障定位和修复，再次投入试验前，根据故障机理分析及实际需求，对修复的故障点增加适当的微环境保护措施。

（11）若受试产品功能、性能恢复正常，则说明温度变化应力没有造成受试产品不可逆转的损坏，对可能的故障点进行分析、定位。若定位是可能的，则对该点增加适当的微环境保护措施，再次投入试验；若依靠分析进行定位比较困难，则也可直接投入试验，将该薄弱点激励成故障，重复步骤（6）至（11）。

（12）直至认为找到了足够多的故障点（薄弱环节）或已进行了 5 个完整循环试验。

（13）停止试验。

（14）对这些薄弱点（环节）进行分析，寻找改进方法，对产品进行改进，待验证。

（15）结束该阶段试验。

4.5.2.4 振动步进应力试验

1. *试验应力施加方式*

振动步进应力试验的应力施加方式如图 4.12 所示。

（1）振动频率范围：2～10000Hz。

（2）振动形式：3 轴 6 自由度振动。

（3）起始振动量级：$5g_{rms}$。

（4）步进步长：$5g_{rms}$。

（5）每个振动量级保持 10min，在整个振动过程中一直进行测试。

（6）对受试产品施加标称电压。

（7）试验时，当振动量级大于 $20g_{rms}$ 时，在每个振动量级台阶结束后将振动量值降至 $5g_{rms}$（微颤振动 5min）。

（8）振动步进应力试验终止条件：找到受试产品的振动破坏极限，如果受试产品的振动破坏极限高于可靠性强化试验大纲规定值（如 $50g_{rms}$），则以可靠性强化试验大纲规定值为振动步进应力试验结束量值。

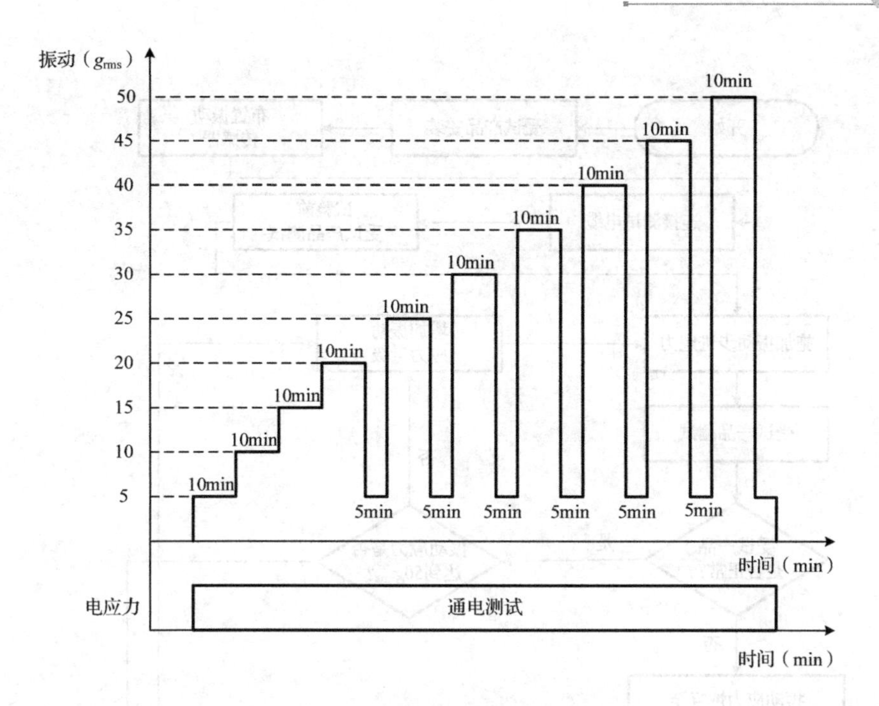

图 4.12 振动步进应力试验剖面（示例）

2. 试验流程

振动步进应力试验流程如图 4.13 所示。

4.5.2.5 综合环境应力试验

1. 试验应力施加方式

综合环境应力试验的应力施加方式如图 4.14 所示。

（1）温度应力的施加方法同快速温度循环试验中的施加方法。

（2）每个振动量级对应一个温度循环周期，以 G_{max} 的 1/5 作为综合环境应力试验的单循环振动步进量级，从 $\frac{1}{5}G_{max}$ 开始直至因受试产品故障无法继续增大振动量级或达到 G_{max}–5g_{rms} 为止。

（3）每个循环振动的施加分为两个部分，分别为升温阶段振动和降温阶段振动。两个阶段均在当前温度变化前 5min 开始施加，达到振动量级后保持 15min，升、降温过程中产品处于振动状态。

（4）受试产品每循环施加的电压依次按“上限—下限—标称—下限—上限”变化。

（5）每个循环受试产品一般全程通电测试。

（6）按图 4.14 进行试验直至因受试产品故障无法继续试验或完成预期的 5 个循环为止。

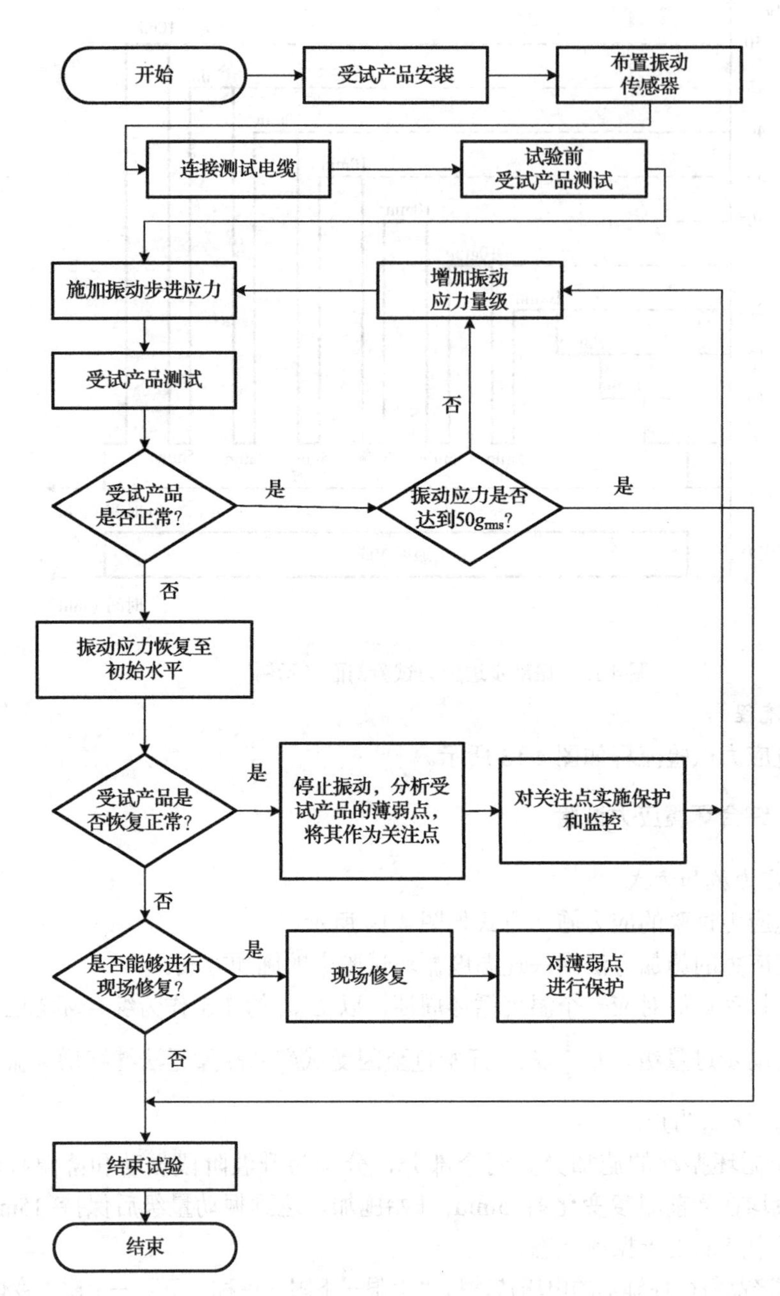

图 4.13 振动步进应力试验流程

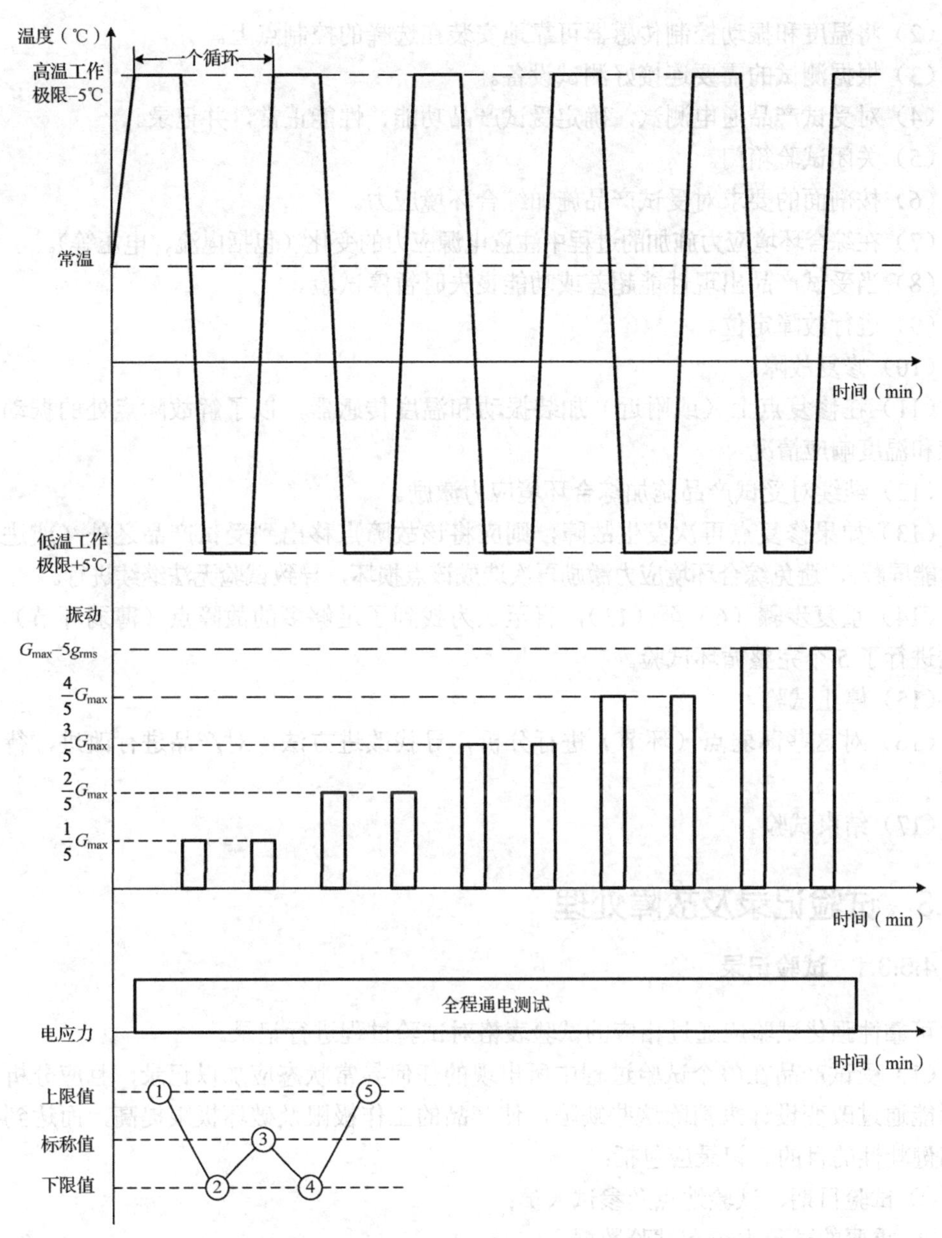

图 4.14 综合环境应力试验剖面（示例）

2. 试验步骤

（1）将受试产品通过试验夹具刚性连接在振动台面上，并保证产品内部的空气的流通性。

（2）将温度和振动控制传感器可靠地安装在选择的控制点上。

（3）根据测试的需要连接好测试设备。

（4）对受试产品通电测试，确定受试产品功能、性能正常，并记录。

（5）关闭试验箱门。

（6）按剖面的要求对受试产品施加综合环境应力。

（7）在综合环境应力施加的过程中注意电源应力的变化（包括电流、电压等）。

（8）当受试产品出现性能超差或功能丧失时暂停试验。

（9）进行故障定位。

（10）修复故障。

（11）在修复点上（或附近）加装振动和温度传感器，以了解故障点处的振动响应和温度响应情况。

（12）继续对受试产品施加综合环境应力激励。

（13）如果修复点再次发生故障，则应将该故障点移出到受试产品之外（或进行功能屏蔽），避免综合环境应力激励再次造成该点损坏，导致试验无法继续进行。

（14）重复步骤（6）至（13），直至认为找到了足够多的故障点（薄弱环节）或已进行了 5 个完整循环试验。

（15）停止试验。

（16）对这些薄弱点（环节）进行分析，寻找改进方法，对产品进行改进，待验证。

（17）结束试验。

4.5.3 试验记录及故障处理

4.5.3.1 试验记录

可靠性强化试验应通过相应的试验表格对试验过程进行记录。

（1）受试产品在整个试验过程中所出现的任何异常状态应加以记录，且应分析是否能通过改变设计来消除这些缺陷，使产品的工作极限及破坏极限提高，而达到提高健壮性的目的。记录应包括：

① 试验日期、试验地点及参试人员；

② 重要的试验内容和试验数据；

③ 当受试产品出现异常或故障时，应详细记录出现故障时施加的应力，故障现象描述，现场对故障的分析、采取的措施及效果；

（2）试验设备在整个试验过程中的运行情况应有详细记录。录应包括：

① 试验日期、试验地点及操作人员；

② 试验内容及设备运行数据；

③ 当试验设备出现问题时，应详细记录施加的应力、故障现象描述及采取的措施。

4.5.3.2 故障处理

1. 故障判据

受试产品出现下列任一情况判为故障。

（1）受试产品报出相应故障信号。

（2）受试产品任一性能参数超差。

（3）受试产品工作出现异常。

（4）出现影响产品功能、性能和结构完整性的机械部件、结构件或元器件的破裂、断裂或损坏状态。

2. 故障分类

可靠性强化试验期间发生的故障分为关联故障和非关联故障。

（1）关联故障是指受试产品在可靠性强化试验中出现的由于设计不当、生产工艺选用不当和元器件选型不当等原因造成的故障，是判断受试产品环境应力极限值的依据。关联故障包括：

① 零部件和元器件设计、制造、选用不当引起的故障；

② 软件错误引发的故障；

③ 未证实的故障（指无法重现或尚未查清原因的故障）；

（2）非关联故障不作为判断受试产品环境应力极限值的依据。非关联故障包括：

① 由关联故障引起的从属故障；

② 由试验室提供的试验设备及用于测试的仪器仪表故障引起的受试产品的故障；

③ 人为对受试产品操作、维护和修理不当引起的故障；

④ 对受试产品施加了不符合要求的试验应力而引起的故障。

3. 受试产品故障处理

当受试产品在可靠性强化试验中出现异常或故障时，故障处理应按以下的规定进行。

（1）故障发生后，注意保护故障现场，故障定位后应尽量利用试验现场条件验证定位的正确性。

（2）现场人员应将故障现象、发现时机、试验应力等详细记录在相应的测试记录表和故障记录表中。

（3）应充分利用试验现场条件对受试产品进行故障分析、定位和修复；如果现场无法对故障件采取措施，则可更换备件继续试验。

（4）如果为元器件故障，则必须对故障元器件进行失效分析，找出元器件失效机理和失效原因，为合理使用元器件或改进设计提供依据，并落实纠正措施和进行验证。

（5）如果为其他故障，应认真分析原因，进行故障定位，采取纠正措施和进行验证。

4. 失效分析要求

在可靠性强化试验中，当受试产品故障已经定位至元器件或零部件，需进一步确定其失效机理时应进行失效分析。

4.5.4 试验后工作

4.5.4.1 受试产品状态检查

试验结束后，在常温状态下，受试产品的功能和性能测试应符合产品规范的要求。试验结束后，应注意收集试验所产生的所有资料文档。

4.5.4.2 试验报告编写

试验结束后，应编写试验报告，主要内容应包括：

（1）试验目的；

（2）试验内容；

（3）试验结果；

（4）试验中故障和处理；

（5）建议。

4.5.4.3 回归验证试验

当受试产品在可靠性强化试验后进行了重大设计或工艺更改时，为验证纠正措施的有效性，应进行可靠性强化试验回归验证试验。可靠性强化试验回归验证试验的目的是为了评估纠正措施的有效性，以提高研制阶段产品的可靠性，使产品更加健壮。

可靠性强化试验回归验证试验方法确定准则如下。

（1）在进行回归验证试验前，应对产品的更改所造成的影响进行评估。

（2）根据评估结果确定回归验证试验的内容和方法，原则上应将发生故障时的应力类型作为回归验证试验的重点。

（3）在回归验证试验中，可根据情况调整应力的强度和持续时间。

4.5.4.4 可靠性强化试验数据处理

1. 所建数据库中的信息

可靠性强化试验完成后，要建立保存可靠性强化试验所得到的各种有用信息的数据库，这些信息包括：

（1）可靠性强化试验中所施加的应力类型、应力量级、步进增量及在试验中这些参数的优化过程；

（2）试验过程中的故障监测方式（目测、实时监测、诊断等）；

（3）试验所得到的产品工作极限、破坏极限、失效类型；

（4）试验后对产品缺陷所采取的改进措施及通过高加速寿命试验产品可靠性增长过程的总结等。

2. 积累信息的好处

可靠性强化试验积累起来的这些试验信息对产品以后的试验、设计和制造有以下好处。

（1）根据数据库中所记录的可靠性强化试验过程中在各种环境应力和工作应力作用下出现的失效类型和改进措施，可以分析产品改进或其他条件变化对产品可靠性带来的影响。这些变化包括：工程设计的改进、元器件特性参数的变化、使用标称参数不完全相同的新供应商的元器件，或者不足的工作裕量、生产过程的失控、使用了一批与生产日期和批次相关的不好的元器件等常见因素。这样可以借鉴这些信息用来分析和改进与该产品类型相同的其他产品。

（2）数据库中记录的产品工作极限和破坏极限，一方面可以为以后本产品或同类产品的可靠性强化试验提供参考，以选择到合适的振动和温度应力量级，并可以指导换代产品的可靠性强化试验；另一方面，还可以通过比较各间段产品的这些基本信息，来判定产品质量的改进和退化。

（3）为产品以后的高加速应力筛选剖面设计提供参考信息。

4.6 可靠性强化试验应用案例

下面介绍采用可靠性强化试验的方法对某惯导产品进行试验的案例。

4.6.1 受试产品介绍

某惯导产品为全天候、全姿态、自主式导航系统，是飞机的中心信息源之一。提交进行可靠性强化试验的受试产品具备产品规范要求的功能、性能及通过了环境应力筛选。

4.6.2 试验方案设计

某惯导产品主要由电子部件和台体组成，而台体包含陀螺等精密光机电元件，耐环境能力较差，是整个系统的短板。若直接以系统进行可靠性强化试验，则无法充分利用强化的环境应力充分暴露电子部件（主要为电路板）的缺陷。经对外场故障模式进行分析，故障主要集中于电子部件部分，故主要对电子部件进行可靠性强化试验（台体置于试验箱外作为配试），利用极严酷的应力充分暴露电子部件的缺陷，故采取两步走的可靠性强化试验方案。

（1）首先进行电子部件的可靠性强化试验（台体置于试验箱外作为配试），利用极严酷的应力充分暴露电子部件的缺陷。

（2）然后进行整系统的可靠性强化试验（主要观察台体部分的耐环境能力及整个系统在严酷条件下的表现）。

试验方案流程包括低温步进应力试验、高温步进应力试验、快速温度循环试验、振动步进应力试验、综合环境应力试验，如图 4.15 所示。各阶段试验间关系如图 4.5 所示。

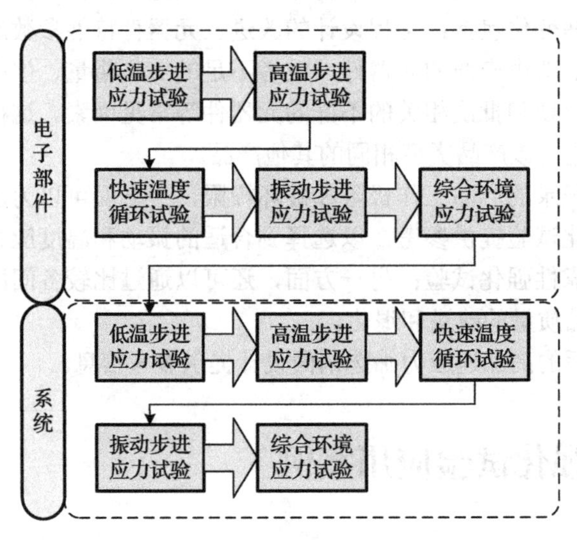

图 4.15　可靠性强化试验方案流程

4.6.3　试验的实施

在进行可靠性强化试验之前，首先进行各电路板和整个系统的热分布分析（包括运用红外热像仪和温度巡检仪等手段），了解各单板的热点情况和整个系统的热分布升温情况，为可靠性强化试验温度传感器的布置提供参考；然后在低振动量级的情况下，对受试产品进行振动响应方面的调查，初步了解系统的共振点和应力积累点，为可靠性强化试验振动传感器的布置提供参考。

为突出试验中温度响应效果，温度试验阶段采用镂空机箱进行，试验中根据温度场测试结果在 9 块 SRU 电路板上共布温度传感器 27 个，并进行实时监测。同时，在进行可靠性强化试验时，一个产品中不同的部件一般会在不同的应力强度下出现失效，所以，为了最大限度发挥可靠性强化试验的效果并进行更深层次的试验，隔离相对较脆弱的部件，使其工作在正常的应力范围之内是非常必要的。因此，在温度试验阶段设置了 4 路故障薄弱点保护氮气管路。试验连接情况如图 4.16 所示。试验各阶段试验剖面如图 4.17 至图 4.21 所示。

图 4.16 电子部件试验连接情况照片

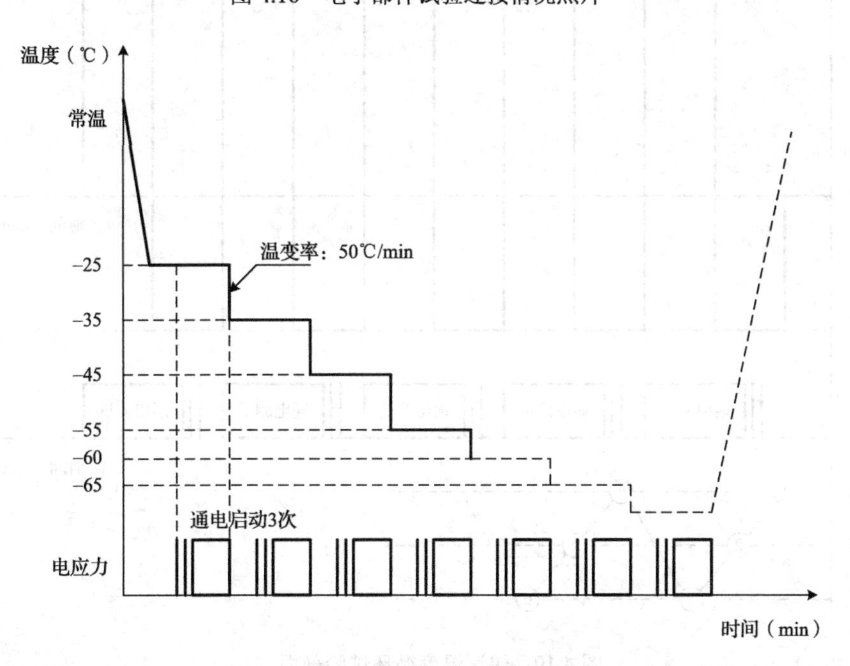

图 4.17 低温步进应力试验剖面

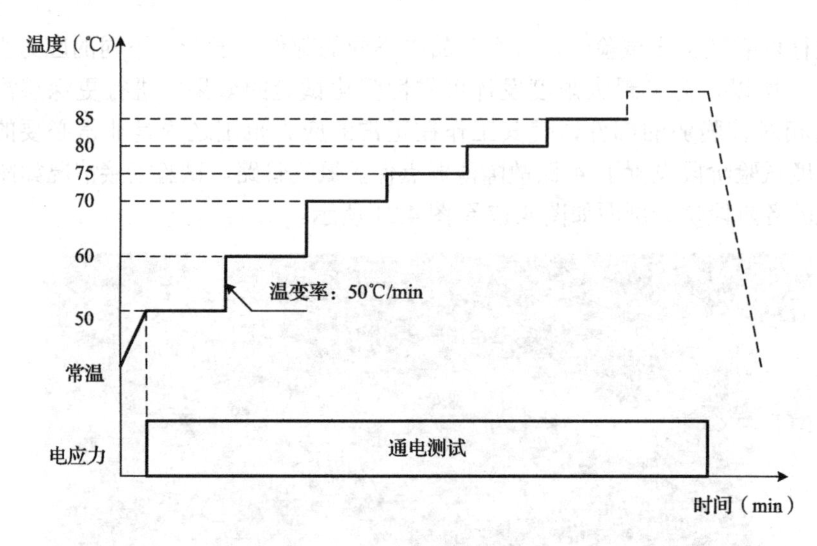

图 4.18　高温步进应力试验剖面

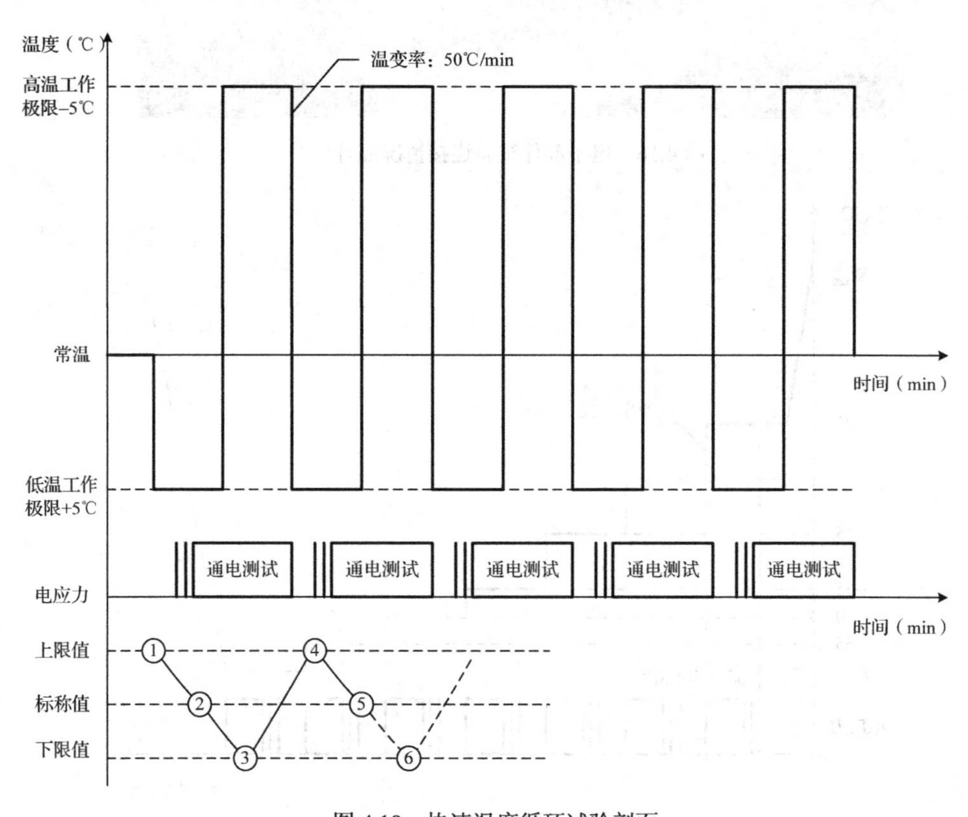

图 4.19　快速温度循环试验剖面

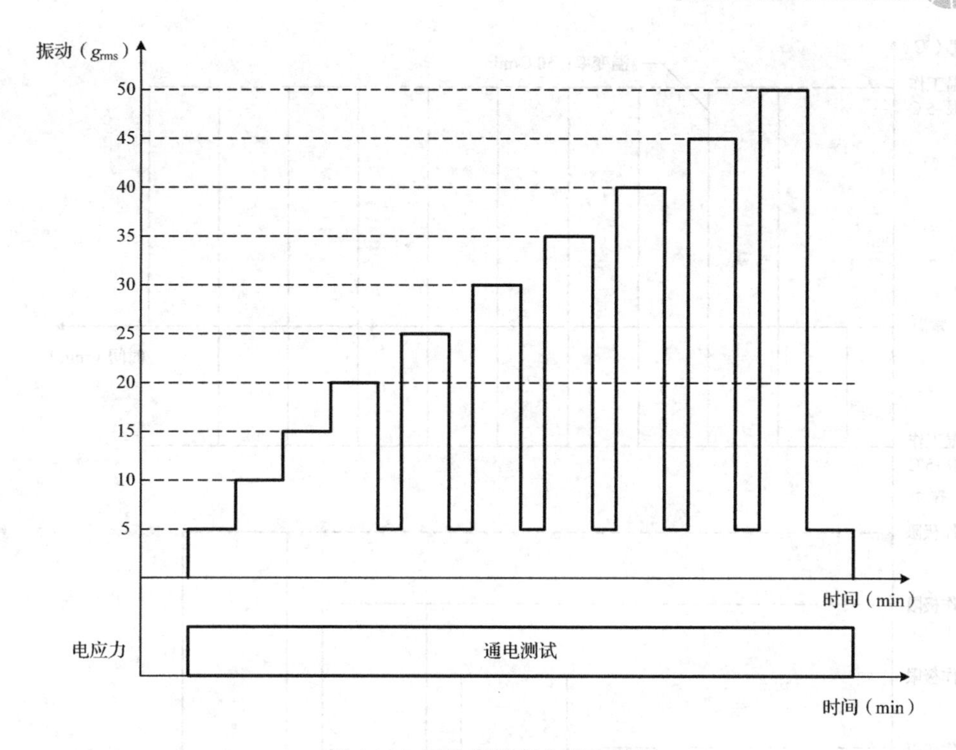

图 4.20 振动步进应力试验剖面

4.6.4 试验结果

4.6.4.1 试验情况概述

（1）温度步进应力试验阶段后，发现产品最薄弱环节为其中的卫星接收机板，带卫星接收机板的系统工作极限值分别为低温工作极限-55℃、高温工作极限101℃；卫星接收机板撤出试验后，系统工作极限值分别为低温工作极限-85℃、高温工作极限 120℃。本阶段试验中未发现设计原因导致的产品失效，出现的失效主要为元器件的耐环境应力不足导致的暂时失效。

（2）快速温度循环试验阶段未发生故障。

（3）振动步进应力试验采用 3 轴 6 自由度振动方式，过程中出现了母板某接插头因杂质引起短路导致的系统失效，清除杂质后振动至 50g_{rms} 未发生故障。

（4）在综合环境应力试验阶段，多次出现由于电路板故障导致的产品失效，经分析定位，均为电路板上 FPGA 芯片故障导致。

4.6.4.2 失效分析

试验后，对可靠性强化试验中出现的失效进行了故障定位及失效分析。

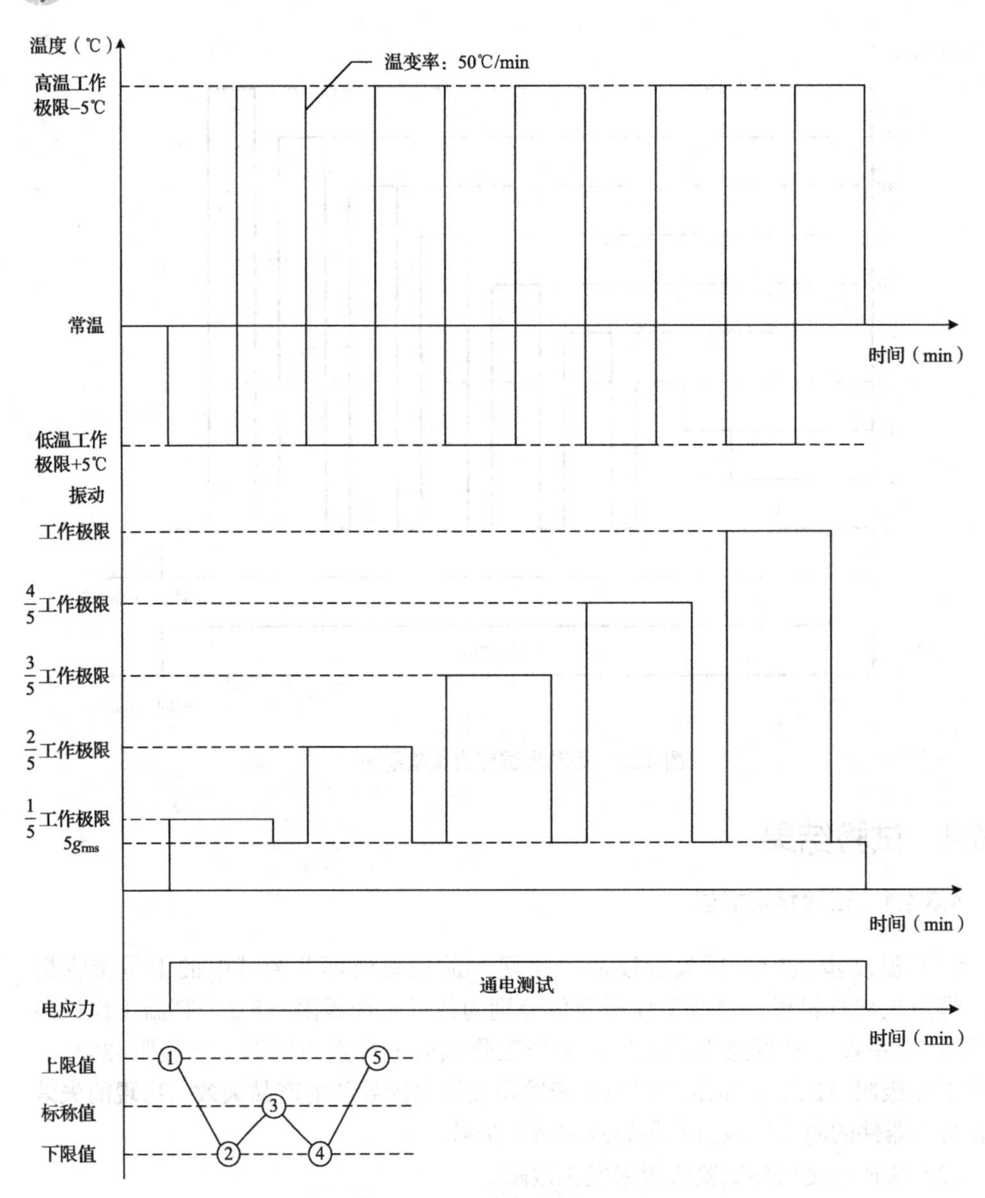

图 4.21　综合环境应力试验剖面

（1）卫星接收机板的薄弱点为晶振的耐环境应力不足。

（2）接插头因杂质引起短路导致的失效及时反馈至生产环节，加强过程监控，避免该类现象的再次发生。

（3）多次电路板故障均为该板上的 FPGA 芯片引脚断裂所致（如图 4.22 所示）。经分析是由于设计电路时设计师疏忽将该 FPGA 芯片的正、反面对调，导致生产时该FPGA芯片无法按正常安装方式安装，必须使其引脚弯曲，将FPGA芯片倒置安装于电路板上，在部分引脚弯曲时留有划痕，为产品留有失效隐患（如图4.23所示）。由于划痕较轻，在可靠性强化试验前的环境应力筛选及传统可靠性摸底试验中并未发现该缺陷。

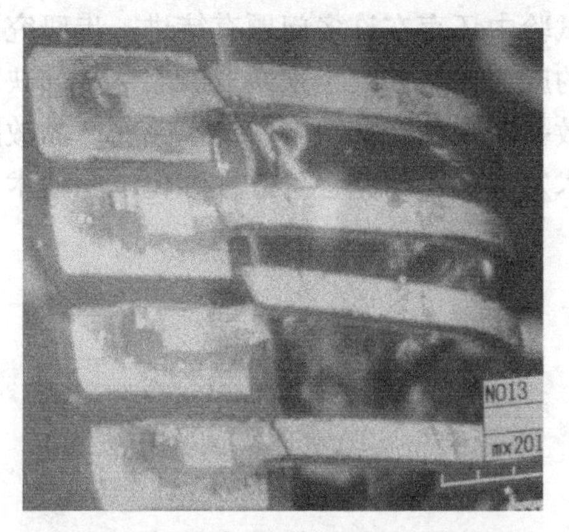

图 4.22　故障FPGA芯片引脚断裂

图 4.23　正常产品FPGA芯片引脚的划痕

在某惯导产品可靠性强化试验中，通过对受试产品施加强化的环境应力，促使其设计和制造缺陷迅速暴露，短时间内暴露了某型激光捷联惯导电子部件的故障模式，并分析了其失效机理，确定了产品的工作极限。

4.7 小结

本章详细介绍了可靠性强化试验的基本原理、设备特点、方案设计和实施，并以某惯导产品为例具体分析了试验流程。可靠性强化试验采取强化环境条件，激发效率高，能快速激发出产品的潜在缺陷，消除隐患，加固薄弱环节，提高产品的使用质量和可靠性，加快产品研制和交付的周期，改变了传统可靠性试验周期长、效率低和耗费大的弊端，因此是优化高可靠要求的现代电子设备的试验经费与进度的有效方法。

然而，可靠性强化试验中还存在许多问题有待进一步研究，例如，环境应力种类繁多，如何选择合适的应力种类和大小来激发产品中全部缺陷；如何选取尽可能高的应力水平，既能高效暴露全部产品缺陷，又不改变产品故障机理等。未来需要适应时代需求，跟随技术发展，不断完善可靠性强化试验技术，逐步提高电子产品可靠度，促进产业发展。

参考文献

[1] GJB 150A-2009 军用装备实验室环境试验方法.

[2] GJB 451A-2005 可靠性维修性保障性术语.

[3] GJB/Z 34-1993 电子产品定量环境应力筛选指南.

[4] 李劲,时钟. 可靠性强化试验在机载高可靠产品中的应用探讨[J]. 电子产品可靠性与环境试验,2012(2).

[5] 陶俊勇,陈循,任志乾. 可靠性强化试验及其在某通讯产品中的应用研究[J]. 系统工程与电子技术,2003,25(4):509-512.

[6] 祝耀昌,王欣,郝文涛. 环境适应性设计与高加速寿命试验[J]. 航空标准化与质量,2002(1):37-42.

第5章 可靠性鉴定试验

5.1 可靠性鉴定试验概述

一般情况下，有可靠性指标要求的新研或改进产品，特别是任务关键或新技术含量较高的产品，应进行可靠性鉴定试验。进行可靠性鉴定试验的受试产品应具有代表性，能代表定型产品的技术状态，体现出设计和制造水平。

可靠性鉴定试验属于统计试验，其中的一个关键要素即为统计试验方案的设计；根据可靠性的定义“产品在规定的条件下和规定的时间内，完成规定功能的能力”，为验证产品在规定条件下的可靠性指标，可靠性鉴定试验剖面设计也是可靠性鉴定试验实施的另一个关键；此外，试验过程的严格实施是保证可靠性鉴定试验结果准确性的必要条件。因此，本章将从试验方案设计、试验剖面设计、试验实施这 3 个方面进行详细阐述。

本章所述的可靠性鉴定试验适用于系统或设备级产品。

5.2 可靠性鉴定试验方案设计

可靠性鉴定试验方案均为统计试验方案，其工作原理是建立在一定的寿命分布假设基础上的。

5.2.1 统计试验方案分类

统计试验方案分类如图 5.1 所示。

（1）定时截尾试验是指事先规定试验截尾时间，利用试验数据评估产品的可靠性指标。定时截尾试验方案的优点是判决故障数及试验时间、费用在试验前已能确定，便于管理，是目前可靠性鉴定试验中用得最多的试验方案。其主要缺点是为了作出判断，质量很好的或很差的产品都要经历最多的累计试验时间或故障数。

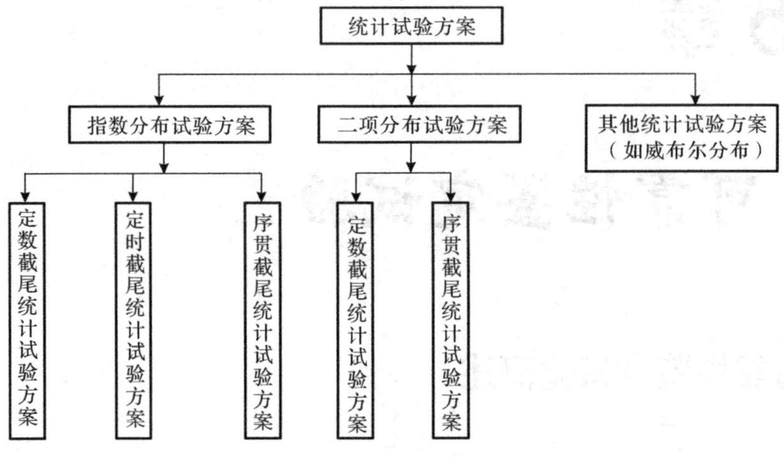

图 5.1　统计试验方案分类

（2）定数截尾试验是指事先规定试验截尾的故障数，利用试验数据评估产品的可靠性指标。但由于其事先不易估计所需的试验时间，所以实际应用较少。定数截尾试验方案主要适用于成败型产品。

（3）序贯截尾试验是按事先拟定的接收、拒收及截尾时间，在试验期间对受试产品连续地观测，并将累计的试验时间和故障数与规定的接收、拒收或继续试验的判据作比较的一种试验。这种方案的优点是作出判决所要求的平均故障数和平均累计试验时间最小，因此常用于可靠性验收试验。其缺点是故障数及试验时间、费用在试验前难于确定，不便管理；且随着产品质量不同，其总的试验时间差别很大，尤其对某些产品，由于不易作出接收或拒收的判断，因而最大累计时间和故障数可能会超过相应的定时截尾试验方案。

目前，国内已颁布的标准试验方案有国家标准 GB 5080.5-1985《设备可靠性试验成功率的验证试验方案》、GB 5080.7-1986《设备可靠性试验恒定失效率假设下的失效率与平均无故障时间的验证试验方案》及国家军用标准 GJB 899A-2009《可靠性鉴定与验收试验》。本书主要介绍指数分布和二项分布统计试验方案。

5.2.2　统计试验方案原理

以定时截尾的指数分布统计试验方案为例给出现行 GJB 899A 中的统计试验方案表的基本原理。假设设备的平均故障间隔时间符合指数分布，即产品的故障经替换可认为更新，对于具有未知 MTBF 值的指数型产品 θ，在总试验时间 T 内，故障

次数 x 服从参数为 T/θ 的泊松分布：

$$P(x=r)=\frac{(T/\theta)^r}{r!}\mathrm{e}^{-T/\theta}\quad (r=0,1,2,\cdots) \tag{5.1}$$

令 $L(\theta)$ 为产品的接受概率：

$$L(\theta)=P(r\leqslant c\mid\theta)=\sum_{r=0}^{c}\frac{(T/\theta)^r}{r!}\mathrm{e}^{-T/\theta} \tag{5.2}$$

可得到如下定理，即

$$L(\theta)=\int_{2T/\theta}^{\infty}f(x;2c+2)\mathrm{d}x \tag{5.3}$$

式中，$f(x;2c+2)$ 为自由度 $2c+2$ 的 χ^2 分布密度函数。

令 θ_0 为检验上限，θ_1 为检验下限，α 为使用方风险，β 为使用方风险，则有

$$\alpha=1-L(\theta_0) \tag{5.4}$$

$$\beta=L(\theta_1) \tag{5.5}$$

根据 χ^2 分布的上 α 分位点定义可知

$$P\{\chi^2>\chi_\alpha^2(n)\}=\int_{\chi_\alpha^2}^{\infty}f(x;n)\mathrm{d}x=\alpha \tag{5.6}$$

由式（5.3）、式（5.4）和式（5.6）可得到

$$\chi_{1-\alpha}^2(2c+2)=\frac{2T}{\theta_0} \tag{5.7}$$

由式（5.3）、式（5.5）和式（5.6）可得到

$$\chi_\beta^2(2c+2)=\frac{2T}{\theta_1} \tag{5.8}$$

式（5.8）比上式（5.7）得到

$$\frac{\theta_0}{\theta_1}=\frac{\chi_\beta^2(2c+2)}{\chi_{1-\alpha}^2(2c+2)} \tag{5.9}$$

将 θ_0/θ_1 与给定的鉴别比 d = 1.5,2.0,3.0 比较，选取最接近的 c，并根据选取的 c 和使用方风险名义值 β 用式（5.8）计算 T，最后根据 T 分别用式（5.4）和式（5.5）计算生产方风险实际值 α' 和使用方风险实际值 β'，即可得到相应的标准型定时截尾试验方案，如表 5.1 所示。

表 5.1 标准型定时试验统计试验方案

方案号	决策风险（%）				鉴别比 $d=\theta_0/\theta_1$	试验时间（θ_1 的倍数）	判决故障数	
	名义值		实际值				拒收≥	接收≤
	α	β	α'	β'				
17	20	20	17.5	19.7	3.0	4.3	3	2

5.2.3 试验方案选取原则

选取可靠性试验方案的原则如下。

（1）指数分布统计试验方案适用于可靠性指标用时间度量的电子产品、部分机电产品及复杂的功能系统。二项分布统计试验方案主要适用于其可靠性指标用可靠度或成功率度量的成败型产品（如导弹等），但采用该试验方案需要足够多的受试产品。只有当指数分布统计试验方案和二项分布统计试验方案都不适用的情况下（如多数的机械产品）才考虑采用其他统计试验方案，如威布尔分布统计试验方案。

（2）如果必须通过试验对 MTBF 的真值进行估计或需要预先确定试验总时间和费用，建议选择定时截尾试验方案。目前，型号工程中一般可靠性鉴定试验大多选用此种试验方案。

（3）如果仅需以预定的双方风险对假设的 MTBF 进行判决，不需要事先确定总试验时间，则可选择序贯试验方案。一般可靠性验收试验选用此种方案。

（4）如果受到试验时间或经费限制，且生产方和使用方都可接受较高的风险，则可采用高风险率定时截尾或序贯截尾试验方案。

（5）当必须对每台产品进行判决时，可采用全数试验方案。

（6）对以可靠度或成功率为指标的产品，可采用成功率试验方案，该方案不受产品寿命分布的限制。

5.2.4 统计方案参数的确定

5.2.4.1 相关术语

相关术语主要包括两部分，设备（系统）的可靠性特征量和试验方案的设计参数。

1. 可靠性特征量

（1）验证区间（θ_L，θ_U）：在试验条件下基本可靠性特征量真值的可能范围，即在所规定的置信度下的区间估计。

（2）观测值（$\hat{\theta}$）：产品总工作时间除以关联责任故障数或成功的试验次数对试验总次数的比值。

（3）预计值（θ_p）：用规定的预计方法确定的 MTBF 值。

2. 试验方案的设计参数

（1）检验下限（θ_1）：拒收的 MTBF 值或不可接收的成功率。统计试验方案以高概率拒收其真值接近 θ_1 的产品。需要指出的是，θ_1 值是假设的，不是设备指标值，其值一般取合同规定的最低可接受值。

（2）检验上限（θ_0）：可接收的 MTBF 值或可接收的成功率。统计试验方案以高概率接收其真值接近 θ_0 的产品。其值应小于等于预计值。

（3）鉴别比（d）：指数分布统计试验方案的鉴别比 d 等于 θ_0/θ_1。d 值越大，试验时间越短。

（4）生产方风险（α）：产品在其可靠性真值已达到其检验上限 θ_0，但在试验时却被拒收的概率。这个概率值表明采用该统计试验方案给生产方带来的风险,即将合格产品判为不合格产品而拒收，使生产方受损失，把犯这种错误的概率称为生产方风险。若实际上达到或超过检验上限值，则其接收概率至少是 $100(1-\alpha)\%$；从另一方面来看，若有拒收判决，则至少会有 $100(1-\alpha)\%$的置信度判定可靠性度量真值低于检验上限。

（5）使用方风险（β）：产品在其可靠性真值没有达到 θ_1，但在试验时却被接收的概率。这个概率值表明采用该统计试验方案给使用方带来的风险，即将不合格产品判为合格产品而接收，使使用方受损失，把犯这种错误的概率称为使用方风险。若实际上没有达到检验下限值，则其拒收概率至少是 $100(1-\beta)\%$；从另一方面来看，若满足接收判决，则至少会有 $100(1-\beta)\%$的置信度判定可靠性度量真值大于检验下限。

（6）抽样特性曲线（或称 OC 曲线）：它表示对于给定的抽样方案，批接收概率与批质量水平的函数关系。从 OC 曲线可直观地看出抽样方式对检验产品质量的保证程度。

5.2.4.2 试验方案与可靠性指标之间的关系

这里以指数分布定时截尾试验为例，说明试验方案参数的检验下限和可靠性指标的关系及使用方风险与可靠性指标之间的关系。

产品的可靠性指标可以分为最低可接受值和规定值，也可以只规定最低可接受值。可靠性试验方案参数 θ_1 可按最低可接受值来确定，并进行验证。当给定使用方风险 β 时，置信度 C 取$(1-2\beta)\times100\%$，当试验结果刚好作出合格判决，根据试验数据经计算得到的验证区间下限值 θ_L 会略大于或近似等于 θ_1，因此产品符合最低可接收的 MTBF 要求得到验证。

1. 检验下限 θ_1 的确定

根据 GJB 1909A-2009《装备可靠性维修性保障性要求论证》中的定义，规定值是合同和研制任务书中规定的期望装备达到的合同指标，它是承制方进行可靠性维修性设计的依据。而最低可接受值是合同和研制任务书中规定的、装备必须达到的合同指标，它是进行考核的依据。为了验证产品的可靠性能否达到设计定型阶段的最低可接受值，应以产品设计定型阶段的最低可接受值作为统计试验方案中的检验下限。

2. 鉴别比 d 及检验上限 θ_0 的确定

在检验下限已经确定的情况下，鉴别比 d 与检验上限 θ_0 两个参数只要确定其中一个，另一个也将随之确定。其量值应在同时满足以下两条原则的情况下进行综合权衡后确定。

（1）检验上限不能超过产品可靠性预计值。

（2）鉴别比越大，所需总的试验时间越短，试验作出判决越快，但要求产品实际具有的可靠性量值也越大，才能使产品的可靠性试验得以高概率通过接收。

3. 使用方风险 β 的确定

一般情况下，使用方风险 β 由使用方提出，经生产方和使用方协商后确定，但有时使用方为保证接收设备的可靠性水平符合其特定要求，而单独提出固定的使用方风险 β。在确定 β 时，应综合考虑下列因素。

（1）产品的重要程度：如果是关键设备，一旦故障，就会发生等级事故，则 β 值应尽可能取小些；反之，β 值可适当放宽。

（2）产品的成熟程度：对于成熟程度较高的产品，可以选用较高风险的方案；反之，如果所要验证的产品是一项新研产品，且在研制过程中发生故障较多，则对这种产品的可靠性验证一般应选用使用方风险低的方案。

（3）经费的限制：由于风险率 β 越小，试验时间越长，而试验时间又受经费的制约，因此 β 取值大小还应考虑能承受的试验经费情况。

（4）进度要求：对于需要迅速交付的设备，或因进度紧迫，试验时间有限的设备，β 取值可适当大些。

4. 生产方风险 α 的确定

生产方风险由生产方提出，主要考虑经费和进度要求来确定 α 值的大小。α 取值越大，该试验方案的试验结果给生产方带来的风险就越大，但可以缩短总的试验时间，节省试验经费；反之亦然。

一般情况下，在选取试验方案时，应力求使方案的实际风险值接近于确定的风险值，并使使用方风险和生产方风险均等。

5.3 可靠性鉴定试验剖面设计

可靠性是指产品在规定的条件下和规定的时间内，完成规定功能的能力。定义中规定的规定的条件即为试验剖面，应根据产品现场使用和任务环境特征确定。试验剖面是直接供试验用的环境参数与时间的关系图，是按照一定的规则对环境剖面进行处理后得到的。可靠性鉴定试验剖面是开展可靠性鉴定试验的基础和关键。

5.3.1 剖面设计基本原则

可靠性鉴定试验剖面应尽可能真实地、时序地模拟产品在实际使用中经历的主要环境应力。这是可靠性鉴定试验剖面与环境鉴定试验条件的最大区别，也是制定可靠性鉴定试验剖面需要遵循的基本原则。

为了满足上述基本原则，应优先采用实测应力来制定产品的可靠性鉴定试验剖面；在无实测应力数据的情况下，可靠性鉴定试验剖面可以根据处于相似位置、具有相似用途的设备在执行相似任务剖面时测得的数据，经过分析处理后得到的估计应力来确定；只有在无法得到实测应力或估计应力的情况下，方可使用参考应力，参考应力值一方面可按 GJB 899A-2009 的附录 B 提供的数据、公式和方法导出，另一方面也可采用其他的分析计算方法。

5.3.2 剖面设计流程

不管是采用实测数据还是采用 GJB 899A-2009 推荐的估算方法来设计可靠性鉴定试验剖面，其基本程序都是依据产品的寿命剖面（含任务剖面）来确定其相应的环境剖面，最后制定试验剖面。对于仅执行一种类型任务的产品，其任务剖面与环境剖面和试验剖面之间呈一一对应的关系。对于执行多任务剖面的产品，则要求制定一个合成的试验剖面，其设计流程如图 5.2 所示。

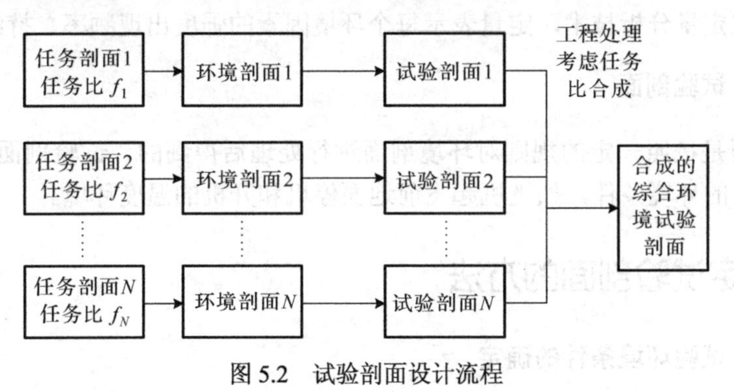

图 5.2 试验剖面设计流程

5.3.2.1 寿命剖面

寿命剖面是对产品在从其接收到其寿命终结或退出使用这段时间内所要经历的

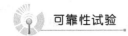

各种事件和状态（包括环境条件、工作方式及其延续情况）的一种时序描述。它涉及寿命周期内的每个重要事件，如运输、储存、试验与检验、备用与待命状态、运行使用及其他可能事件。寿命剖面是确定产品将会遇到的环境条件的基础。

5.3.2.2 任务剖面

任务剖面是对产品在完成规定任务这段时间所经历的全部重要事件和状态的一种时序描述，它仅是寿命剖面的一部分。任务剖面可以有一个，也可以有许多个。任务剖面一般应包括：

（1）产品的工作状态；

（2）产品工作的时间与顺序；

（3）产品所处环境（自然的与诱发的）时间与顺序。

任务剖面是决定产品在使用中将会遇到的主要环境条件的基础，它取决于产品的使用要求。

产品寿命剖面和任务剖面应由使用方给出。

5.3.2.3 环境剖面

环境剖面是产品在储存、运输、使用中将会遇到的各种主要环境参数（温度、湿度、振动、电应力等）和时间的关系图。它主要根据任务剖面绘制。每个任务剖面对应于一个环境剖面，因此环境剖面可以有一个，也可以有许多个。一般做法如下。

（1）划分任务剖面：根据产品的任务、对象、使用程序划分系统的各种任务剖面，明确各个剖面出现的时间顺序和各阶段之间的间歇时间。

（2）确定各个任务剖面有哪些环境因素存在。

（3）采取定量分析技术，定量表示每个环境因素的强度出现频率、持续时间。

5.3.2.4 试验剖面

试验剖面是按照一定的规则对环境剖面进行处理后得到的。试验剖面还考虑了任务剖面以外的环境条件，如飞机起飞前地面停机和开机的温度环境。

5.3.3 确定试验剖面的方法

5.3.3.1 试验环境条件的确定

采用综合环境条件的可靠性鉴定试验，试验所采用的环境应力及其随时间变化的情况应能反映现场使用和任务环境特征。可靠性鉴定试验的环境应力等级取值不同于环境试验取极值条件的做法，而是模拟现场的综合环境条件。

1. 选取试验中所施加的环境应力类型

确定试验环境条件,首先要选取试验中所施加的环境应力类型。应对受试产品预期将经受的环境条件进行全面分析，并判断产品的可靠性对哪些环境应力最为敏感。对大多数电子、机电产品而言，GJB 899A-2009 推荐试验中施加的环境应力主要有温度、振动、湿度等，这是因为上述环境应力对产品的可靠性影响最大，据统计分别占环境引起故障数的 40%、27%和 19%。因此，考虑这 3 个因素的作用已经覆盖了 86%以上的环境对产品可靠性的影响，而其余环境应力对产品的影响在进行可靠性鉴定试验前已经通过环境鉴定试验进行考核。使用中处于多种环境应力综合作用下的产品，试验时应尽可能对其施加综合环境应力。针对产品所处的使用环境及所需验证的可靠性要求的不同，可以增加其他一些环境应力。例如，就弹载设备的发射飞行可靠度的可靠性鉴定试验而言，试验中就应施加发射时的冲击应力。

2. 确定试验应力等级

确定试验环境条件，还需确定试验应力等级。确定试验应力等级的依据及优先次序如下。

（1）实测应力：确定试验剖面应力首先应依据产品在执行典型任务时所处的条件，即应依据实测应力。因此，在制订产品研制计划时，应尽可能在研制初期取得产品的环境实测应力作为一项重要任务予以安排。

（2）估计应力：在无法得到实测应力的情况下，可利用估计应力来确定可靠性试验的环境应力。也就是，根据处于相似位置、具有相似用途的产品，在执行相似任务时测得的实际数据，经过分析后确定可靠性试验的环境应力。

（3）参考应力：在无法得到实测应力，又无法得到估计应力的情况下，可利用国军标 GJB 899A-2009《可靠性鉴定与验收试验》的附录 B 提供的应力或提供的方法确定可靠性试验的环境应力。

5.3.3.2 试验剖面的组成

在应力种类和应力等级确定后，应确定试验剖面。试验剖面是将所选的环境应力及其变化趋势按时间轴进行安排。这种安排应能反映受试产品现场使用时所遇到的工作模式、环境条件及其变化趋势。各种应力的施加时间应按产品寿命周期内预计会遇到的各种环境条件下和任务持续时间的比例确定。

产品的可靠性试验剖面，如无特殊要求，一般由以下内容组成。

（1）根据任务剖面分别确定冷天和热天环境条件及冷、热天之间的交替循环。

（2）每一任务前应有冷浸、热浸时间（根据产品特点而定），在此期间产品不工作。

（3）选取环境应力（一般为温度、湿度、振动）、电应力及根据产品使用特点而确定的其他应力时，应明确选取几种应力种类及量值的大小、每种应力量值被暴露的持续时间及每种应力的施加排序。

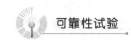

5.3.3.3 试验剖面的确定过程

1. 确定任务剖面

产品可能执行单项或多项任务，在制定可靠性试验剖面时，首先应对产品的任务剖面进行全面分析，从中选定对产品的可靠性影响最大的一个或几个典型的任务剖面，作为制定可靠性试验剖面的依据。

不同的任务剖面，即应给出不同的任务特性参数图或表。例如，陆上发射的导弹任务剖面应包括地面射前检查和导弹自由飞行两种状态；空中飞射的任务剖面则应包括挂飞和自由飞行两种状态等。确定任务剖面时应分别按两种任务来确定各自的任务剖面，综合任务剖面则是按各种任务出现的时间比例合成。任务特性参数表按阶段给出。例如，对于飞机、导弹的飞行阶段，应给出阶段高度、阶段马赫数、阶段持续时间及各状态之间的转换速率等。

另外，还应确定产品在装备中的安装位置和冷却方式等。

2. 确定环境剖面

根据给定的任务剖面、产品的安装位置、冷却方式，利用经验公式和实测数据计算出环境参数，确定环境剖面。为了准确地描述环境剖面，可编制环境剖面数据表和图。不同类型的武器装备所对应的环境剖面也不相同。例如，对于飞机、导弹，其环境剖面应包括以下主要内容：任务阶段、持续时间、高度、舱温、温度变化率、动压、功率谱密度、湿度、产品通电或断电情况、输入电压等。

3. 确定试验剖面

要对不同的环境剖面进行计算，并进行适当的简化，考虑各种任务剖面的时间进行加权，把环境剖面转化为试验剖面。

4. 确定综合试验剖面

根据试验设备能力等其他因素确定最终的综合试验剖面。

5.3.3.4 环境应力的确定

1. 振动应力的确定

（1）应根据产品的安装位置选取不同的振动方式。对于安装在潜艇、舰艇、喷气式飞机及航天器上的产品，应使用随机振动方式；对于地面使用产品，可采用随机振动或扫描振动；对于安装在螺旋桨驱动的飞机上的产品，宜用正弦扫描方式。其谱形可按产品任务剖面实测所得的环境振动条件所确定的谱形，或按 GJB 899A-2009 的附录 B 所给定的谱型。

（2）振动量值大小与产品的重量有关。例如，用 GJB 899A-2009 的附录 B 所给定的公式进行计算，应遵循 GJB 150-86 所规定的重量衰减原则。振动量值级别的划分以能基本反映出实际使用中所遇到的振动状况为准，通常可取两个或 3 个量值级别，即最大振动量值、最小振动量值及中间振动量值。

（3）振动的持续时间和施加顺序，应尽可能与产品实际使用状况相同。最大和最小量值（含小于 $0.001g^2/Hz$ 量值）持续时间应为执行任务中所遇到的最大和最小振动持续时间，其余时间为中间量值振动时间。

（4）振动方向应选择实际使用中对产品可靠性影响最大的轴向，通常采用垂直方向施振，在条件许可的情况下，可以进行两轴或三轴向试验。但是，在确定振动持续时间和振动方向时，要特别注意严格控制振动试验累积时间，要保证单台产品不要超过最长的振动允许时间，以免影响受试产品的使用寿命。因为振动时间的累积效应与振动的量级有关。

（5）产品安装应尽量反映产品在实际使用中的状况（刚性连接或减振安装）。当必须使用安装支架时，应不影响受试产品的固有特性及其所承受应力的情况。当产品实际使用时带减振器，而可靠性试验为了更充分地暴露缺陷而采用刚性连接时，则应仔细审查振动应力量值及其持续时间，振动应力量值应取经减振器减振后的量值，以免应力过高而损坏产品。

2. 温度应力的确定

（1）试验一般采用冷、热天交替循环方式，一般可从冷天开始，停止在冷天；或从标准天开始，经冷天、热天，终止在标准天。

（2）温度量值可采用极冷和极热两种温度，或者是在冷天环境和热天环境中再根据产品执行任务时所处的温度环境来变换温度，但是在选择变换温度时应去掉量值变化小于 10℃和持续时间小于 20min 的热稳定条件。温度变化率至少不低于 5℃/min，最高不超过 30℃/min，一般应选择实际使用上限值。

（3）一个循环温度的持续时间，不但要包括执行产品任务时所遇到的温度持续时间，而且还应包括产品冷、热浸时间。冷、热浸时间一般按产品技术条件规定的冷、热浸时间。热浸时产品不工作。为了提高试验的效率还可以适当延长一个循环内冷、热天的持续时间。例如，当产品任务时间很短（如小于 0.5h）时，为提高试验效率，可延长冷、热天温度持续时间，在每种温度条件下再安排数个工作循环。试验有效工作时间（指产品通电时间）所占比例应大于 50%。

3. 电应力的确定

（1）受试产品输入电压的标称值和上、下限应按合同或任务规定。一般的试验顺序是：第一试验循环设在上限值，第二、第三循环依次为标称值、下限位，以此类推循环进行。试验中如果要重现与某个特征故障有关的输入电压条件时，也可打断这个顺序。

（2）在每个冷、热天连续通电前，至少应使产品通、断电各两次，以确定产品在温度条件下瞬时的启动能力。通、断电时间根据产品特点而确定。

（3）产品加电的持续时间应与执行任务时间相类似。为了提高试验效率，每个试验循环中应保持较高的工作时间与不工作时间之比，一般应使有效工作时间所占比例大于 50%。在一个试验循环中可以安排若干个工作循环，或者适当延长产品的通电工作时间。

4. 湿度应力的确定

可靠性试验是否要施加湿度应力，应根据产品的实际使用状况来确定。加湿时应能模拟潮热条件，一般是在高温断电时给试验箱注湿，当试验设备湿度不能动态加湿时，一般应使试验箱露点保持在 31℃或 31℃以上。

（1）保湿时间及保湿期间产品是否工作，应与产品执行任务时所处湿度环境的持续时间和状况相类似。

（2）在湿热状态前后，应有充足的时间使试件能稳定在初始湿度上，每次湿度暴露前和结束后，必须对试件进行工作检查。

5.3.4 利用实测数据设计剖面的要点

利用实测环境应力数据制定可靠性试验剖面，与依据 GJB 899A-2009 提供的估算方法制定可靠性试验剖面的主要差别在于计算剖面的数据来源不同。凡通过实测得到的数据在用于制定试验剖面前，均要进行必要的分析、处理、归纳工作。对实测数据的分析、处理、归纳工作是否科学合理，是利用实测环境应力数据制定可靠性试验剖面的关键。

通常，用于制定产品可靠性试验剖面的实测环境应力有温度、湿度、振动等，下面对其实测数据处理方法要点分别进行简单的介绍。

5.3.4.1 温度、湿度实测数据处理的要点

由于温度、湿度属于气候环境因素，在使用过程中由于设备的热惯性，其数据变化不会太剧烈，因此在实际测量中一般可用低速数据采集方式，处理方式一般直接在时域里进行，较为简单。

在可靠性鉴定试验中，温度应力包含有冷天和热天两个部分。但有时在实测过程中不可能经历极端的环境，无法测量到极冷和极热大气环境下的舱温，测试过程中一般也只能对其有限使用状态进行测试，不能包含所有的状态，因此一般通过建立舱温热力学模型，由实测数据确定模型中的参数，进而计算各种使用状态下的环境温度，确定温度和湿度的具体量值。

进行温度实测数据的处理，必须建立热力学模型，要分析清楚设备舱的热交换情况。一般来说，影响设备舱温度的因素可以分为外部因素和内部因素。外部因素包括设备舱的初始温度、使用状态和大气环境温度。内部因素包括设备舱在装备上

位置、蒙皮厚度、周围设备舱温度、设备发热量、冷却气流温度和流量、设备密集程度、热惯性、设备舱暴露面积、设备间的热交换等。

对温度或湿度实测数据进行正式处理前，需要对数据进行预处理，剔除不可用的数据；在同一舱段内有多组测量数据时应采用算术平均值。经过处理后的数据可以用于模型中的参数回归，回归时要注意误差的处理。

试验剖面中需要确定的温度和湿度参数可以由热力学模型直接计算出来，有时还可利用该模型外推出未进行实测的状态下的温度和湿度环境数据。

5.3.4.2 振动实测数据处理的要点

由实测获得振动环境数据一般需要经过以下几个步骤。

1. 数据准备

数据准备是指振动测量数据处理前的一些准备工作，准备工作的好坏将直接关系到处理结果的精度。数据准备主要包括以下工作。

（1）数据检查。将测量数据回放，目测检查数据时间历程图和均方值时间历程图，预选出需进行数据处理的采样段。采样段中应排除由严重的噪声、信号失真、电流干扰、电缆接头松脱、传感器失灵等原因造成的过高或过低的数据信号。

（2）原始资料的记录与校核。记录、校核原始资料应包括：

① 任务名称、任务代号、试验对象的型号、测量时间；

② 测量点名称、测量点代号、磁带记录器通道代号、预选采样段的截取时间；

③ 传感器有关资料，如灵敏度 k_1、温度修正系数 k_2、传感器的频率响应特性 $H_1(f)$；

④ 测量放大器与磁带记录器有关资料，如传递系数 k_3、频率响应特性 $H_2(f)$。

（3）消除奇异项。在正式数据处理前，应确信所选采样段的信号中不存在明显的奇异项；否则，应根据需要予以消除。

2. 数据检验

随机振动数据处理的结果正确与否，与被分析振动数据的基本特性有密切关系，这些特性主要包括平稳性、周期性和正态性，所以在分析前应首先对其进行检验。若分析数据数量很大，则可选典型状态进行数据检验。

（1）平稳性检验。平稳性检验可用如下几种方法之一。

① 物理检验：就是直接根据产生该数据的现象及物理特性进行判断。

② 目视定性检验：凭实践经验，观察数据的时间历程来进行判断。

③ 轮次检验：根据数据每个等间隔区间的标准差序列相对中值的轮次数与期望数的大小的比较进行判断。同一规定显著水平 α 为 0.05。

④ 方差检验：根据标准化均方误差的变化规律进行检验。统一规定将样本记录所分的段数 $N<0.1BT$，并接近 0.1BT，显著水平 α 为 0.05。

凡经检验不满足平稳性假设的数据不能用平稳性数据处理方法来进行处理。

（2）周期性检验。功率谱峰可分为 3 类。

① 正弦谱峰：由周期振源激励产生。

② 窄带随机谱峰：从频域看，其振动能量集中在一个很窄的频带内；从时间域看，振动频率基本恒定，而幅值随时间呈随机变化。

③ 宽带随机谱峰：从时间域看，振动幅值随时间呈随机变化；从频域看，其振动能量分布在一个宽的频带内。

必须对每一个谱峰单独进行检验，其方法如下。

① 物理判断：分析装备是否有与谱峰频率相应的周期振源存在。

② 目视定性检验：通过目视观察数据的时间历程，凭经验来判断。

③ 将数据的功率谱图、概率密度图和自相关图与相应函数的典型曲线进行比较。数据作概率密度分析和自相关分析前应先通过带通滤波器滤波。

④ 方差检验：统一规定 $N<0.1BT$，并接近 0.1BT，显著水平 α 为 0.05。

（3）正态检验。可以任选以下一种方法对瞬时幅值作检验：概率密度函数图和典型概率密度图进行比较、利用正态概率座标纸、χ^2 拟合优度检验法、偏态峰态检验法。

3. 数据分析的方法

（1）若测量数据以周期性振动为主（确定性的），则应采用频谱分析，振动量值的大小用频谱表示。

（2）若数据以随机振动为主，则应采用功率谱分析，振动能量大小用功率谱密度来描述。

4. 数据分析标定

采用正弦信号标定。一般标定时所用的各种参数与分析时相同，信号频率的选择应保证采样时间等于该信号周期的整数倍，可以使用系统标定的方法，也可使用分级标定的方法。

5. 参数选择

（1）采样间隔 Δt。采样前必须使用抗混迭低通滤波器，其 f_{LC} 应稍大于或等于 f_{Max}，当此滤波器的倍频程衰减为–48dB 时，有

$$\Delta t \leqslant \frac{1}{3f_{LC}} \tag{5.10}$$

式中，f_{LC} 为低通滤波器截止频率。

当此滤波器的倍频程衰减为–24dB 时，有

$$\Delta t \leqslant \frac{1}{4 f_{\mathrm{LC}}} \tag{5.11}$$

（2）分析带宽。推荐名义带宽为 5Hz 左右（上限频率为 2kHz）。若对低频进行细化分析，上限频率为 500Hz 时，B 为 2Hz 或 1Hz 左右。

（3）统计误差。对功率谱密度，一般规定

$$\varepsilon = \sqrt{\frac{1}{2q}} \leqslant 0.15 \tag{5.12}$$

式中，ε 为标准化统计误差；q 为参数平滑分段数。特殊情况下不得超过 0.20。

对频谱密度，一般规定

$$\varepsilon = \sqrt{\frac{1}{4q}} \leqslant 0.10 \tag{5.13}$$

特殊情况下不得超过 0.15。

若一个数据采样段不能满足统计误差要求，则可以从重复使用的数据中选取多个采样进行分析，最后结果通过总体平滑的方法给出。

5.3.5 试验剖面案例

某电子产品可靠性试验，其试验剖面由温度、湿度、振动和电应力组成。试验剖面将所选的应力及其变化趋势按时间轴安排。各种应力的施加时间，按产品预计会遇到的各种环境下任务持续时间的比例确定。图 5.3 给出了某电子产品可靠性鉴定试验剖面图。

（1）温度应力。温度应力的施加是模拟产品在冬天和夏天实际的温度变化曲线（包括变化速率）。按剖面图中的温度规定的时间顺序，将施加的温度应力的温度值及其变化率送入温度箱控制系统。

（2）振动应力。随机振动应力的施加是根据受试产品工作阶段中所经历的振动频谱的任务剖面，分不同量级施加。按剖面图所规定的时间顺序，将施加的振动应力的功率谱幅值、频率范围、容差大小送入振动台控制系统。

（3）湿度应力。在一个循环的高温阶段给试验箱注湿，使试验箱保持夏天使用温度环境下所遇到的相对湿度，其他阶段不进行控制。

（4）电应力。对受试产品加电压的标称值和上限值或下限值。具体规定如下：在第一循环通电阶段，电应力设置在上限值，第二循环设置在标称值，第三循环设置在下限值，第四循环再设置在上限值，以此类推，直到试验结束。在每个试验循环的低温和高温各安排两次通、断电动作。

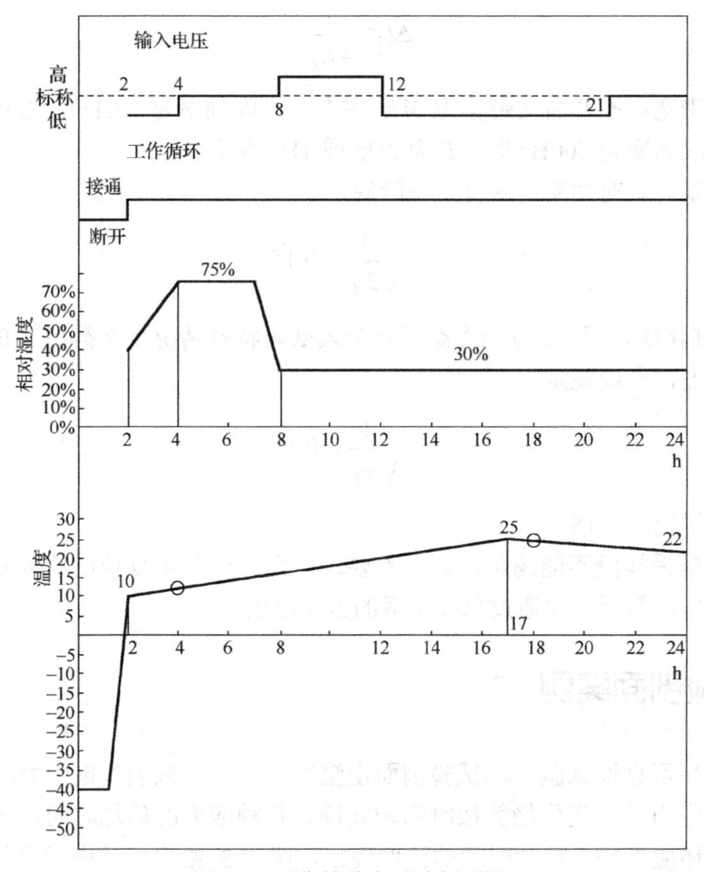

图 5.3　可靠性鉴定试验剖面图

5.4 可靠性鉴定试验实施

5.4.1　可靠性鉴定试验流程

可靠性鉴定试验流程如图 5.4 所示。

5.4.2　试验前准备工作

5.4.2.1　成立试验工作组

按试验大纲的规定，为加强对试验的管理和监控，试验前应成立可靠性鉴定试验工作组。

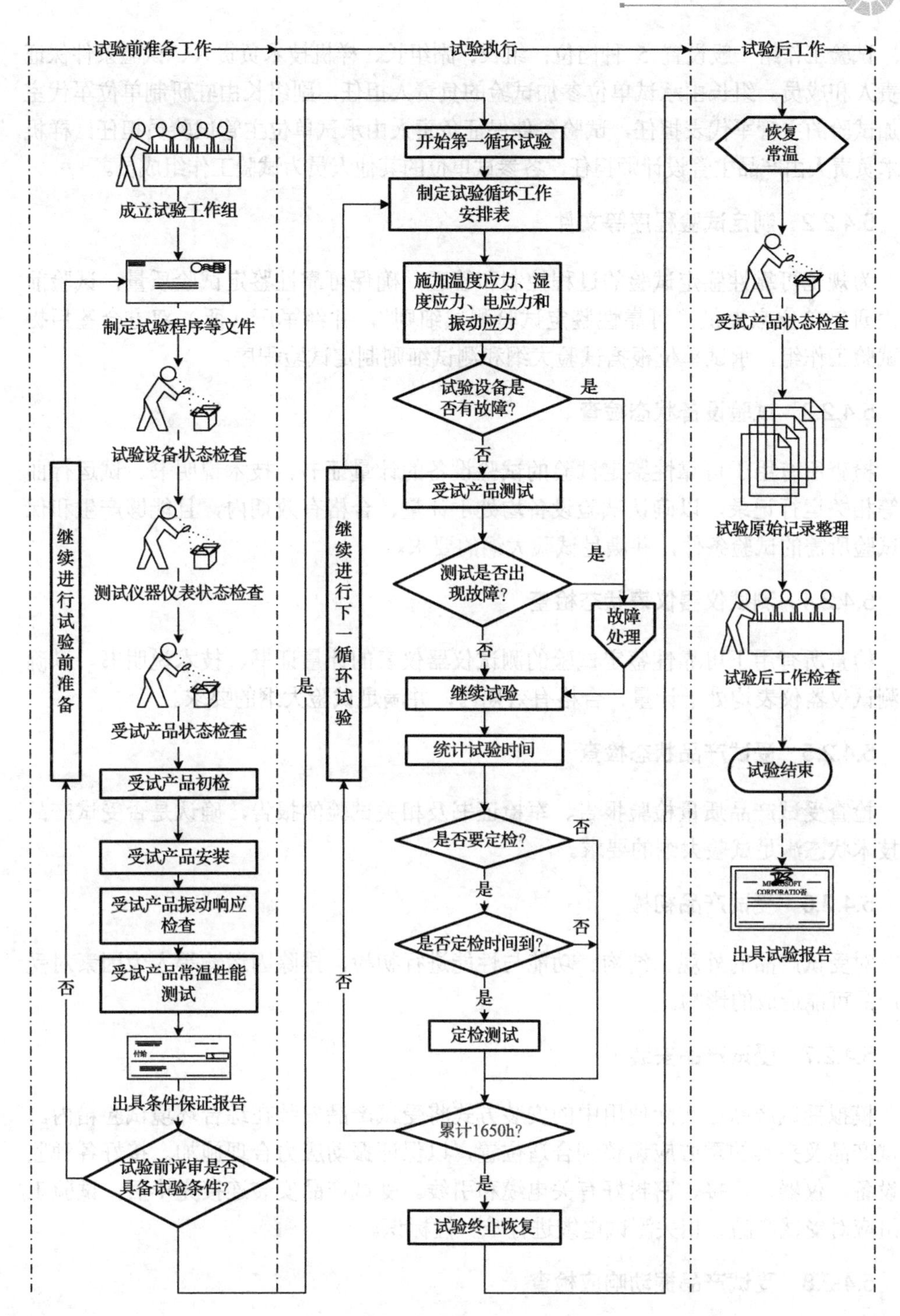

图 5.4 可靠性鉴定试验流程

试验工作组一般设置 5 种岗位：组长、副组长、样机技术负责人、试验条件保证负责人和成员。组长由承试单位参加试验的负责人担任，副组长由驻研制单位军代室参加试验的主管军代表担任，试验条件保证负责人由承试单位主管试验员担任，样机技术负责人由产品主管设计师担任，各参试单位的其他人员为试验工作组成员。

5.4.2.2　制定试验程序等文件

为规范可靠性鉴定试验的过程控制和管理，确保可靠性鉴定试验质量，试验前应由研制单位应提供“可靠性鉴定试验测试细则”，并经军厂（所）双方会签后提交试验工作组，承试单位根据试验大纲和测试细则制定试验程序。

5.4.2.3　试验设备状态检查

检查所有用于可靠性鉴定试验的试验设备的计量证书、技术说明书、试运行曲线等相关运行记录，以确认试验设备均处于计量、合格有效期内，且能够产生和保持试验所需的试验条件，并满足试验大纲的要求。

5.4.2.4　测试仪器仪表状态检查

检查所有用于可靠性鉴定试验的测试仪器仪表的计量证书、技术说明书，以确认测试仪器仪表均处于计量、合格有效期内，并满足试验大纲的要求。

5.4.2.5　受试产品状态检查

检查受试产品质量检验报告、军检证书及相关试验的报告，确认是否受试产品的技术状态满足试验大纲的要求。

5.4.2.6　受试产品初检

对受试产品的外观、结构、功能与性能进行初检，排除因运输等人为因素对受试产品可能造成的影响。

5.4.2.7　受试产品安装

模拟受试产品在实际使用中的安装方式将受试产品安装在综合环境试验箱内。受试产品及夹具的重心应调整到合适位置，以保证振动应力合理施加。接好各种监测设备、仪器，连接、密封好有关电缆和引线。受试产品安装连接完毕后，试验工作组应对受试产品、相关测试电缆进行唯一性标识。

5.4.2.8　受试产品振动响应检查

受试产品安装好后，需全面检查电气连接情况及试验现场有无妨碍试验进行的多余物。安装振动传感器，对受试产品振动响应进行检查，先从小量级开始进行短时间试振，然后按试验剖面要求的振动量级逐步升级，以检查样机安装效果和动态特性，使之符合控制精度要求，并记录试振结果。

5.4.2.9 受试产品常温性能测试

受试产品安装好后，在常温下对受试产品进行一次全面的功能检查和性能测试，确保样机处于完好状。

5.4.2.10 出具条件保证报告

上述工作完成后，试验条件保证负责人应出具试验条件保证报告，报告应描述温湿度试验设备状态、温湿度参数设置及核查情况，振动试验设备状态、控制点布置、振动控制方式、振动参数设置及核查情况，以及电源和测试仪器仪表准备情况，并给出是否具备可靠性鉴定试验条件的结论。

5.4.2.11 试验前工作检查

正式开始可靠性鉴定试验前，由试验工作组对受试产品、试验设备、参试人员、后勤保障等方面准备工作情况进行检查。检查通过后由试验工作组下达正式开始可靠性鉴定试验的指令。

5.4.3 试验执行

5.4.3.1 制定试验循环工作安排表

每个试验循环开始前，试验工作组应制定试验循环工作安排表，也可同时制定多个试验循环的工作安排表，由试验工作组组长签字发布，作为具体工作计划由试验工作组遵照执行。当试验出现异常情况，需及时调整试验计划表。试验工作组组长负责试验循环工作计划表版本的现行有效性。

5.4.3.2 施加试验应力

（1）施加温、湿度试验应力。承试单位试验值班人员负责按试验循环工作安排表和相关规定操作温度、湿度试验设备，并对实际温度、湿度应力进行连续监测，以确保温、湿度应力的施加符合试验大纲要求。

（2）施加电应力。承试单位试验值班人员负责按试验循环工作安排表和相关规定操作电源设备，调整电源输出电压，确保电压拉偏符合规定。研制单位值班人员负责接通和断开电源到受试产品的开关。承试单位试验值班人员每次调整电压完毕后，通知研制单位值班人员确认电压，给受试产品施加电应力，以确保电应力的通断时序符合试验大纲要求。

5.4.3.3 试验中的监测

（1）试验设备的监测。在试验期间，应全程监控试验设备的运行。温、湿度设置超温报警，试验值班人员记录当班期间的试验设备运行情况。

（2）受试产品的监测。在试验期间，全程监控受试产品的功能及性能，以确定受试产品的功能、性能是否符合其技术规范的要求，在试验大纲规定的测试点对受试产品进行测试并记录结果，并将测试结果与试验前和试验期间其他循环测得的功能结果进行比较，以确定受试产品性能变化的趋势。

5.4.3.4 试验设备故障处理

可靠性鉴定试验故障处理流程如图 5.5 所示。

当试验设备运行异常或发生故障时，承试单位试验值班人员应视情况作应急处理，并及时通知试验工作组组长，且必须将故障现象、发现时机、试验应力等详细记录下来。经确认需终止试验时，应以尽量不影响受试产品的方式将试验箱温度调整到常温。在试验设备排故的同时，必须对受试产品进行全面检查，以排除试验设备故障对受试产品可能造成的影响。

5.4.3.5 受试产品故障处理

当受试产品出现异常或故障时，承试单位和研制单位试验值班员必须将故障现象、发现时机、试验应力等详细记录在相应的可靠性试验测试记录表和试验日志的记事栏中，并向试验工作组负责人报告。除非故障会危及受试产品安全或受试产品已无法工作方可中断试验程序和切断受试产品电源外，一般应让其继续试验以便对故障进行观察，获得更多的故障信息。故障发生后，注意保护故障现场，并记录故障现象。排故前，由试验工作组决定排故方式，并对故障定位和隔离的程序及操作步骤作周详的考虑。排故后，现场值班人员需对故障分析或排故过程所作的工作进行详细记录。故障定位后应尽量利用试验现场条件验证定位的正确性。

试验期间为了寻找故障原因，允许受试产品带故障运行。但在故障受试产品未恢复正常前，故障受试产品的试验时间不计入总有效试验时间，但必须作好记录，供进一步分析用。在此期间出现的故障，除已确定为非关联故障外，若不能确定是由原有故障引起的从属故障，则进行分类和记录，并作为与原有故障同时发生的多重关联故障处理。

故障分析清楚并准确定位后，应充分利用试验现场条件对受试产品进行修复和纠正。若现场无法对对受试产品进行修复和纠正，则更换备件继续试验。

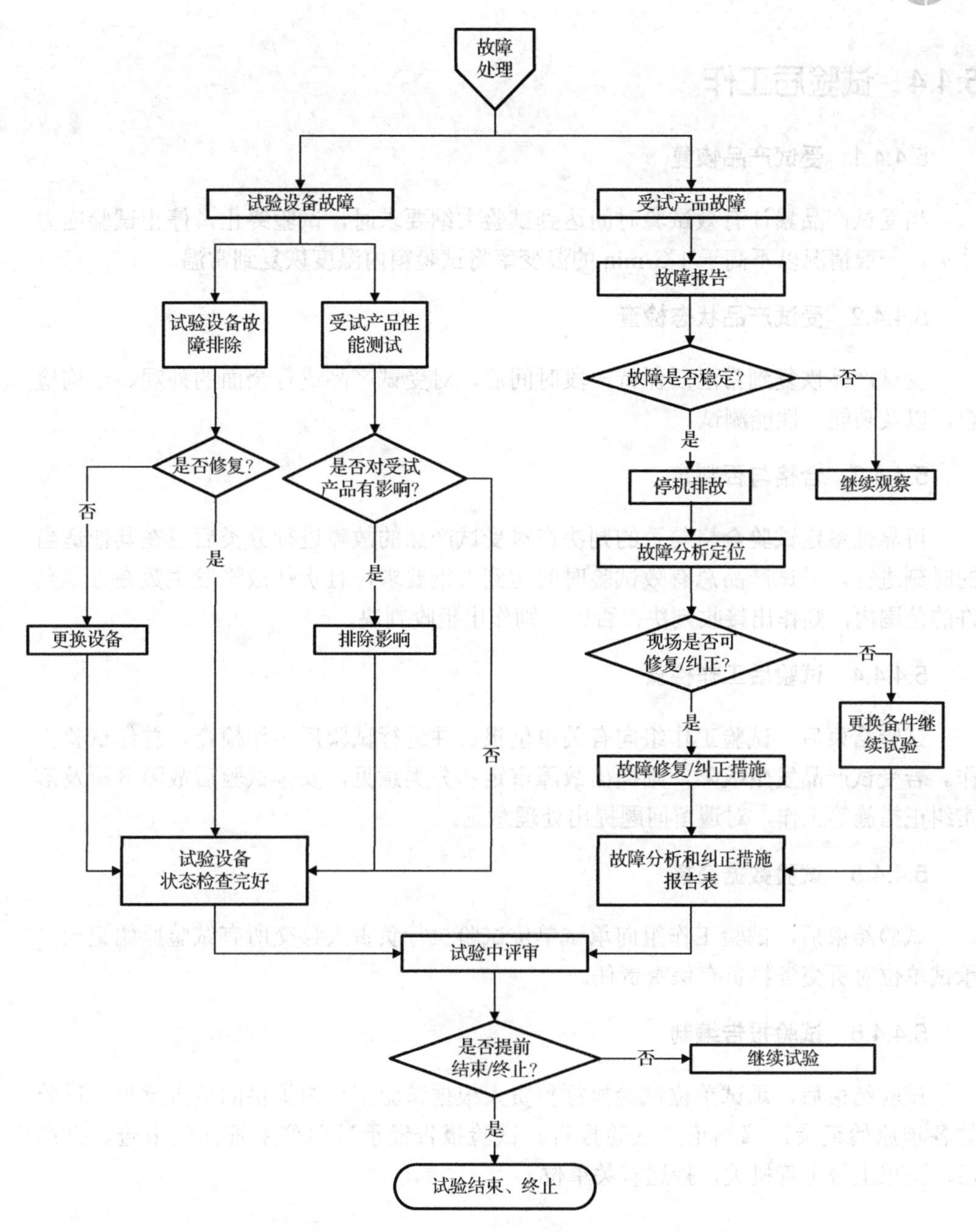

图 5.5 可靠性鉴定试验故障处理流程

5.4.3.6 试验时间统计

试验工作组组长根据试验日志负责统计试验时间。

5.4.4 试验后工作

5.4.4.1 受试产品恢复

当受试产品累计有效试验时间达到试验大纲要求时，试验终止，停止试验应力施加，一般情况以不高于 1℃/min 的温变率将试验箱内温度恢复到常温。

5.4.4.2 受试产品状态检查

受试产品恢复到常温后保持一段时间后，对受试产品进行全面的外观、结构检查，以及功能、性能测试。

5.4.4.3 合格与否判定

可靠性鉴定试验合格与否的判决在对受试产品的故障进行分类后或在其他适当的时刻进行。受试产品总有效试验时间达到大纲要求，且责任故障发生数在方案允许的范围内，则作出接收判决；否则，则作出拒收判决。

5.4.4.4 试验后工作检查

试验结束后，试验工作组向有关单位报告并进行试验后工作检查，总结试验工作。若受试产品发生故障，则提出故障审定和分类意见，安排试验后故障分析及落实纠正措施等工作，对遗留问题提出处理意见。

5.4.4.5 试验数据交接

试验结束后，试验工作组向承试单位试验执行负责人移交所有试验原始记录。承试单位对所交资料负有保密责任。

5.4.4.6 试验报告编制

试验结束后，承试单位试验执行负责人根据试验工作组提供的检查意见、试验的各项原始记录，编制正式试验报告。试验报告经承试单位主管部门审查、批准后，上报上级主管机关，抄送有关单位。

5.4.5 故障分析与处理

5.4.5.1 故障判据

在可靠性鉴定试验过程中，出现下列任一情况时，应判定受试产品出现故障。

（1）在规定的条件下，受试产品不能工作或部分功能丧失。

（2）在规定的条件下，受试产品参数检测结果超出规范允许范围。

（3）在试验过程中，受试产品的机械、结构部件或元器件发生松动、破裂、断裂或损坏。

5.4.5.2 故障分类

可靠性鉴定试验期间发生的故障，按照 GJB 451A-2005 的规定，分为关联故障和非关联故障。关联故障进一步分为责任故障和非责任故障。

1. 责任故障

受试产品在可靠性鉴定试验中出现的由于设计、生产工艺选用和元器件选型等原因造成的故障为责任故障。责任故障包括：

（1）由于设计缺陷或制造工艺不良而造成的故障；

（2）由于元器件潜在缺陷致使元器件失效而造成的故障；

（3）由于软件引起的故障；

（4）间歇故障；

（5）超出规范正常范围的调整；

（6）试验期间所有非从属性故障原因引起的故障征兆而引起的更换；

（7）未证实的故障（指无法重现或尚未查清原因的故障）等。

2. 非责任故障

试验过程中，非责任故障包括：

（1）误操作引起的受试产品故障；

（2）超出设备工作极限的环境条件和工作条件引起的受试产品故障；

（3）修复过程中引入的故障；

（4）将有寿件超期使用，使得该器件产生故障及其引发的从属故障等。

5.4.5.3 故障处理

可靠性鉴定试验过程中，应尽可能保证试验的连续性，故障纠正措施采取延缓纠正，即试验中发现故障后，不立即停止试验进行纠正，而是到了某一时刻才停下来对该试验段发生的故障进行集中纠正。故障处理应按以下的规定进行。

（1）发生故障时，予以记录。

（2）以尽量不影响仍在继续试验的受试产品的方式从试验中撤出有故障的受试产品。

（3）对撤出产品发生的故障进行分析，确定发生故障的部件，随后对故障部件进行机理分析。

（4）更换所有有故障的零部件，其中包括由其他零部件故障引起应力超出允许额定值的零部件，但不能更换性能虽已恶化但未超出允许容限的零部件。

（5）经修理恢复到可工作状态的受试产品，在证实其修理有效后，以尽量不影响仍在试验的受试产品的方式，重新投入试验。

（6）在取出有故障的受试产品进行修理期间，仍连续记录试验数据。

（7）除已确定为非关联故障外，对故障检测过程中受试产品或其他部件出现的故障，若不能确定是由原有故障引起的，则进行分类和记录，并作为与原有故障同时发生的多重关联故障处理。

（8）除事先已规定或经订购方已批准的以外，不应随意更换未出故障的模块或部件。

（9）在故障检测与修理期间，为保证试验的连续性，必要时，经订购方批准，可临时更换插件。

（10）若质量保证和工艺实践证明，在修理过程中拆下的零部件可能会降低产品的可靠性时，则不应将它再装入受试产品。

5.4.5.4 故障统计

试验过程中，只有责任故障才能作为判定受试产品合格与否的依据。责任故障应按下面的原则进行统计。

（1）可证实是由于同一原因引起的间歇故障只计为一次故障。

（2）有多个元器件在试验过程中同时失效时，当不能证明是一个元器件失效引起了另一些失效时，每个元器件的失效计为一次独立的故障；若可证明是一个元器件的失效引起的另一些失效时，则所有元器件的失效合计为一次故障。

（3）当可证实多种故障模式由同一原因引起时，整个事件计为一次故障。

（4）多次发生在相同部位、相同性质、相同原因的故障，若经分析确认采取纠正措施后将不再发生，则多次故障合计为一次故障。

（5）已经报告过的由同一原因引起的故障，由于未能真正排除而再次出现时，应和原来报告过的故障合计为一次故障。

（6）在故障检测和修理期间，若发现受试产品中还存在其他故障而不能确定为是由原有故障引起的，则应将其视为单独的责任故障进行统计。

5.4.6 试验数据处理

5.4.6.1 点估计

对试验结果的评估方法一般有极大似然法、图估计法、最小二乘法等。常用的是极大似然法。

设总体的分布密度函数为 $f(t,\theta)$，其中 θ 为待估参数，从总体中得到一组样本，其次序统计量的观测值为（$t_{(1)},t_{(2)},\cdots,t_{(n)}$），取这组观测值的概率为

$$L(\theta)=\prod_{i=1}^{n} f(t_i,\theta)\mathrm{d}t_i \tag{5.14}$$

让其概率达到最大，即当 $\dfrac{\partial L(\theta)}{\partial \theta}=0$ 时，就能得到 θ 的估计值

因此，寿命服从指数分布的产品，其概率密度是：$f(\theta)=\dfrac{1}{\theta}\mathrm{e}^{-t/\theta}$。根据式（5.14）得到不同试验方案下产品验证值的评估结果。具体点估计公式如表 5.2 所示。

表 5.2 指数分布点估计公式

试验类型	平均寿命的点估计	总试验时间
无替换定时截尾	$\hat{\theta}=\dfrac{T}{r}$	$T=\sum_{i=1}^{r} t_{(i)}+(n-r)t_0$
有替换定时截尾		$T=nt_{(0)}$
无替换定数截尾		$T=\sum_{i=1}^{r} t_{(i)}+(n-r)t_{(r)}$
有替换定数截尾		$T=nt_{(r)}$

注：n 是投入试验的样本量；r 是试验中出现的总故障数；$t_{(0)}$是定时截尾试验的截尾时间；$t_{(r)}$是定数截尾试验中出现第 r 个故障的故障时间。

5.4.6.2 区间估计

选择一个与待估参数有关的统计量 H，寻找它的分布使得

$$P(H_{\mathrm{L}}\leqslant H\leqslant H_{\mathrm{U}})=1-\alpha \tag{5.15}$$

通过 H 与待估参数的关系，得到待估参数的置信区间，即

$$P(\theta_{\mathrm{L}}\leqslant \theta\leqslant \theta_{\mathrm{U}})=1-\alpha \tag{5.16}$$

根据上述求区间估计的方法得到指数分布场合下各种试验方案的区间估计公式，如表 5.3 所示。

表 5.3 指数分布区间估计公式

试验类型	T_{BF} 的区间估计	T_{BF} 单侧置信下限
定时截尾	$\theta_{\mathrm{L}}=\dfrac{2T}{\chi^2_{\frac{\alpha}{2}}(2r)}$，$\theta_{\mathrm{U}}=\dfrac{2T}{\chi^2_{1-\frac{\alpha}{2}}(2r)}$	$\theta_{\mathrm{L}}=\dfrac{2T}{\chi^2_{\alpha}(2r)}$
定数截尾	$\theta_{\mathrm{L}}=\dfrac{2T}{\chi^2_{\frac{\alpha}{2}}(2r+2)}$，$\theta_{\mathrm{U}}=\dfrac{2T}{\chi^2_{1-\frac{\alpha}{2}}(2r)}$	$\theta_{\mathrm{L}}=\dfrac{2T}{\chi^2_{\alpha}(2r+2)}$
无失效	/	$\theta_{\mathrm{L}}=\dfrac{T}{-\ln\alpha}$

注：α 是上分位点（如图 5.6 所示）；T 为总试验时间。

示例 1 某产品规定进行定数截尾试验，且 r =7。试验到 820 台时出现第 7 个责任故障，停止试验。若规定的置信度 $c = 1-\beta = 80\%$，试对该试验结果进行估计。

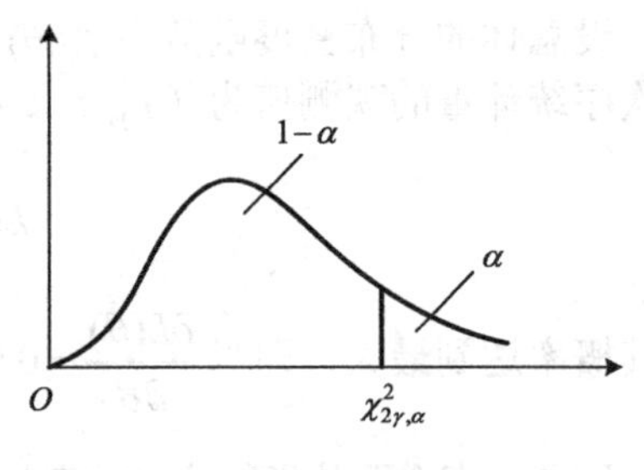

图 5.6 χ^2分布分位点示意图

解：（1）T_{BF}的观测值为

$$\hat{\theta}=\frac{T}{r}=\frac{820}{7}=117.46(\text{h})$$

（2）T_{BF}的验证区间为

$$\begin{cases}\theta_L=\dfrac{2r}{\chi^2_{\frac{1-\gamma}{2}}(2r)}\cdot\hat{\theta}=\dfrac{2\times7}{\chi^2_{0.1}(14)}\times117.46=\dfrac{14}{21.064}\times117.46=0.665\times117.46=77.9(\text{h})\\ \theta_U=\dfrac{2r}{\chi^2_{\frac{1+\gamma}{2}}(2r)}\cdot\hat{\theta}=\dfrac{2\times7}{\chi^2_{0.9}(14)}\times117.46=\dfrac{14}{7.790}\times117.46=1.797\times117.46=210.5(\text{h})\end{cases}$$

T_{BF}的验证区间为(77.9h, 210.5h)（置信度 $c = 80\%$），说明 T_{BF}的真值落在这个区间里的概率至少为 80%，或者说 T_{BF}的真值大于或等于 77.9h 的概率为 90%，而 T_{BF}的真值小于或等于 210.5h 的概率亦为 90%。

示例 2 某产品按选定的标准型定时截尾试验方案 17，试验到 1290 台时达到接收判决，试验中出现两个责任故障。若规定的置信度 $c = 1-2\beta = 60\%$，试对该产品的 T_{BF}进行估计。

解：（1）T_{BF}的观测值为

$$\hat{\theta}=\frac{T}{r}=\frac{1290}{2}=645(\text{h})$$

（2）T_{BF}的验证区间为

$$\begin{cases}\theta_L=\dfrac{2r}{\chi^2_{\frac{1-\gamma}{2}}(2r+2)}\cdot\hat{\theta}=\dfrac{2\times2}{\chi^2_{0.2},6}\times645=301.5(\text{h})\\ \theta_U=\dfrac{2r}{\chi^2_{\frac{1+\gamma}{2}}(2r)}\cdot\hat{\theta}=\dfrac{2\times2}{\chi^2_{0.8},4}\times645=1564.6(\text{h})\end{cases}$$

T_{BF}的验证区间为(301.5h, 1564.6h)（置信度 $c = 60\%$），说明 T_{BF}的其值落在这个区间里的概率至少为 60%，或者说 T_{BF}的真值大于或等于 301.5h 的概率为 80%，而 T_{BF}的真值小于或等于 1564.6h 的概率亦为 80%。

5.5 可靠性鉴定试验注意事项

（1）试验方案中的 θ_1 或 R_1 应等于合同中规定的最低可接受的 MTBF 值或可靠度值。

（2）受试产品应从所有产品中随机地抽取，受试产品数一般不应小于两台（套），但由于目前装备生产量小且受进度和经费限制，受试产品数量可为1台（套）。

（3）可靠性鉴定试验前应通过功能性能试验、环境鉴定试验、环境应力筛选试验等。

（4）试验时，应尽量模拟产品真实的工作条件、环境条件及现场使用时的维护程序，即在试验期间可现场使用维护程序进行更换、调整、润滑、清洗等工作。

（5）寿命服从指数分布的产品，在可靠性鉴定试验结束后，对受试产品进行整修，更换有故障或性能降级的零部件，使其恢复到规定的技术状态并通过有关的验收程序仍可出厂（所）交付。

第6章

可靠性综合评价

6.1 可靠性综合评价概述

产品可靠性评价是利用产品各种可靠性信息定性或定量评估其可靠性指标的过程，是可靠性工程的重要组成部分。不像产品的其他性能指标可用仪器来直接测定，可靠性评价必须通过使用或试验等获得产品相关可靠性信息，进一步利用可靠性评定技术实现可靠性指标的统计推断。这里，可靠性信息又称可靠性数据，广义的可靠性信息是有关产品的可靠性、维修性和经济性等数据、报告与资料的总称，包括产品可靠性结构、寿命模型、各种可靠性试验、现场使用数据等寿命周期内产生的描述产品可靠性水平及状况的所有相关信息。可靠性综合评价将利用这些可靠性信息，定量分析产品在特定时刻的可靠性水平，揭示各因素对产品可靠性的影响及产品可靠性状况的变化规律，进一步为产品可靠性设计优化、试验设计和保障决策等活动提供依据。

然而，随着现代化装备的功能不断多样化，零部件结构逐渐庞大，且往往样本少并具有较长的寿命，很难甚至不可能开展大量的可靠性试验，基于大失效样本的传统可靠性统计方法将不再适用，对复杂系统的可靠性综合评价成为可靠性工程的难题。由于任何大的系统均是由若干个分系统组成的，而各分系统由很多单机和部件组成，各单机和部件由很多组合件组成，各组合件由很多材料和元器件组成，如此可将复杂系统视为一个金字塔模型，如图 6.1 所示。基于金字塔模型的复杂系统可靠性评估方法将从下层依次向上进行整合评估，这样，就可能在不经过全系统试验的少数试验条件下完成复杂系统的可靠性综合评价。

根据基于金字塔模型的复杂系统可靠性综合评价方法，小样本、长寿命的复杂装备可靠性评价需要尽量融合各方面的可靠性信息（数据）。图 6.2 展示了复杂系统可靠性信息的多源特性。利用多源可靠性数据进行融合分析是小样本产品可靠性综合评价的重要手段。

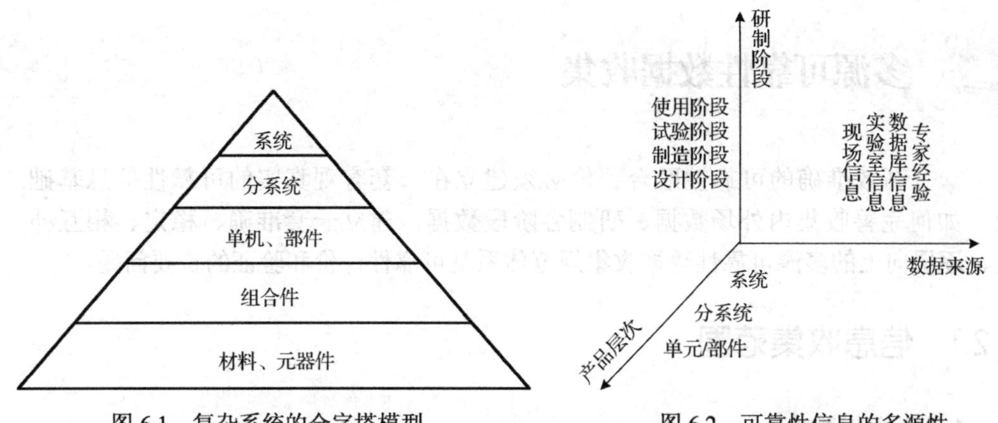

图 6.1 复杂系统的金字塔模型

图 6.2 可靠性信息的多源性

在多源可靠性数据融合策略中，本章着重介绍基于内外场结合试验和基于研制过程信息这两类可靠性综合评价方法。

基于内外场结合试验是小样本、长寿命产品进行可靠性综合评价的重要方法。目前，进行装备试验时可分为内场试验和外场试验两个部分。内场试验主要是在室内环境中运用仿真和试验等手段进行的可靠性试验；外场试验则主要是在真实或模拟真实环境中进行的可靠性试验。针对系统复杂、价格昂贵、可靠性高的装备，对其可靠性指标验证所需周期较长，成本巨大，系统级的可靠性信息往往很难获得，开展内外场综合验证方法研究，可缩短评价产品可靠性的试验时间，降低试验费用，最终利用内外场结合试验信息实现产品可靠性综合评价。

基于研制过程信息是新研系统可靠性综合评价的主要途径。一般产品技术状态可划分成沿用、改进和新研 3 个部分。对新研部分，在方案阶段，通过元器件优选和可靠性预计，对其可靠性进行初步评价；在初样研制阶段，对初样机的可靠性设计进行预计分析，根据预计分析的情况，对初样机进行设计改进优化，再生产初样机，对其模块级进行环境试验，对系统级进行可靠性预计分析，优化设计后生产初样机，参加初样联试；在正样机阶段，首先进行可靠性预计分析，改进正样机设计，生产正样机后，对模块级进行必要的环境试验，组成系统参加正样联试。正样联试后，开展新研部分产品系统级的环境鉴定试验和可靠性鉴定试验。可见，整个研制过程包含了大量可靠性信息，因此基于研制过程信息是新研产品可靠性评价的重要切入点。

对基于内外场结合试验和基于研制过程信息的可靠性综合评价，本章将分别介绍加权平均法和 Bayes 法进行多源可靠性数据融合，最终实现可靠性指标评价。其他融合方法（如模糊理论、信息熵、灰色系统、神经网络等）的融合思路与之相似，基本理论本章不赘述，感兴趣的读者可自行查阅相关文献。

6.2 多源可靠性数据收集

一个高效准确的可靠性融合评价必须建立在一套客观真实的可靠性信息基础上。如何完善收集内外场数据、研制各阶段数据，建立一套准确、稳定、相互补充、逐层向上的多源可靠性数据收集规范体系是可靠性评价和验证的首要问题。

6.2.1 信息收集范围

1. 从信息类型划分

从信息类型划分，信息收集范围如下。

（1）实验室可靠性试验信息：指各个研制阶段系统及其分系统的可靠性摸底试验、可靠性增长试验、可靠性鉴定试验等可靠性试验信息，包括试验剖面、试验时间、测试参数、各次测试结果、故障信息。

（2）联调试验信息：指各个研制阶段系统及其分系统的联调试验信息，包括联调试验日志、联调信息统计、故障汇总等信息。

（3）现场试验信息：指各个研制阶段系统及其分系统的现场试验信息，包括现场摸底试验、现场试用试验、现场鉴定/评定试验等各种类型在使用环境下进行的试验，记录信息包括现场试验日志、现场信息统计、故障汇总等信息。

（4）设计定型试验信息：包括设计定型阶段开展的靶场外的性能试验、通电寿命试验、连续运行试验、环境鉴定试验、可靠性鉴定试验，以及靶场内开展的靶试试验、鉴定试验等试验。

2. 从信息收集阶段划分

从信息收集阶段划分，信息收集范围包括初样阶段、正样阶段、设计定型阶段。

（1）初样阶段信息：主要是收集产品的设计、组成和故障信息，掌握产品情况。

（2）正样阶段信息：主要是收集产品的预计、研制试验信息，初步掌握产品可靠性情况。

（3）设计定型阶段信息：主要是收集产品的各类试验信息，用于可靠性评价。

3. 从装备各个组成部分的技术变化来看

从装备各个组成部分的技术变化来看，收集信息包括沿用部分、改进部分和新研部分 3 个部分的可靠性信息。这 3 个部分的信息收集特点不一样。

（1）沿用部分：沿用部分除收集新型号中沿用部分的可靠性信息外，还可利用原型号装备沿用部分的可靠性信息，包括原型号设计定型阶段的各种试验信息、设计定型后装备交付试验信息（包括质检/所检、军检、例行环境试验等）、部署装备的使用信息等与沿用部分具有相同技术状态的所有样机的试验和使用信息。

（2）改进部分：除按照沿用部分收集原型号可靠性信息外，收集新型号改进后的试验、联调、使用信息，另外，通过对改进前后的变化进行对比，分析其对可靠性的影响。

（3）新研部分：主要是收集新型号的试验、联调、使用信息。

6.2.2 信息质量要求

（1）及时性。信息的及时性要求是由可靠性信息的时效性所决定的，及时收集信息才能充分发挥其应有的价值，因此每个运行日都应立即填写相关表格。

（2）准确性。信息的准确性是信息的生命，也是评价质量的基础，填表者对信息的描述必须全面、清晰、准确，避免模棱两可，同时要严格按填表要求填写，字迹清楚，不能随意涂改。

（3）完整性。信息的完整性是信息能全面真实地反映评价对象的必要条件，因此填表者填写的内容要全，做到不缺项，保证信息在数量上的完整。

（4）连续性。信息的连续性、系统性是保证信息流不中断及有序性的重要条件，有信息就应收集，就应认真填写表格，这是持续整个评价过程的工作。

6.2.3 信息收集过程

（1）评价单位负责人明确信息收集要求，制定信息收集表格，说明信息收集方法。

（2）承制单位现场负责人负责监督和安排现场人员收集信息，并按规定填写相应的信息表格。

（3）承制单位现场人员如实、完整、准确地填写信息表格，对信息的完整性、真实性、准确性负责。

（4）评价工作组应根据工作需要，适时组织专业人员召开座谈会、专题分析会等，了解更多、更深层次的信息。

6.2.4 信息传递

（1）当日发生的现场信息应当日填写，经现场负责人确认和汇总后，提交给质量负责人。

（2）承制单位现场负责人定期领取填好的信息表格，对不符合要求的表格，要求现场人员进行处理，并与原表格一起返回。

（3）承制单位质量负责人将经过现场会签的信息表格定期交给评价单位。

（4）评价单位对提交的信息表格进行复核和汇总处理，形成初步意见后，提交监控单位审核。

（5）评价单位将评价审核通过的信息纳入有效评价信息使用，同时将信息分发给承制单位，对不符合项进行纠正。

（6）在环境鉴定试验中出现的故障应及时报告评价单位，确认故障性质，以免发生故障判断偏差，导致试验无效。

6.2.5 信息分析

（1）承制单位样机技术负责人负责组织相关的设计人员和质量人员，对信息进行初步的分析、处理和确认，包括故障原因分析、纠正措施验证、验证效果确认、归零管理落实、故障性质初步判定。

（2）评价单位负责信息的分类、汇总和整理，提供信息处理意见，剔除无效信息。

（3）监控单位负责信息的审核，定期召开会议，为评价提供有效数据，同时为改进不符合项提供决定。

6.2.6 信息审核

（1）现场人员填写的现场信息，必须由现场负责人签字确认信息的完整性、真实性和准确性，对不符合要求的信息进行处理，按照要求补充相关工作。

（2）承制单位质量负责人应对故障归零信息进行签字确认，保证归零工作落实到位。

（3）评价单位和监控单位共同监督研制单位的信息收集工作。

（4）评价单位定期对会签的评价信息进行复核和汇总处理，对不符合要求的信息提出处理意见，提交监控单位，通告承制单位。

（5）监控单位定期审核汇总信息，由承制单位、评价单位和监控单位对汇总信息进行会签。

（6）承制单位、评价单位和监控单位对现场信息进行会签确认现场信息。

6.2.7 信息有效性确认

（1）原始记录数据需要经过承制单位相关负责人签字确认。

（2）环境应力筛选数据由承制单位质量部确认。

（3）环境试验的数据由承制单位质量部和监控单位确认。

（4）可靠性增长试验、环境鉴定试验数据由监控单位和评价单位确认。

（5）在评价单位进行试验和使用的数据记录，必须经过评价单位签字确认。

（6）所有故障信息的故障性质的判定需要经过评价单位复核和认可。

（7）统计表数据需要经过承制单位、评价单位和监控单位三方负责人核对原始记录数据后签字确认。

6.2.8 获取的多源可靠性数据

经过可靠性数据收集，将获得如下 6 个部分多源数据融合可靠性评价数据。

（1）产品（包括系统、分系统、整机）的可靠性摸底试验数据。

（2）产品（包括系统、分系统、整机）的强化试验数据。

（3）产品（包括系统、分系统、整机）的加速增长试验数据。

（4）产品（包括系统、分系统、整机）的可靠性鉴定试验数据。

（5）系统级可靠性鉴定试验数据。

（6）可靠性外场验证数据（包括靶场内开展的靶试试验和鉴定试验）。

当研制单位能够证明数据来源真实、可信时，以下数据可以用于综合评价。

（1）产品（包括系统、分系统、整机）的联调试验数据。

（2）产品（包括系统、分系统、整机）的检验数据［包括质检、出厂（所）检验、军检］。

（3）产品（包括系统、分系统、整机）的靶场外设计定型试验数据（包括设计定型阶段开展的靶场外的性能试验、通电寿命试验、连续运行试验、环境鉴定试验）。

收集的数据主要是评价对象信息（包括对象名称、型号，产品层次和所属上级，研制阶段）、试验信息（包括试验类别、试验时间、试验地点、试验环境）、故障信息（包括故障日期、故障对象、故障性质、验证情况、故障原因等）。

6.3 可靠性综合评价的准备工作

6.3.1 产品寿命分布函数的确定

结合研制阶段划分，将产品的各种试验数据归纳到初样阶段、正样阶段、设计定型阶段中，对同一阶段属于同一产品（包括系统、分系统和整机）的各种不可控环境条件和可控环境条件的试验数据进行汇总。考虑到各个阶段产品的技术状态基本相同，可认为失效率恒定，因此对各个阶段的数据采用指数分布进行寿命分布的拟合。

对不可控环境条件试验数据进行汇总，包括产品（包括系统、分系统、整机）的联调试验数据、可靠性外场验证数据（包括靶场内开展的靶试试验和鉴定试验）、产品（包括系统、分系统、整机）的靶场外设计定型试验数据（包括设计定型阶段开展的靶场外的性能试验、通电寿命试验、连续运行试验）。按照责任故障发生的时间先后顺序计算各个故障时刻产品对应的累积失效概率，得到序列$\{(t_i, F(t_i)), i=1,2,\cdots,r\}$，采用指数分布模型，得到产品的寿命分布函数。

对可控环境条件试验数据进行汇总，包括产品（包括系统、分系统、整机）的可靠性摸底试验数据、产品（包括系统、分系统、整机）的强化试验数据、产品（包括系统、分系统、整机）的加速增长试验数据、产品（包括系统、分系统、整机）的可靠性鉴定试验数据，系统级可靠性鉴定试验数据、产品（包括系统、分系统、整机）的靶场内设计定型试验数据、环境鉴定试验数据。对于可靠性摸底试验数据和可靠性鉴定试验数据，采用指数分布模型，得到产品的寿命分布函数。对于环境试验数据、强化试验数据和加速增长试验数据，采用指数分布模型，得到产品的寿命分布函数，或者结合试验剖面的特点根据基于反应论的艾琳模型或基于疲劳寿命的疲劳损伤模型，利用模型中的一些工程经验参数估计产品的等效时间，得到产品的等效寿命分布。

6.3.2 数据充分度的确定

在用于综合评价的数据来源中，包括由研制单位单独收集的信息、主管监控单位监督收集的信息和第三方试验方与主管监控单位共同收集的信息。对这 3 个部分信息的充分度C_y、C_j、C_p（$C_y < C_j < C_p$）进行评价，其结果作为数据融合加权的依据。信息充分度的确定可采用充分性测度的方法进行评价。若验后分布的充分度越大则其所对应的验前分布地位越重要，其所占的权重应该越大，故可以根据充分度的大小确定融合信息可信度。

6.3.3 信息环境因子评价

在用于综合评价的数据来源中，包括各种可控环境条件下的内场试验数据和不可控环境条件下的外场试验数据，环境因子是可靠性工程中一个非常重要的参数，它表征的是相同产品在不同的环境中的快慢程度，反映了环境的严酷等级，在不同的环境条件下产品经历的环境严酷程度是不同的。因此，在进行综合评价前，应进行信息环境因子评价，其结果作为数据融合加权的依据。考虑到各种环境条件下产品样本数量和故障样本数量均不多的实际情况，分以下情况考虑。

（1）对于失效分布类型明确的，采用小概率估计法进行信息环境因子评价，能够解决没有失效数据的环境因子 K_h 折算。

（2）对于寿命分布类型不明确的，当可控环境条件下应力条件相对简单（包括温冲和恒温情况）或出现环境严酷度与试验结果没有关系的情况时，利用艾琳模型或疲劳损伤模型的工程经验法确定产品的环境因子。

6.4 可靠性综合评价方法

6.4.1 基于内外场结合试验的可靠性综合评价

内外场结合可靠性评价根据选择的统计试验方案得到的有效试验时间与允许故障数，一部分试验安排在实验室进行，一部分试验安排在现场使用进行，两部分试验时间之和应达到统计试验方案规定的有效试验时间，两部分出现的故障数之和应不超过统计试验方案允许出现的责任故障数，则试验顺利通过，说明可靠性指标达到要求。分别将两部分试验时间相加、故障数相加，可以参照统计方法进行可靠性指标评估。

内外场结合可靠性评价中，现场使用作为数据来源的一部分而不是全部，对于具备实验室试验条件，可靠性指标在 3000h 以内的仪器设备，现场使用时间不应超过总有效试验时间的 50%；可靠性指标在 3000h 以上的仪器设备，现场使用时间不应超过总有效试验时间的 80%。

本章将介绍利用加权平均融合法进行内外场结合试验的可靠性综合评价。

6.4.1.1 加权平均融合模型

假定产品的信息源个数为 m，首先对每个信息源进行可靠性数据预处理，计算产品的寿命分布密度函数 $f_i(t)$，然后确定信息源的可信度（权重）w_i，$w_i \in (0,1)$，且 $\sum_{i=1}^{m} w_i = 1$，则融合模型为

$$f(t) = \sum_{i=1}^{m} w_i f_i(t) \tag{6.1}$$

式中，$f_i(t)$ 为融合不同阶段可靠性数据信息给出的产品的寿命分布密度函数。

对设备级产品的可靠性综合评价来说，其信息源一般包括可靠性仿真试验数据、可靠性加速增长试验数据、系统可靠性鉴定试验数据及外场数据等；而对系统级产品的可靠性综合评价来说，其信息源一般包括各组成部分的可靠性综合评价结果、系统可靠性鉴定试验数据及外场数据等。

6.4.1.2 数据预处理

1. 可靠性仿真试验数据预处理

对于可靠性仿真试验，可直接利用其评估结果。

2. 可靠性加速增长试验数据预处理

对于可靠性加速增长试验，其寿命分布密度函数为

$$f(t)=1-\mathrm{e}^{t/\theta_{\mathrm{L}}} \tag{6.2}$$

式中，θ_{L} 为根据可靠性加速增长试验结果评估出的 MTBF 置信下限。

3. 系统可靠性鉴定试验数据预处理

（1）系统级可靠性综合评价时的系统可靠性鉴定试验数据预处理。设系统可靠性鉴定试验时间为 T，责任故障数为 r，则根据系统可靠性鉴定试验可以评估系统的 MTBF 在给定置信度 c 下的置信下限为

$$\theta_{\mathrm{L}} \geqslant \frac{2T}{\chi^2_{(1-c),(2r+2)}} \tag{6.3}$$

对于系统可靠性鉴定试验，其寿命分布函数可根据式（6.2）求得。

（2）设备级可靠性综合评价时的系统可靠性鉴定试验数据预处理。设某系统由 n 个设备组成，各设备的平均无故障工作时间分别为 θ_1、θ_2、……、θ_n。根据可靠性仿真试验、相似产品的可靠性水平等相关信息，各设备的平均无故障工作时间的比例关系分别为：$\theta_1=a_1\theta_n$，$\theta_2=a_2\theta_n$，……，$\theta_{n-1}=a_{n-1}\theta_n$。利用系统平均无故障工作时间与各设备的平均无故障工作时间之间的关系及系统可靠性鉴定试验信息，计算各设备在给定置信度为$1-\alpha$下的平均无故障工作时间置信下限估计 θ_{L}，则根据式（6.2）可以得到各设备的寿命分布密度函数。

4. 外场数据的预处理

外场数据的预处理方法同系统可靠性鉴定试验数据。

5. 设备级可靠性综合评价结果的数据预处理

当已知构成系统的各个设备的可靠性综合评价结果时，该部分的数据可作为系统级可靠性综合评价的输入之一。

已知组成系统的各个设备的可靠性综合评价结果为θ_1、θ_2、……、θ_n，则系统的 MTBF 点估计为

$$\theta=\frac{1}{\sum_{i=1}^{n}\frac{1}{\theta_i}} \tag{6.4}$$

其寿命分布函数可根据式（6.2）求得。

加权数据融合方法的基本步骤是首先对不同的可靠性数据信息分别进行预处

理，获得产品的寿命分布；然后根据所有寿命分布的交互信息确定出权重因子；最后融合不同的寿命分布给出评价结果。

6.4.1.3 信息源的权重 w_i 的确定

假定不同信息源给出的产品寿命分布两两相交，根据不同信息源之间的支持程度确定信息源的权重。

设两概率分布密度函数为 f 和 g，则两概率分布之间的距离（Kullback Leibler 距离，即交叉熵）为

$$D(f \| g)=\int f \ln \left(\frac{f}{g}\right) \mathrm{d} x \tag{6.5}$$

其中，定义 $0\ln(0/0)=0$。

从直观上来说，两个分布相交的程度越大，二者之间的相互支持程度就越高，因此将分布 $f_i(t)$ 与 $f_j(t)$ 之间的相互支持程度定义为 $D(f_i \| f_j)$。对于 m 个寿命分布进行融合，首先计算不同信息源的相互支持程度，则建立如下支持向量，即

$$\boldsymbol{S}=(S_{11} \quad S_{12} \quad \cdots \quad S_{1m}) \tag{6.6}$$

式中，$S_{1i}=D[f_1(t) \| f_i(t)]=\int f_1(t) \ln \left[\frac{f_1(t)}{f_i(t)}\right] \mathrm{d} t$（$i=2,3,\cdots,m$）；$f_1(t)$ 表示根据外场信息得到的产品寿命分布；$f_i(t)$（$i=2,3,\cdots,m$）表示根据可靠性仿真试验、可靠性加速增长试验、系统可靠性鉴定试验等信息得到的产品寿命分布。

记

$$A_i=\frac{S_{1i}}{\sum_{i=1}^{m} S_{1i}} \tag{6.7}$$

由于支持向量 $\boldsymbol{S}$ 中的元素分别表示分布 $f_i(t)$ 对 $f_1(t)$ 的支持程度，支持程度越高，S_{1i} 越小，因此为使权重反映不同信息源之间的支持程度，可令

$$w_i=\frac{1/A_i}{\sum_{i=2}^{m} 1/A_i}=\frac{1}{1+\sum_{j=2, j \neq i}^{m} A_i/A_j} \tag{6.8}$$

由于根据外场信息确定的系统的寿命分布与真实的产品寿命分布还有一定的“距离”，因此采用分布 $f_1(t)$ 相对于真实分布的可信程度 ρ 作为它的权重，即

$$w_1=\rho \tag{6.9}$$

式中，$\rho=\frac{L_{\gamma_2}}{L_{\gamma_1}}$，$0<\rho<1$。

L_{γ_1} 和 L_{γ_2} 分别表示由外场信息确定的寿命分布参数两个不同置信度下的置信区

间长度，置信度$\gamma_1<\gamma_2$，一般情况下，推荐$\gamma_1=50\%$，$\gamma_2=80\%$。

根据外场试验量的大小选取置信度，试验量越小，则选取差别更大的γ_1与γ_2，因为它们的差别越大，ρ就越小，分布$f_1(t)$的权重也越小，意味着外场数据确定的寿命分布在融合中占的比重也越小，从而能够更好地利用不同源的可靠性信息进行综合评价。随着外场数据量的逐渐增大，由它所确定的寿命分布也越来越真实，即可信程度越来越高，ρ也越来越大。考虑极限情况，当样本量足够大时，确定的寿命分布基本能够反映真实情况，这时ρ也接近于 1，符合理论和工程实际。这里以设备的寿命分布类型为指数分布为基础，对于指数分布可直接由其参数的置信区间长度确定ρ。得到权重w_1后，可以求得其他信息源的权重为

$$w_i=(1-\rho)\times\frac{1/A_i}{\sum\limits_{i=2}^{m}1/A_i} \tag{6.10}$$

6.4.1.4 可靠性综合评价结果

综上，产品的 MTBF 估计为

$$\hat{t}_{\mathrm{BF}}=\int_0^{\infty}tf(t)\mathrm{d}t \tag{6.11}$$

6.4.2 基于研制过程信息的可靠性综合评价

基于过程信息的可靠性综合评价方法将产品技术状态划分成沿用、改进和新研 3 个部分，同时将整个产品的可靠性指标分配到这 3 个部分。采用研制过程定性信息和定量信息分别对这 3 个部分采取可靠性分析、评估、试验等不同手段进行综合评价，给出仪器设备的可靠性指标，如图 6.3 所示。

（1）沿用部分可靠性统计评估：利用已有仪器设备技术状态固化后的试验信息、售后使用信息，评估沿用部分的可靠性指标，确认是否达到沿用部分分配的可靠性指标要求。

（2）改进部分可靠性分析评估：利用改进前仪器设备售后服务信息，进行可靠性统计评估，获得改进前仪器设备的可靠性水平；并对改进前与改进后样机的技术状态差异进行比较，分析改进对可靠性的影响，并通过可靠性建模预计得到改进后的可靠性水平，确定样机改进后是否能够达到分配的可靠性指标要求。

（3）新研部分实验室可靠性试验：利用新研部分研制过程技术状态基本稳定后的环境试验、联调试验、通电测试、试用等过程信息，采取 Bayes 统计分析方法，确认先验分布参数，制定 Bayes 统计试验方案，在实验室补充完成新研部分可靠性试验，评估新研部分的可靠性指标是否满足要求。当新研部分可靠性指标分配值不

高，或者基于研制过程信息得到的先验分布不理想时，也可采用全实验室试验方法评估新研部分的可靠性指标。

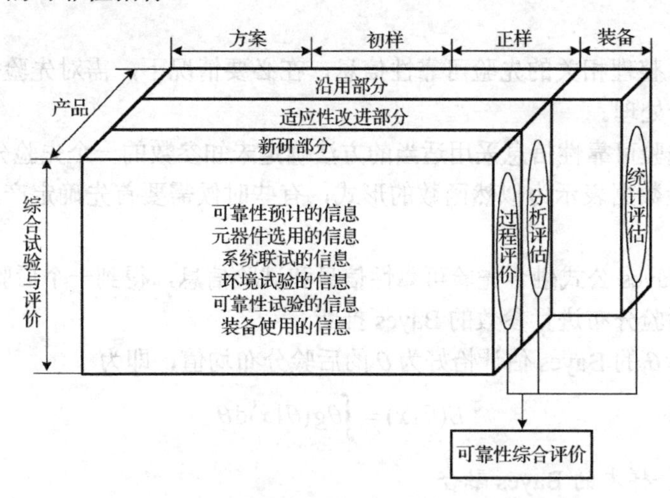

图 6.3 LD 可靠性综合评价总体方案示意图

基于研制过程信息的可靠性综合评价实施流程如图 6.4 所示。

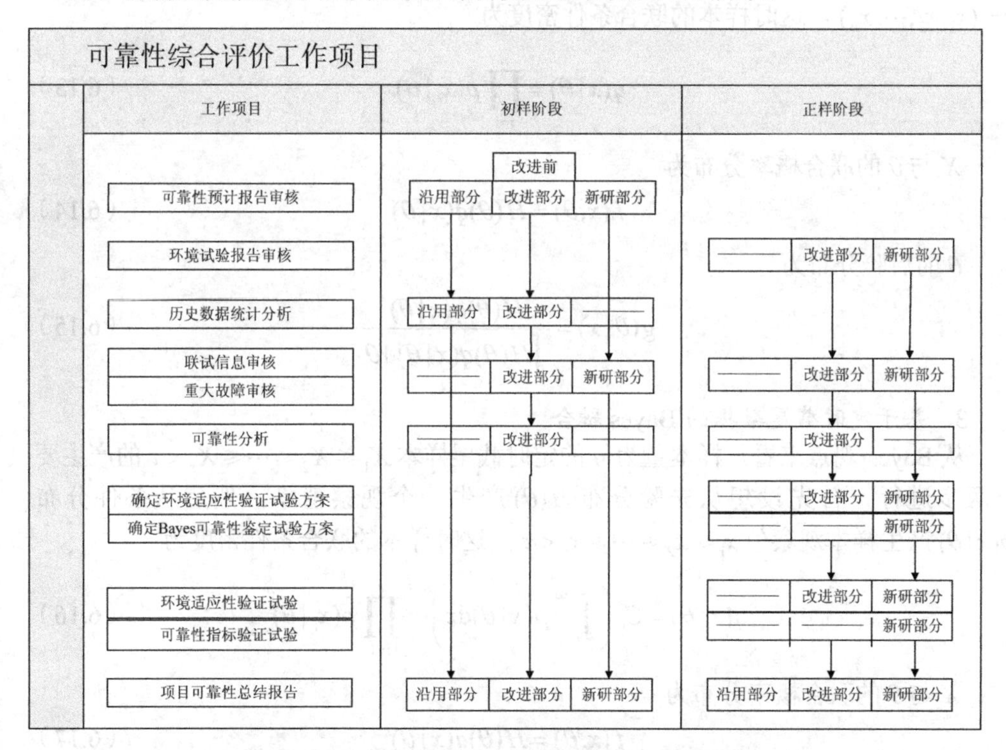

图 6.4 基于研制过程信息的可靠性综合评价实施流程

6.4.2.1 Bayes 综合评价原理

1. 步骤

（1）收集、整理相关的先验可靠性信息，在必要情况下，需对先验信息进行可信度检验和折合处理。

（2）根据先验可靠性信息采用适当的方法确定未知参数的一个先验分布。

（3）将试验数据表示为似然函数的形式，有些时候需要首先确定产品的寿命分布类型。

（4）根据 Bayes 公式融合先验可靠性信息和试验信息，得到一个后验分布。

（5）根据后验分布进行参数的 Bayes 推断。

（6）此时，θ 的 Bayes 估计恰好为 θ 的后验分布均值，即为

$$E(\theta|x)=\int\theta g(\theta|x)\mathrm{d}\theta \tag{6.12}$$

2. 基于完全样本的 Bayes 融合

从 Bayes 观点来看，完全样本 $X=(X_1,X_2,\cdots,X_n)$ 的产生要分两步进行，首先设想从先验分布 $H(\theta)$ 产生一个观察值 θ，然后从条件分布 $p(x|\theta)$ 产生样本观察值 $x=(x_1,x_2,\cdots,x_n)$，这时样本的联合条件密度为

$$q(x|\theta)=\prod_{i=1}^{n}p(x_i|\theta) \tag{6.13}$$

X 与 θ 的联合概率分布为

$$f(x,\theta)=H(\theta)q(x|\theta) \tag{6.14}$$

θ 的后验分布为

$$g(\theta|x)=\frac{H(\theta)q(x|\theta)}{\int H(\theta)q(x|\theta)\mathrm{d}\theta} \tag{6.15}$$

3. 基于定时截尾数据的 Bayes 融合

从 Bayes 观点来看，样本量为 n 的定时截尾样本 $X_1\leqslant X_2\leqslant\cdots\leqslant X_r<\tau$ 的产生要分两步进行，首先设想从先验分布 $H(\theta)$ 产生一个观察值 θ，然后从条件分布 $p(x|\theta)$ 产生样本观察值 $x_1\leqslant x_2\leqslant\cdots\leqslant x_r<\tau$，这时样本的联合条件密度为

$$q(x|\theta)=C_n^r\left(\int_{\tau}^{+\infty}p(x|\theta)\mathrm{d}x\right)^{n-r}\prod_{i=1}^{r}p(x_i|\theta) \tag{6.16}$$

X 与 θ 的联合概率分布为

$$f(x,\theta)=H(\theta)q(x|\theta) \tag{6.17}$$

θ 的后验分布为

$$g(\theta | x)=\frac{H(\theta)q(x|\theta)}{\int H(\theta)q(x|\theta)\mathrm{d}\theta} \tag{6.18}$$

6.4.2.2 确定先验分布

根据 Bayes 统计理论，利用可靠性鉴定试验前产品的可靠性信息确定先验分布，当产品寿命分布为指数分布时，选用倒伽马分布 $\mathrm{IGa}(a,b)$ 作为 θ 的共轭型先验分布，令 $\pi(\theta)$ 为 $\mathrm{IGa}(a,b)$ 的密度函数，即

$$\pi(\theta)=\frac{b^a}{\Gamma(a)}\left(\frac{1}{\theta}\right)^{a+1}\mathrm{e}^{-b/\theta} \tag{6.19}$$

根据收集信息的特点选择相应的模型，计算超参数 a、b 以确定先验分布。

6.4.2.3 顺序约束的 MTBF 增长模型

研制阶段中，产品第 i 阶段（i=1,…,m）的 MTBF M_i 满足顺序约束条件 $M_1<M_2<\cdots<M_m$。设阶段 i 的失效次数为 n_i，试验时间为 t_i，定时截尾情况下计算检验统计量 $F_i^*=t_{i+1}(2n_i+1)/[t_i(2n_{i+1}+1)]$，若 $F_i^*\geqslant F_{2n_{i+1}+1,2n_i+1;1-\alpha}$，则表示从阶段 i 到阶段 i+1 有 MTBF 的增长，否则将两段数据进行合并，与下段进行增长检验，直到各阶段数据满足顺序约束条件，可按照如下方法计算超参数 a、b。

首先，分别令$n_i'=n_i+1$和$n_i'=n_i,(i=1,\cdots,m)$，计算 M_i^{-1} 的一阶矩 μ 和二阶矩 ν，即

$$\mu=A^{-1}\sum_{k_1=0}^{q_1}\cdots\sum_{k_{m-1}=0}^{q_{m-1}}\omega(k_1,\cdots,k_{m-1})\frac{n_m'+k_{m-1}}{t_{(m)}} \tag{6.20}$$

$$\nu=A^{-1}\sum_{k_1=0}^{q_1}\cdots\sum_{k_{m-1}=0}^{q_{m-1}}\omega(k_1,\cdots,k_{m-1})\frac{(n_m'+k_{m-1})(n_m'+k_{m-1}+1)}{t_{(m)}^2} \tag{6.21}$$

式中，

$$A=\sum_{k_1=0}^{q_1}\cdots\sum_{k_{m-1}=0}^{q_{m-1}}\omega(k_1,\cdots,k_{m-1}) \tag{6.22}$$

$$\omega(k_1,\cdots,k_{m-1})=\prod_{i=1}^{m-1}\frac{\Gamma(k_i+n_{i+1}')}{k_i!}\left(\frac{t_{(i)}}{t_{(i+1)}}\right)^{k_i} \tag{6.23}$$

$$t_i'=t_i \quad (i=1,\cdots,m) \tag{6.24}$$

$$t_{(i)}=\sum_{k=1}^{i}t_k' \quad (i=1,\cdots,m) \tag{6.25}$$

$$q_i = k_{i-1} + n_i' - 1 \quad (i = 1, \cdots, m,\ k_0 = 0) \tag{6.26}$$

计算得到（μ_1, ν_1）、（μ_2, ν_2）后，代入$t_m = \mu/(\nu - \mu^2)$和$n_m = t_m \mu$求阶段 m 的n_m和t_m的平均值。

利用$\mathrm{IGa}(a,b)$的数学期望值$E(\theta)$和10%分位数$\theta_{0.1}$，求解

$$E(\theta) = \int_0^{\infty} \theta \pi(\theta)\,\mathrm{d}\theta = \frac{b}{a-1} \tag{6.27}$$

$$\int_0^{\theta_{0.1}} \pi(\theta)\mathrm{d}\theta = 0.1 \tag{6.28}$$

令$E(\theta)$取先验均值，$\theta_{0.1}$取置信度为90%的置信下限，则有

$$E(\theta) = t_m / n_m \tag{6.29}$$

$$\theta_{0.1} = \frac{2t_m}{\chi^2_{0.9}(2n_m + 2)} \tag{6.30}$$

将式（6.29）和式（6.30）代入式（6.27）和式（6.28）求解，即可计算超参数a和b。

6.4.2.4 失效率恒定模型

如果过程数据不满足顺序约束条件，假设失效率恒定，已知统计研制阶段的样机累计工作时间T^*及期间的残余性故障n^*，则$E(\theta)$和$\theta_{0.1}$取值为

$$E(\theta) = T^*/n^* \tag{6.31}$$

$$\theta_{0.1} = \frac{2T^*}{\chi^2_{0.9}(2n^* + 2)} \tag{6.32}$$

将式（6.31）和式（6.32）代入式（6.27）和式（6.28）求解，即可计算超参数a和b。

6.4.2.5 制定试验方案

经协商，指定相等的生产方风险名义值α及使用方风险名义值β为 10%、20%和 30%，将研制总要求中规定的可靠性指标最低可接受值作为检验下限θ_0，根据下式计算统计试验方案的试验时间 T。

$$\alpha = p(\theta \geqslant \theta_0 | \gamma > c) = \frac{p(\theta \geqslant \theta_0, \gamma > c)}{p(\gamma > c)} = \frac{\int_{\theta_0}^{\infty} [1 - p(r \leqslant c | \theta)]\pi(\theta)\mathrm{d}\theta}{1 - p(\gamma \leqslant c)}$$

$$= \frac{\Gamma\left(a + \dfrac{b}{\theta_0}\right) - \left(\dfrac{b}{b+T}\right)^a \displaystyle\sum_{r=0}^{c} \frac{1}{\gamma!}\left(\frac{T}{b+T}\right)^{\gamma} \Gamma\left(a + \gamma, \frac{b+T}{\theta_0}\right)}{\Gamma(a) - \left(\dfrac{b}{b+T}\right)^a \displaystyle\sum_{r=0}^{c} \frac{\Gamma(a+\gamma)}{\gamma!}\left(\frac{T}{b+T}\right)^{\gamma}} \tag{6.33}$$

进一步根据下式计算检验上限 θ_1。

$$\beta = p(\theta \leqslant \theta_1 \mid \gamma \leqslant c) = \frac{p(\theta \leqslant \theta_1, \gamma \leqslant c)}{p(\gamma \leqslant c)} = \frac{\int_0^{\theta_1} p(r \leqslant c \mid \theta)\pi(\theta)\mathrm{d}\theta}{p(\gamma \leqslant c)}$$

$$= \frac{\sum_{r=0}^{c} \frac{1}{\gamma!}\left(\frac{T}{b+T}\right)^{\gamma}\left[\Gamma(a+\gamma) - \Gamma\left(a+\gamma, \frac{b+T}{\theta_1}\right)\right]}{\sum_{r=0}^{c} \frac{\Gamma(a+\gamma)}{\gamma!}\left(\frac{T}{b+T}\right)^{\gamma}} \tag{6.34}$$

令允许发生的最大故障数 c 分别取 0、1、2、……，可以得到一系列试验方案，根据 $D = \theta_0/\theta_1$ 得到每个试验方案的鉴别比，Bayes 鉴定试验方案设计完成，根据需要从中选取试验方案。

6.5 可靠性综合评价案例

6.5.1 基于内外场结合试验

6.5.1.1 案例 1：某设备级产品可靠性综合评价

该产品为显示控制管理处理机，是显控分系统的一个组成部分。通过仿真试验得到该产品的寿命分布；通过外场、可靠性加速试验与系统试验可以分别得到产品的 MTBF 在一定置信度下的置信下限值。这些可靠性信息只包含可靠性参数统计特性的部分信息，存在着不确定因素的影响，为了综合利用这些信息得到产品的 MTBF 的有效评估，利用加权信息融合的方法，得到一个融合了多源可靠性信息的融合分布。通过对这些可靠性信息进行预处理，获得不同试验条件下产品的寿命分布 $f_1(t)$、$f_2(t)$、$f_3(t)$ 和 $f_4(t)$，然后根据所有寿命分布的交叉熵确定出权重因子 w_i，构造融合分布 $f(t) = \sum_{i=1}^{4} w_i f_i(t)$，最后利用 $f(t)$ 得到产品的 MTBF 的有效评估。

1. 数据预处理

（1）可靠性仿真试验信息预处理。根据仿真试验得到的数据，可以得到产品寿命分布和密度函数分别为

$$F_2(t) = 1 - \mathrm{e}^{-\lambda_2 t}, \quad t > 0$$

$$f_2(t) = \lambda_2 \mathrm{e}^{-\lambda_2 t}, \quad t > 0$$

式中，$\lambda_2 = 1/2380$。

（2）可靠性加速试验信息预处理。根据可靠性加速试验结果，可以得到产品的寿命分布和密度函数分别为

$$F_3(t)=1-\mathrm{e}^{-\lambda_3 t}，\quad t>0$$

$$f_3(t)=\lambda_3\mathrm{e}^{-\lambda_3 t}，\quad t>0$$

式中，$\lambda_3=1/1996$。

（3）系统可靠性鉴定试验信息预处理。两台产品随系统完成 1200 台时可靠性鉴定试验后，又补充了 950 台时的可靠性鉴定试验，试验过程中无故障，因此在 80%置信度下的 MTBF 的置信下限值为

$$\theta_{\mathrm{L}}\geqslant\frac{2T}{\chi^2_{0.2,2}}=\frac{2\times2150}{3.22}=1335$$

根据 MTBF 的置信下限值，可以得到产品的寿命分布和密度函数分别为

$$F_4(t)=1-\mathrm{e}^{-\lambda_4 t}，\quad t>0$$

$$f_4(t)=\lambda_4\mathrm{e}^{-\lambda_4 t}，\quad t>0$$

式中，$\lambda_4=1/1335$。

（4）外场信息预处理。利用外场数据，可以得到产品的寿命分布和密度函数分别为

$$F_1(t)=1-\mathrm{e}^{-\lambda_1 t}，\quad t>0$$

$$f_1(t)=\lambda_1\mathrm{e}^{-\lambda_1 t}，\quad t>0$$

式中，$\lambda_1=1/875$。

2. 可靠性综合评价

首先，确定分布 $f_1(t)$ 的权重 w_1。由于工程中经常选用置信度为 50%的置信下限为可靠性参数的点估计，而根据物理试验数据得到的可靠性参数估计的置信度为 80%，由于这里求得的是参数的单侧置信限，因此取两个置信度 80%和 50%下的置信下限的比为 w_1，则有

$$w_1=\rho=\frac{L_{\gamma_2}}{L_{\gamma_1}}=\frac{L_{0.8}}{L_{0.5}}=\frac{\chi^2_{0.5,2}}{\chi^2_{0.8,2}}=0.4307$$

然后，计算分布 $f_1(t)$、$f_2(t)$、$f_3(t)$ 和 $f_4(t)$ 之间的相互支持程度，即支持向量 $\boldsymbol{S}=(S_{11}\quad S_{12}\quad S_{13}\quad S_{14})$。其中，

$$\begin{aligned}S_{1i}&=\int_0^\infty f_1(t)\ln\frac{f_1(t)}{f_i(t)}\,\mathrm{d}t\\&=\int_0^\infty \lambda_1\mathrm{e}^{-\lambda_1 t}\ln\frac{\lambda_1\mathrm{e}^{-\lambda_1 t}}{\lambda_i\mathrm{e}^{-\lambda_i t}}\,\mathrm{d}t\end{aligned}$$

$$
\begin{aligned}
&= \int_0^\infty \lambda_1 e^{-\lambda_1 t}\left[\ln\frac{\lambda_1}{\lambda_i} + (\lambda_i - \lambda_1)t\right]dt \\
&= (\ln\lambda_1 - \ln\lambda_i)\int_0^\infty \lambda_1 e^{-\lambda_1 t}dt + \lambda_1(\lambda_i - \lambda_1)\int_0^\infty t e^{-\lambda_1 t}dt \\
&= \ln\lambda_1 - \ln\lambda_i + \frac{\lambda_i - \lambda_1}{\lambda_1}
\end{aligned}
$$

式中，$i = 1,2,3,4$。

代入λ_1、λ_2、λ_3和λ_4可得

$$S_{11} = 0, \quad S_{12} = 0.3683, \quad S_{13} = 0.2631, \quad S_{14} = 0.0779$$

根据式（6.7）可以求得

$$A_1 = 0, \quad A_2 = 0.5193, \quad A_3 = 0.3709, \quad A_4 = 0.1098$$

由于分布$f_1(t)$的权重$w_1 = \rho = 0.4307$，根据式（6.10）可以得到分布$f_2(t)$、$f_3(t)$和$f_4(t)$的权重分别为

$$w_2 = 0.0799, \quad w_3 = 0.1118, \quad w_4 = 0.3776$$

进一步，可以求得融合产品的可靠性仿真试验、可靠性加速试验、外场和系统可靠性鉴定试验后的寿命分布为

$$
\begin{aligned}
f(t) &= \sum_{i=1}^{m} w_i f_i(t) \\
&= 0.4307\cdot(1/875)\cdot e^{-t/875} + 0.0799\cdot(1/2380)\cdot e^{-t/2380} + \\
&\quad 0.1118\cdot(1/1996)\cdot e^{-t/1996} + 0.3776\cdot(1/1335)\cdot e^{-t/1335}
\end{aligned}
$$

此时，产品的 MTBF 估计为

$$\hat{\theta} = \int_0^\infty t f(t)dt = 1294(\text{h})$$

6.5.1.2 案例 2：某系统级产品可靠性综合评价

某显控分系统由两台显示控制管理处理机、1 个航空电子启动板、1 个正前方控制板、1 台平视显示器、3 台彩色多功能液晶显示器、1 台彩色视频摄像机与 1 台数字视频记录仪等设备组成。通过各组成部分的可靠性综合评价结果得到该系统的寿命分布；通过外场与系统试验可以分别得到产品的 MTBF 在一定置信度下的置信下限值。这些可靠性信息只包含可靠性参数统计特性的部分信息，存在着不确定因素的影响，为了综合利用这些信息得到系统的 MTBF 的有效评估，利用加权信息融合的方法，得到一个融合了多源可靠性信息的融合分布。通过对这些可靠性信息进

行预处理，获得不同试验条件下产品的寿命分布 $f_1(t)$、$f_2(t)$ 和 $f_3(t)$，然后根据所有寿命分布的交叉熵确定出权重因子 w_i，构造融合分布 $f(t)=\sum_{i=1}^{3} w_i f_i(t)$，最后利用 $f(t)$ 得到产品的 MTBF 的有效评估。

1. 数据预处理

（1）设备级可靠性综合评价结果的数据预处理。根据各组成部分的可靠性综合评价结果可知，显示控制管理处理机的 MTBF 为 $\theta_1=1294\text{h}$，航空电子启动板的 MTBF 为 $\theta_2=3890\text{h}$，正前方控制板的 MTBF 为 $\theta_3=3538\text{h}$，平视显示器的 MTBF 为 $\theta_4=1386\text{h}$，彩色多功能液晶显示器的 MTBF 为 $\theta_5=1295\text{h}$，彩色视频摄像机的 MTBF 为 $\theta_6=3114\text{h}$，数字视频记录仪的 MTBF 为 $\theta_7=3816\text{h}$。

该系统的 MTBF 可根据式（6.4）求得 $\theta=175.2\text{h}$，则可得系统的寿命分布和密度函数分别为

$$F_2(t)=1-\mathrm{e}^{-\lambda_2 t},\quad t>0$$

$$f_2(t)=\lambda_2\mathrm{e}^{-\lambda_2 t},\quad t>0$$

式中，$\lambda_2=1/175.2$。

（2）外场信息预处理。利用外场数据，可以得到产品的寿命分布和密度函数分别为

$$F_1(t)=1-\mathrm{e}^{-\lambda_1 t},\quad t>0$$

$$f_1(t)=\lambda_1\mathrm{e}^{-\lambda_1 t},\quad t>0$$

式中，$\lambda_1=1/102$。

（3）系统可靠性鉴定试验信息预处理。一套系统完成了 600h 的可靠性鉴定试验，试验过程中出现两次故障，则在 80%置信度下的 MTBF 的置信下限值为

$$\theta_{\mathrm{L}}\geqslant\frac{2T}{\chi^2_{0.2,6}}=\frac{2\times600}{8.56}=140$$

根据 MTBF 的置信下限值，可以得到产品的寿命分布和密度函数分别为

$$F_3(t)=1-\mathrm{e}^{-\lambda_3 t},\quad t>0$$

$$f_3(t)=\lambda_3\mathrm{e}^{-\lambda_3 t},\quad t>0$$

式中，$\lambda_3=1/140$。

2. 可靠性综合评价

首先，确定分布 $f_1(t)$ 的权重 w_1。由于工程中经常选用置信度为 50%的置信下限为可靠性参数的点估计，而根据物理试验数据得到的可靠性参数估计的置信度为 80%，由于这里求得的是参数的单侧置信限，因此取两个置信度 80%和 50%下的置

信下限的比为 w_1，则有

$$w_1=\rho=\frac{L_{\gamma_2}}{L_{\gamma_1}}=\frac{L_{0.8}}{L_{0.5}}=\frac{\chi^2_{0.5,2}}{\chi^2_{0.8,2}}=0.4307$$

然后，计算分布 $f_1(t)$、$f_2(t)$、$f_3(t)$ 之间的相互支持程度，即支持向量 $\boldsymbol{S}=(S_{11}\quad S_{12}\quad S_{13})$。其中，

$$\begin{aligned}S_{1i}&=\int_0^{\infty}f_1(t)\ln\frac{f_1(t)}{f_i(t)}\mathrm{d}t\\&=\int_0^{\infty}\lambda_1\mathrm{e}^{-\lambda_1 t}\ln\frac{\lambda_1\mathrm{e}^{-\lambda_1 t}}{\lambda_i\mathrm{e}^{-\lambda_i t}}\mathrm{d}t\\&=\int_0^{\infty}\lambda_1\mathrm{e}^{-\lambda_1 t}\left[\ln\frac{\lambda_1}{\lambda_i}+(\lambda_i-\lambda_1)t\right]\mathrm{d}t\\&=(\ln\lambda_1-\ln\lambda_i)\int_0^{\infty}\lambda_1\mathrm{e}^{-\lambda_1 t}\mathrm{d}t+\lambda_1(\lambda_i-\lambda_1)\int_0^{\infty}t\mathrm{e}^{-\lambda_1 t}\mathrm{d}t\\&=\ln\lambda_1-\ln\lambda_i+\frac{\lambda_i-\lambda_1}{\lambda_1}\end{aligned}$$

式中，$i=1,2,3$。

代入 λ_1、λ_2、λ_3 可得

$$S_{11}=0,\quad S_{12}=0.1231,\quad S_{13}=0.0452$$

根据式（6.7）可以求得

$$A_1=0,\quad A_2=0.7313,\quad A_3=0.2687$$

由于分布 $f_1(t)$ 的权重 $w_1=\rho=0.4307$，根据式（6.8）可以得到分布 $f_2(t)$、$f_3(t)$ 的权重分别为

$$w_2=0.1530,\quad w_3=0.4164$$

进一步，可以求得融合该系统各组成部分的可靠性综合评价结果、该系统的可靠性鉴定试验和外场数据后的寿命分布为

$$\begin{aligned}f(t)&=\sum_{i=1}^{m}w_i f_i(t)\\&=0.4307\cdot(1/102)\cdot\mathrm{e}^{-t/102}+0.1530\cdot(1/175.2)\cdot\mathrm{e}^{-t/175.2}+0.4164\cdot(1/140)\cdot\mathrm{e}^{-t/140}\end{aligned}$$

此时，系统的 MTBF 估计为

$$\hat{\theta}=\int_0^{\infty}tf(t)\mathrm{d}t=129(\mathrm{h})$$

6.5.2 基于研制过程信息

6.5.2.1 案例 1：某产品 Bayes 可靠性鉴定试验

研制任务书中规定某产品的最低可接受值为 600h。通过数据融合的方法折合可靠性摸底试验数据、系统联调试验数据及可靠性加速增长试验数据 3 个阶段的有效数据。其中，第一阶段的试验时间为 300h，发生 1 个故障；第二阶段的试验时间为 800h，发生两个故障；第三阶段的试验时间为 1500h，发生 1 个故障。以下均要求以 90%置信水平进行计算。

1. 确定先验分布

（1）顺序约束增长检验。已知 t_1=300，t_2=800，t_3=1500；n_1=1，n_2=2，n_3=1。首先检验第一阶段和第二阶段试验数据的增长性，由于 $F_i^* = 1.6 < F_{5,3;0.9} = 5.3$，因此将前两段数据合并。将进一步和第三阶段试验数据进行检验，由于 $F_i^* = 3.19 \geqslant F_{3,7;0.9} = 3.07$，符合增长趋势。

（2）计算超参数 a、b。根据上述检验结果，选取顺序约束的 MTBF 增长模型进行计算，根据式（6.20）和式（6.21）分别计算得到

$$(\mu_1, \nu_1) = (1.174\times10^{-3}, 1.982\times10^{-6})$$

$$(\mu_2, \nu_2) = (5.714\times10^{-3}, 6.176\times10^{-7})$$

再由 $t_m = \mu/(\nu-\mu^2)$ 和 $n_m = t_m\mu$ 分别计算得到

$$t_{m1} = 1944.6,\quad n_{m1} = 2.283$$

$$t_{m2} = 1962.9,\quad n_{m2} = 1.1216$$

取平均值得 $t_m = 1953.4$，$n_m = 1.7023$。

进一步根据式（6.27）和式（6.28）计算得到 $a = 2.7$，$b = 1953$。

2. 制定试验方案

由式（6.19）和超参数 a、b 确定先验分布后，根据式（6.33）和式（6.34）得到试验方案，如表 6.1 所示。

表 6.1 Bayes 定时截尾试验方案

方案号		I	II	III
$\alpha = 20\%$ $\beta = 20\%$	允许发生的最大故障数	0	1	2
	试验时间 T	388	742	1116
	鉴别比 D	1.72	1.40	1.23

6.5.2.2 案例 2：某产品 Bayes 可靠性鉴定试验

研制任务书中规定某产品的最低可接受值为 5000h。通过数据融合的方法折合可靠性摸底试验数据、可靠性加速增长试验数据、系统联调试验数据和系统鉴定试验数据 4 个阶段的有效数据。其中，第一阶段的试验时间为 500h，没有发生故障；第二阶段的试验时间为 14500h，发生 1 个故障；第三阶段的试验时间为 1500h，发生两个故障；第四阶段的试验时间为 800h，没有发生故障。以下均要求以 70%的置信水平进行计算。

1. 确定先验分布

根据顺序约束增长检验，上述数据不满足顺序约束条件，假设失效率恒定，统计研制阶段的样机累计工作时间 T^*=17300，期间的残余性故障 $n^*=2$，根据式（6.31）、式（6.32）和式（6.27）、式（6.28）计算得到 $a=3$，$b=17300$。

2. 制定试验方案

由式（6.19）和超参数 a、b 确定先验分布后，根据式（6.33）和式（6.34）得到试验方案，如表 6.2 所示。

表 6.2 Bayes 定时截尾试验方案

方案号		Ⅰ	Ⅱ	Ⅲ
$\alpha=20\%$ $\beta=20\%$	允许发生的最大故障数	0	1	2
	试验时间 T	778	2405	4392
	鉴别比 D	1.28	1.04	0.91

6.6 小结

本章围绕大型复杂系统，针对其小样本、长寿命和难以开展系统可靠性试验等特征，提出基于多源信息融合的可靠性综合评价思路。首先，介绍了多源可靠性数据收集方面的知识，包括信息收集范围、信息质量要求、信息收集过程、信息传递、信息分析、信息审核和信息有效性确认等；其次，介绍了可靠性综合评价的准备工作，通过产品寿命分布函数确定、数据充分度确定，进行信息环境因子评价；接着，提出两种多源信息融合的可靠性综合评价方法：基于内外场结合试验和基于研制过程信息；最后，通过案例分别展示了两种方法在复杂系统可靠性综合评价中的应用。

第7章 加速试验与快速评价

7.1 加速试验概述

随着科学技术的进步、市场竞争的日益激烈及用户对产品质量和可靠性越来越高的要求，传统实验室的寿命试验和可靠性试验已经不能满足产品的研制与生产需求。为了快速评价产品的寿命与可靠性，短时间内暴露产品缺陷，缩短研制周期，减少产品研制费用，需要研究新的试验技术和方法。加速试验技术正是在这样的背景下应运而生的。

由于加速试验技术起步比较晚，其类型众多，因此目前国际上还没有统一的加速试验的定义。

俄罗斯国家标准 ГОСТ 27.002-89 给出的加速试验定义是：“所有的试验实施方法和条件保证能比在正常试验下更短时间内获得可靠性信息的实验室（试验台）试验。”

美国军用标准 MIL-HDBK-338B 对加速试验的定义是：“加速试验的目的在于利用远高于正常情况下的试验条件，在给定时间内获得更多可靠性信息。”

我国国家军用标准 GJB 451-90 给出的加速试验定义是：“为缩短试验时间，在不改变故障模式和失效机理的条件下，用加大应力的方法进行的试验。”

我国国家标准 GB/T 3187-94 给出的定义是：“为缩短观测产品应力响应所需持续时间或放大给定持续时间内的响应，在不改变基本的故障模式和失效机理或它们的相对主次关系的前提下，施加的应力水平选取超过规定的基准条件的一种试验。”

由此可见，加速试验是一种在给定的试验时间内获得比在正常条件下（可能获得的信息）更多的信息的方法。它是通过采用比产品在正常使用中所经受的环境更为严酷的试验环境来实现这一点的。

7.2 加速试验目的与分类

7.2.1 加速试验目的

加速试验的目的有以下几点。

（1）快速暴露产品的设计和工艺缺陷，并通过相应的纠正措施，提高产品的质量与可靠性。

（2）快速评价与验证产品的可靠性水平。

（3）消除产品的早期缺陷。

7.2.2 加速试验分类

加速试验是一种内场试验。从试验目的来看，加速试验可分为工程加速试验与统计加速试验。工程加速试验包括高加速寿命试验（Highly Accelerated Life Testing，HALT）、加速可靠性增长试验（Accelerated Reliability Growth Testing，ARGT）、高加速应力筛选（Highly Accelerated Stress Screening，HASS）等。而统计加速试验包括加速寿命试验（Accelerated Life Testing，ALT）、加速退化试验（Accelerated Degradation Testing，ADT）等。从对试验结果的处理方式来看，加速试验又可分为定量加速试验和定性加速试验。其中，加速可靠性增长试验、加速寿命试验和加速退化试验都属于定量加速试验，而可靠性强化试验和高加速应力筛选则属于定性加速试验。

7.2.3 加速试验技术核心

目前，国内外对加速试验技术的研究与应用主要集中于高加速寿命试验、加速寿命试验和加速退化试验，分别应对了高可靠性的增长与长寿命的评价需求，构成了加速试验技术的核心，也代表了可靠性试验技术的发展方向。

7.2.3.1 高加速寿命试验

由于高加速寿命试验应用于研制阶段，它能以较短的时间促使产品的设计和工艺缺陷暴露出来，从而在设计阶段对产品进行改进，实现高效可靠性增长。波音公司在应用该技术时称之为可靠性强化试验（Reliability Enhancement Testing，RET），目前国内广泛采用这一术语。

高加速寿命试验是由美国 Hobbs 工程公司总裁 Gregg K. Hobbs 博士于 1988 年首先提出来的。高加速寿命试验的理论依据是故障物理学，把故障或失效当作研究的主要对象，通过发现、研究和根治故障达到提高可靠性的目的。

高加速寿命试验针对各种类型的单一或综合环境因素，采用步进应力的方法依次使产品经受强度水平越来越高的应力，找出产品设计缺陷和薄弱环节，并加以改进，使产品越来越健壮，最终提高产品可靠性水平。

从上述内容可以看出，高加速寿命试验的关键是用高应力快速将产品内部的设计和工艺缺陷激发出来，变成可检测到的故障，对故障进行分析并采取纠正措施改进设计，从而使产品更为健壮。实际上，高加速寿命试验是产品设计强化工作的组成部分。由于该试验使用步进应力方法，一步一步地用更高的应力进行“激发缺陷—设计改进”过程，直到达到基本极限和经费、进度等条件不允许为止。因此，应用高加速寿命试验设计的产品，已成为在经费、进度和技术能力条件允许下的最为健壮的产品。由于步进应力的高端应力远远超过规范规定的应力或使用现场可能遇到的最高应力，因此在投入使用后，经过高加速应力试验的产品一般不会出现故障。

高加速寿命试验的一个基本组成部分是根因分析，以及为确保产品完整性进行的纠正措施，从而提高产品的可靠性和设计健壮性。只有发现和确定了产品的薄弱环节，才能达到提高裕度的目的。根因分析是高加速寿命试验最复杂的一个环节，因为为了确定产品在试验中暴露出的潜在问题，接着需要分析这些问题在现场使用中是否会发生，或是它仅仅是由于试验过程中超出了产品技术要求或改变了失效机理而已。

7.2.3.2 加速寿命试验与加速退化试验

美国罗姆航展中心于 1967 年首次给出了加速寿命试验的统一定义：加速寿命试验是在进行合理工程及统计假设的基础上，利用与物理失效规律相关的统计模型对在超出正常应力水平的加速环境下获得的可靠性信息进行转换，得到试件在额定应力水平下可靠性特征的可复现的数值估计的一种试验方法。加速寿命试验采用加速应力进行试件的寿命试验，从而缩短了试验时间，提高了试验效率，降低了试验成本，其研究使高可靠、长寿命产品的可靠性评定成为可能。

对于某些高可靠、长寿命产品，即使采用加速寿命试验方法，有时也难以得到失效数据，使得基于失效数据分析的加速寿命试验方法得不到预期结果，因此基于故障退化模型的加速退化试验技术应运而生。加速退化试验通过提高应力水平来加速性能退化，搜集在高应力水平下的性能退化数据，利用这些数据来预测常规使用应力下的退化寿命。加速退化试验克服了加速寿命试验在零失效方面的应用困难，是目前新兴的长寿命预测方法，在高可靠、长寿命研究中具有广阔的应用前景。一般认为，加速退化试验是加速寿命试验的一个发展分支。加速寿命试验和加速退化试验为高可靠、长寿命工程提供了长寿命的预测与验证技术。

7.3 整机加速试验与快速评价整体解决方案

随着工业技术水平的不断提高，产品对可靠性的需求已越来越强烈，高可靠、长寿命的复杂系统可靠性指标快速评估已成为诸多产品面临的共性技术难题。由于整机可靠性指标的要求不断提高，传统的可靠性试验与评估方法已难以满足产品可靠性评估的需求。同时，由于民用产品组成日益复杂，整机可靠性指标的小幅提升则要求分系统及零部件的可靠性指标成十倍，甚至几十倍水平的增长，这也给产品子系统的可靠性评估带来了巨大挑战。

加速试验是一种在给定的试验时间内获得比在正常条件下更多的信息的方法，它通过采用比正常使用中所经受的环境更为严酷的试验环境达到快速评价产品可靠性指标和寿命指标的目的。相对传统试验，加速试验通常因具有较大的加速效应，能够比传统试验缩短数十倍甚至上百倍的试验时间，可以在短短几百小时内完成上万小时的可靠性指标评价和寿命指标评价，从而缩短了试验时间，提高了试验效率，降低了试验成本，是解决高可靠、长寿命产品可靠性指标评定的有效方法。

加速试验与快速评价的思路是在加速试验的基础上，综合利用整机历史数据评估和预测整机的使用可靠度、充分利用加速试验得到的各个关键件的寿命、利用特征检测分析得到的各型板级电路和元器件的薄弱环节，充分利用整机－关键件－板级－元器件各层次的信息进行系统寿命的定性或定量综合评价。最终，形成五位一体的整机寿命综合评价方案：①整机外场信息统计分析；②关键件加速试验分析；③板级电路寿命特征检测分析；④元器件寿命特征检测分析；⑤整机可靠性综合评价。

整机加速试验与快速评价主要包括以下工作。

（1）整机外场信息统计分析。从整机外场信息中获得整机检测结果、使用时间、故障时间、故障部位，对其可靠度进行评估与预测，并初步确定出整机中薄弱的关键部件，为系统开展加速试验对象的选取提供参考。

（2）关键件加速试验分析。针对关键和薄弱关键件开展加速试验，初步预测关键件的寿命；针对关键组件开展加速退化试验，获得其关键性能参数变化趋势，预测关键组件的性能参数超差时间，为整机修理时进行参数调整和寿命件更换提供依据。

（3）板级电路寿命特征检测分析。针对完成试验的部件，分解出各类板级电路，选取关键和薄弱的板级电路开展寿命特征检测分析，深入检测板级电路内部可能潜在的缺陷和失效，纳入板级电路的薄弱环节。

（4）元器件寿命特征检测分析。针对关键和薄弱的元器件，开展寿命特征检测分析，包括外观检查、关键性能检测与寿命状态检测等，找出元器件的潜在缺陷和失效，纳入元器件的薄弱环节。

（5）整机可靠性综合评价。结合整机加速寿命试验、关键件加速退化试验、板级电路和元器件寿命特征检测的分析结果，综合评价系统的寿命，并给出系统的薄弱环节，结合修理经验和样机原理，给出更换维修策略。

7.3.1 整机历史数据统计分析方法

7.3.1.1 整机历史数据统计分析流程

整机历史数据统计分析流程如图 7.1 所示。

1. 数据采集及收集

可靠性评价与预测以数据为基础，在做好初始准备工作后，则应进行对所需数据的收集和采集，制定相应的数据采集表格，按照表格详细记录所需数据，并保证数据的来源的真实性和可靠性。

2. 模型初选

模型初选一般根据建模人员的经验，并结合失效（故障）数据初步分析结果选取合适的可靠性分布模型，常用的模型如指数分布、威布尔分布、对数分布等。

3. 参数估计

拟采用参数估计方法有两种基本类型：图解法和解析法。其中解析法又可分成古典方法（如最小二乘法等）、极大似然估计方法等。

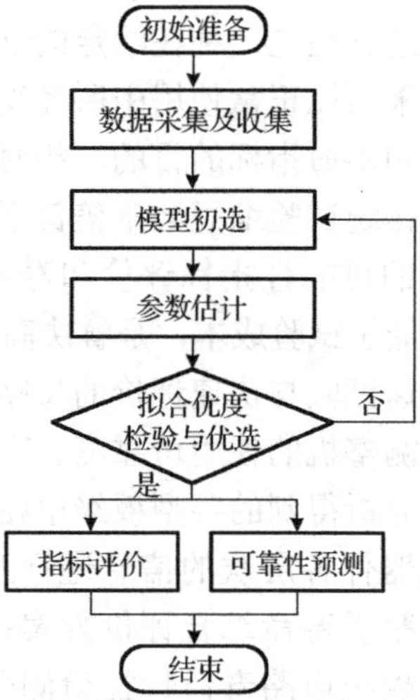

图 7.1 整机历史数据统计分析流程

4. 拟合优度检验与优选

拟合优度检验与优选包括单个模型拟合优度检验和多个模型优选。单个模型拟合优度检验是检验实际数据是否符合所拟合的寿命分布模型。多个模型优选是在多个符合拟合优度检验的模型中选择最优模型，作为整机的寿命分布模型。

在对失效数据进行可靠性建模时，经常遇到多个模型均能对同一批数据进行拟合，且能够通过单个模型的拟合优度检验，因此，如何从多个通过拟合优度检验的分布模型中挑选最好的分布模型，是保证可靠性建模、评估精度的关键。

5. 指标评价及可靠性预测

建立了整机寿命分布模型后，便可对其的可靠性水平进行评价及预测。

7.3.1.2 整机可靠度初步计算

（1）期望估计值可通过下式估计，即

$$R(t_i)=1-i/(1+n) \tag{7.1}$$

式中：t_i 为升序排序后第 i 个失效（故障）时间，对于可修系统为故障间隔时间，对于不可修系统则为失效时间，时间具有广义含义；n 为失效（故障）总数。

（2）中点估计值可通过下式估计，即

$$R(t_i)=1-(i-0.5)/n \tag{7.2}$$

式中参数含义同上。

（3）中位秩估计值可通过下式估计，即

$$R(t_i)=1-(i-0.3)/n+0.4 \tag{7.3}$$

当故障总数 n 较大时，3 种估计方法所得估计值基本相近。

7.3.1.3 整机可靠度模型初选

模型初选一般根据建模人员的经验，并结合故障数据初步分析结果选取合适的寿命分布模型，常用的模型如指数分布、威布尔分布、对数分布等，其中指数分布、威布尔分布被广泛用于机械系统建模。模型初选可首先根据所得故障数据，对故障数据进行频率直方图分析，得到概率密度函数的大致趋势；也可按频率直方图分组方法，绘制累积分布函数趋势图，结合频率直方图与累积分布函数趋势图，可初步判定适合的模型；如果借助频率直方图与累积分布函数趋势图仍不能选定合适的分布模型，还可以借助于相应的概率图纸如威布尔概率图纸，对数正态分布概率图纸等判定故障时间是否服从该分布。

几种常用寿命分布概率密度及累积分布函数曲线趋势如图 7.2 至图 7.7 所示。

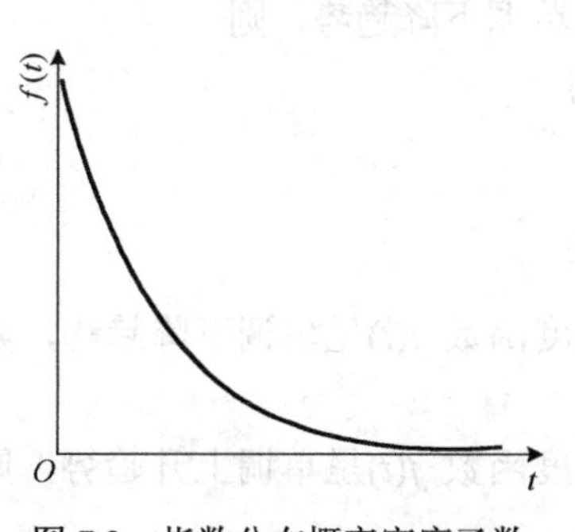

图 7.2 指数分布概率密度函数

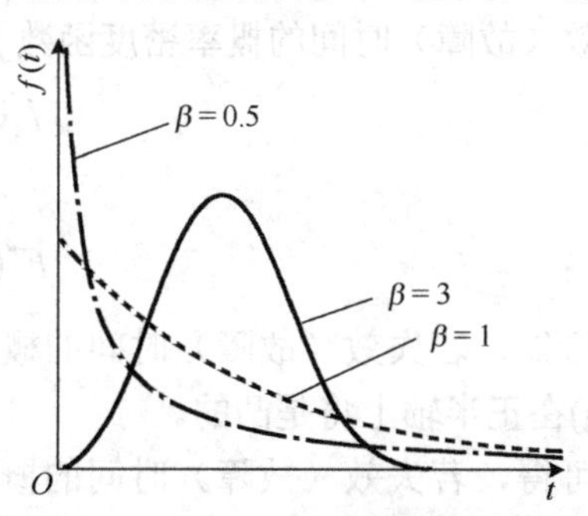

图 7.3 威布尔分布概率密度函数

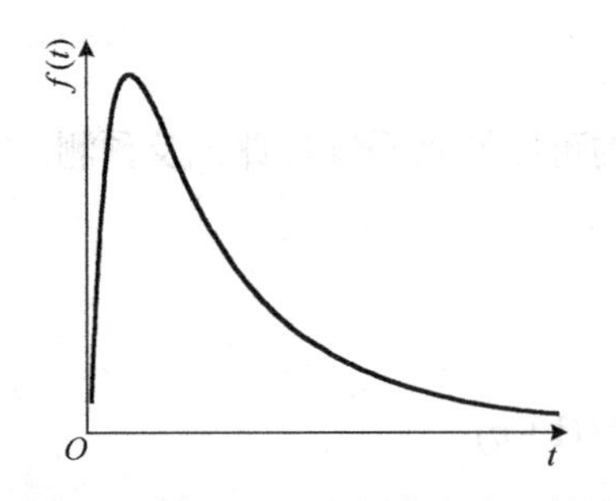

图 7.4　对数正态分布概率密度函数图

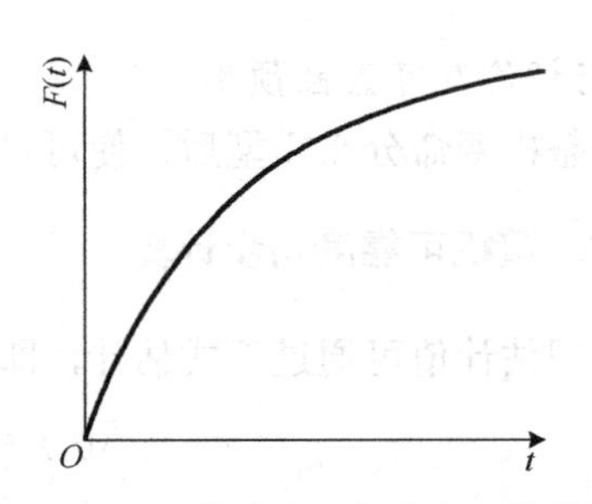

图 7.5　指数分布累积分布函数曲线

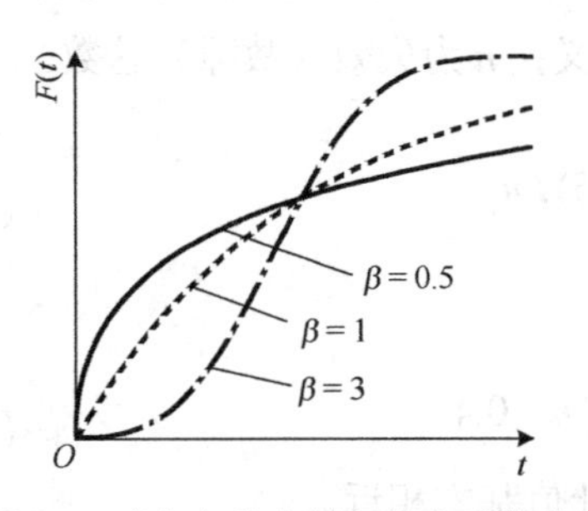

图 7.6　威布尔分布累积分布函数曲线

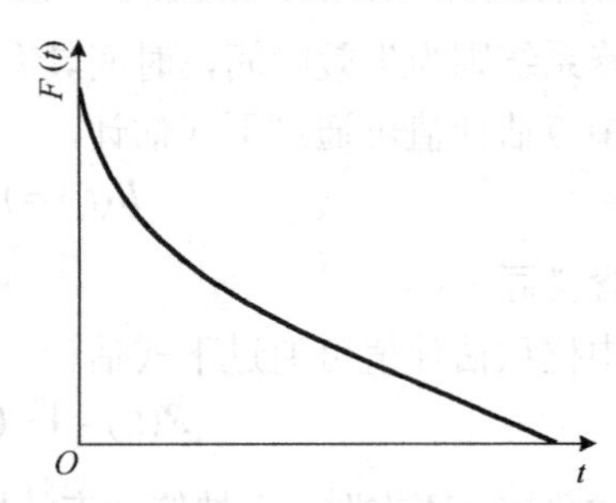

图 7.7　对数正态分布累积分布函数曲线

失效（故障）时间的累积分布函数 $F(t)$ 同其密度函数 $f(t)$ 之间的关系为

$$f(t) = F'(t) \tag{7.4}$$

若失效（故障）时间的概率密度函数 $f(t)$ 呈峰值形，如正态分布和对数正态分布，则

$$f'(t) = 0 \tag{7.5}$$

即

$$F''(t) = 0 \tag{7.6}$$

由此可知，若失效（故障）时间的概率密度函数 $f(t)$ 呈峰值形，则其分布函数 $F(t)$ 将出现拐点。

若失效（故障）时间的概率密度函数 $f(t)$ 呈单调下降趋势，则

$$f'(t) < 0 \tag{7.7}$$

即

$$F''(t) < 0 \tag{7.8}$$

由此可知，若失效（故障）时间的概率密度函数 $f(t)$ 呈单调下降趋势，则其分布函数 $F(t)$ 在正半轴上将是凸的。

同理可得，若失效（故障）时间的概率密度函数 $f(t)$ 呈单调上升趋势，则其分布函数 $F(t)$ 在正半轴上将是凹的。

由上述讨论可知，由可估计理论分布函数 $F(t)$，可初步判断 $f(t)$ 的形状。

7.3.1.4 整机可靠度模型参数估计

整机可靠度模型参数估计方法包括最小二乘法、极大似然估计方法等。

1. 指数分布模型

（1）最小二乘法。最小二乘法是将模型经过恰当的变换后，应用最小二乘法原理来估计模型的未知参数。

指数分布的累积分布函数 $F(t)=1-\mathrm{e}^{-\lambda t}$，令 $y=\ln\dfrac{1}{1-F(t)}$，$x=t$。对累积分布函数变形得

$$y=\lambda x \tag{7.9}$$

因此，(x_1,y_1)、(x_2,y_2)、……、(x_r,y_r) 呈一条直线，且斜率为 λ，可通过下式求解。

$$\hat{\lambda}=\frac{l_{xy}}{l_{xx}} \tag{7.10}$$

$$l_{xx}=\sum_{i=1}^{n}(x_i-\overline{x})^2=\sum_{i=1}^{n}x_i^{\,2}-n\overline{x}^2 \tag{7.11}$$

$$l_{xy}=\sum_{i=1}^{n}(x_i-\overline{x})(y_i-\overline{y})=\sum_{i=1}^{n}x_iy_i-n\overline{xy} \tag{7.12}$$

（2）极大似然法。抽取 n 个样品进行试验，设截尾时间（无替换的定时截尾）为 t_0。在 $[0,t_0]$ 内有 r 个产品失效，失效时间依次为

$$t_1\leqslant t_2\leqslant\cdots\leqslant t_0 \tag{7.13}$$

一个产品在 $[t_i,\ t_i+\mathrm{d}t_i]$ 内失效的概率为 $f(t_i)\mathrm{d}t_i$（$i=1,2,\cdots,r$）。其余 $n-r$ 个产品的寿命超过 t_0 的概率为 $(\mathrm{e}^{-\lambda t_0})^{n-r}$，故试验观察结果出现的概率为

$$C_n^r(\lambda\mathrm{e}^{-\lambda t_1}\mathrm{d}t_1)(\lambda\mathrm{e}^{-\lambda t_2}\mathrm{d}t_2)\cdots(\lambda\mathrm{e}^{-\lambda t_r}\mathrm{d}t_r)(\mathrm{e}^{-\lambda t_0})^{n-r} \tag{7.14}$$

忽略常数项，则可建立指数分布的似然函数，即

$$L(\lambda)=\lambda^r\exp\left\{-\lambda\left[\sum_{i=1}^{r}t_i+(n-r)t_0\right]\right\} \tag{7.15}$$

两边取对数，建立对数似然方程为

$$\ln L(\lambda)=r\ln\lambda-\lambda[\sum_{i=1}^{r}t_i+(n-r)t_0]\} \tag{7.16}$$

对对数似然方程求导，并令其等于0，得到指数分布参数的极大似然估计值为

$$\hat{\lambda}=\frac{r}{S(t_0)} \tag{7.17}$$

式中，$S(t_0)=\sum_{i=1}^{r}t_i+(n-r)t_0$。

平均寿命的估计值为

$$\hat{\mu}=\frac{S(t_0)}{r} \tag{7.18}$$

2. 双参数指数分布

（1）矩估计法。

$$E(T)=\int_0^\infty tf(t)\mathrm{d}t=\int_0^\infty t\lambda\mathrm{e}^{-\lambda(t-T)}\mathrm{d}t=\frac{1}{\lambda}+T=\frac{1}{n}\sum_{i=1}^{n}t_i \tag{7.19}$$

$$V(T)=\frac{1}{\lambda^2}=\frac{1}{n}\sum_{i=1}^{n}t_i^2 \tag{7.20}$$

求解方程组，得到两个未知参数的估计值。

（2）最小二乘估计法。令 $y=\ln\frac{1}{1-F(t)}$，$\lambda T=b$，$x=t$，则 $F(t)=1-\mathrm{e}^{-\lambda(t-T)}$ 可变为 $y=\lambda x-b$，则可通过最小二乘法对未知参数求解，求解方法同指数分布相同。

3. 威布尔分布参数估计

（1）最小二乘法。最小二乘法是将模型经过恰当的变换后，应用最小二乘法原理来估计模型的未知参数。以两数威布尔分布为例。

$$\ln\ln\frac{1}{1-F(t)}=-\beta\ln a+\beta\ln t \tag{7.21}$$

令

$$y=\ln\ln\frac{1}{1-F(t)} \tag{7.22}$$

$$x=\ln t \tag{7.23}$$

$$A=-\beta\ln\alpha \tag{7.24}$$

$$B=\beta \tag{7.25}$$

依据最小二乘法原理，得

$$\hat{B}=\frac{l_{xy}}{l_{xx}} \tag{7.26}$$

$$\hat{A}=\overline{y}-\hat{B}\overline{x} \tag{7.27}$$

$$l_{xx}=\sum_{i=1}^{n}(x_i-\overline{x})^2=\sum_{i=1}^{n}x_i^{2}-n\overline{x}^2 \tag{7.28}$$

$$l_{xy}=\sum_{i=1}^{n}(x_i-\overline{x})(y_i-\overline{y})=\sum_{i=1}^{n}x_iy_i-n\overline{xy} \tag{7.29}$$

$$\overline{x}=\tfrac{1}{n}\sum_{i=1}^{n}x_i \tag{7.30}$$

$$\hat{\beta}=\hat{B},\hat{\alpha}=\exp(-\hat{A}/\hat{B}) \tag{7.31}$$

式中，$y=\ln\ln\dfrac{1}{1-F(t)}$；$x=\ln t$。

（2）极大似然估计。假设在共获得n个失效（故障）数据，$n=n_{\mathrm{f}}+n_{\mathrm{s}}$，$n_{\mathrm{s}}$、$n_{\mathrm{f}}$分别为右截尾数据与失效数据个数，各自记为$G$、$F$，则似然函数为

$$L(\theta)=\prod_{i\in F}f(t_i;\theta)\prod_{i\in G}R(t_i;\theta) \tag{7.32}$$

式中，θ为参数变量。两参数威布尔分布的似然函数为

$$\ln[L(\beta,\alpha)]=n_{\mathrm{f}}\ln(\beta)-n_{\mathrm{f}}\beta\ln(\alpha)+(\beta-1)\sum_{i\in F}\ln(t_i)-\sum_{i\in F+G}\left(\frac{t_i}{\alpha}\right)^{\beta} \tag{7.33}$$

两边分别对β、α求偏微分，得

$$\frac{\partial\ln[L(\beta,\alpha)]}{\partial\beta}=\frac{n_{\mathrm{f}}}{\beta}-n_{\mathrm{f}}\ln(\alpha)+\sum_{i\in F}\ln(t_i)-\sum_{i\in F+G}\left(\frac{t_i}{\alpha}\right)^{\beta}\ln\left(\frac{t_i}{\alpha}\right) \tag{7.34}$$

$$\frac{\partial\ln[L(\beta,\eta)]}{\partial\eta}=\frac{-n_{\mathrm{f}}\beta}{\eta}+\sum_{i\in F+G}\left(\frac{t_i}{\eta}\right)^{\beta}\cdot\frac{\beta}{\eta} \tag{7.35}$$

令偏微分等于零，得

$$\begin{cases}\alpha=\left(\dfrac{\sum\limits_{i\in F+G}t_i^{\beta}}{n_{\mathrm{f}}}\right)^{\frac{1}{\beta}}\\ \dfrac{n_{\mathrm{f}}}{\beta}-n_{\mathrm{f}}\ln(\alpha)+\sum\limits_{i\in F}\ln(t_i)-\dfrac{1}{\alpha^{\beta}}\sum\limits_{i\in F+G}t_i^{\beta}\ln\left(\dfrac{t_i}{\alpha}\right)=0\end{cases} \tag{7.36}$$

求解得参数极大似然估计值。

4. 对数正态分布参数估计

对数正态分布的累积分布函数为

$$F(t)=\int_0^t \frac{1}{\sigma t\sqrt{2\pi}}\exp\left[-\frac{1}{2}\left(\frac{\ln(t)-\mu}{\sigma}\right)^2\right]\mathrm{d}t \tag{7.37}$$

经过变换，可将式（7.37）变为标准整体分布

$$F(t)=\int_{-\infty}^{\frac{\ln t-\mu}{\sigma}} \frac{1}{\sqrt{2\pi}}\mathrm{e}^{-\frac{x^2}{2}}\,\mathrm{d}x=\varPhi\left(\frac{\ln t-\mu}{\sigma}\right) \tag{7.38}$$

由于标准正态分布函数$\varPhi(x)$是严格单调上升的，故其存在反函数，且反函数为

$$\varPhi^{-1}[F(t)]=\frac{\ln t-\mu}{\sigma} \tag{7.39}$$

若令

$$\varPhi^{-1}[F(t)]=Y,\quad X=\ln t \tag{7.40}$$

则有

$$Y=\frac{1}{\sigma}X-\frac{\mu}{\sigma} \tag{7.41}$$

这是一条直线方程，可通过最小二乘法求解。

$$l_{xx}=\sum_{i=1}^{n}(x_i-\overline{x})^2=\sum_{i=1}^{n}x_i^2-n\overline{x}^2 \tag{7.42}$$

$$l_{xy}=\sum_{i=1}^{n}(x_i-\overline{x})(y_i-\overline{y})=\sum_{i=1}^{n}x_iy_i-n\overline{xy} \tag{7.43}$$

$$\overline{x}=\frac{1}{n}\sum_{i=1}^{n}x_i \tag{7.44}$$

最终求解得

$$\hat{\sigma}=\frac{l_{xx}}{l_{xy}} \tag{7.45}$$

$$\hat{\mu}=\overline{x}-\hat{\sigma}\overline{y} \tag{7.46}$$

7.3.1.5 整机可靠度模型拟合优度检验

常用的拟合优度检验方法有两种：皮尔逊检验χ^2检验法和 Kplmogorov-Smirnov 检验法 （也称 K-S 检验法或 D 检验法）。前者适合于离散分布模型的检验，后者适合于连续分布模型的检验。寿命分布模型一般多采用连续分布模型，故较多采用皮尔逊检验法。

1. 皮尔逊检验χ^2检验法

设母体的分布函数为$F(x)$，利用该母体子样检验假设

$$H_0:F(x)=F_0(x) \tag{7.47}$$

为了寻找检验统计量，将母体 X 的取值范围分成 k 个区间，即 (a_0,a_1)、(a_1,a_2)、……、(a_{k-1},a_k)，λ_i 是分布函数 $F_0(x)$ 的连续点，a_0 可以取 $-\infty$，可以取 $+\infty$。记为

$$p_i = F_0(a_i) - F_0(a_{i-1}) \quad (i=1,2,\cdots,k) \tag{7.48}$$

则 p_i 代表母体 X 落入第 i 个区间的概率。若子样的容量为 n，则 np_i 是随机变量 X 落入 (a_{k-1},a_k) 的理论频数。若 n 个观察值中落入 (a_{k-1},a_k) 的实际频数为 n_i，则当 H_0 成立时，$(n_i - np_i)^2$ 就是较小值，可构造统计量：

$$\chi^2 = \sum_{i=1}^{k} \frac{(n_i - np_i)^2}{np_i} \tag{7.49}$$

其极值分布是自由度为 $k-1$ 的 $\chi^2(k-1)$ 分布。对于给定的显著性水平 α 时，由

$$P_0(\chi^2 > c) = \alpha \tag{7.50}$$

得临界值为

$$c = {\chi^2}_{\alpha}(k-1) \tag{7.51}$$

当 $\chi^2 \leqslant c$ 时，接收原假设，认为所选分布合理。

2. Kplmogorov-Smirnov 检验法

Kplmogorov-Smirnov 检验法检验公式为

$$D_n = \sup_{0 \leqslant t < +\infty} \left| F_n(t) - F_0(t) \right| = \max\{d_i\} \leqslant D_{n,\alpha} \tag{7.52}$$

式中，$F_n(t)$ 为采用估计方法得到的累积失效率，如中位秩法 $F_n(t) = 1-(i-0.3)/(n+0.4)$；$F_0(t)$ 为拟合选用的分布模型；$d_i = \left|F_0(t_i) - F_n(t_i)\right|$；$D_{n,\alpha}$ 为临界值；α 为置信水平；n 为故障个数。

7.3.1.6 整机可靠度模型优选

在对失效数据进行可靠性建模时，经常遇到多个模型均能对同一批数据进行拟合，且能够通过单个模型的拟合优度检验，因此如何从多个通过拟合优度检验的分布模型中挑选最好的分布模型，是保证可靠性建模、评估精度的关键。到目前为止，在工程应用中尚无统一的优选方法，一般结合产品实际需求，根据需要设置优选准则。多个模型优选准则依据判定标准的不同，可分为单一准则模型优选方法和多准则模型优选方法。

1. 单一准则模型优选方法

单一准则模型优选方法基本思想是通过设置单一的判断准则对通过拟合优度检验的各个模型进行筛选，选择最优模型。常用的筛选标准有误差极差最小、误差变

异系数最小、误差方差最小、最大偏差最小、函数平均误差最小、概率密度函数平均误差最小等方法。

（1）误差极差最小。在t_i时刻，设产品可靠性基本函数的观测值为$\phi'(t_i)$，拟合后所得值为$\phi(t_i)$，有K个模型入选，对所得的失效数据$t_1<t_2<\cdots<t_r$，误差极差最小可定义为

$$E_{\min}=\min_{1\leqslant j\leqslant k}\{\max_{1\leqslant i\leqslant r}|\phi'(t_i)-\phi(t_i)|-\min_{1\leqslant i\leqslant r}|\phi'(t_i)-\phi(t_i)|\} \tag{7.53}$$

在选择基本函数时，可靠度函数、累积分布函数、概率密度函数与失效率函数均可最为判别的对象。在入选的几个分布模型中，选择误差极差最小的分布函数。

（2）误差变异系数最小。在t_i时刻，设产品可靠性基本函数的观测值为$\phi'(t_i)$，拟合后所得值为$\phi(t_i)$，对所得的失效数据$t_1<t_2<\cdots<t_r$，误差极差最小可定义为

$$\mathrm{Cv}_{\min}=\min_{1\leqslant j\leqslant k}\left[\frac{\sqrt{\frac{1}{r-1}\sum_{i=1}^{r}(t_i-\bar{t})^2}}{\frac{1}{r}\sum_{i=1}^{r}t_i}\right]\times 100\% \tag{7.54}$$

当检验对数正态分布时，将式中的t更换为$\ln t$即可。在入选的几个分布模型中，选择误差变异系数最小的分布函数。

（3）误差方差最小。在t_i时刻，设产品可靠性基本函数的观测值为$\phi'(t_i)$，拟合后所得值为$\phi(t_i)$，对所得的失效数据$t_1<t_2<\cdots<t_r$，误差方差最小可定义为

$$\sigma^2{}_{\min}=\min_{1\leqslant j\leqslant k}\left\{\sum_{i=1}^{r}[\phi'(t_i)-\phi(t_i)]^2\right\} \tag{7.55}$$

在入选的几个分布函数中，选择误差方差最小的分布函数作为最优的拟合模型。

（4）最大偏差最小。在t_i时刻，设产品可靠性基本函数的观测值为$\phi'(t_i)$，拟合后所得值为$\phi(t_i)$，对所得的失效数据$t_1<t_2<\cdots<t_r$，最大偏差最小可定义为

$$\begin{aligned}D_{\min}&=\min_{1\leqslant j\leqslant K}\{\sup_{0\leqslant t<+\infty}|\phi'(t_i)-\phi(t_i)|\}\\&=\min_{1\leqslant j\leqslant K}\{\max_{1\leqslant i\leqslant r}[|\phi'(t_i)-\phi(t_i)|,|\phi'(t_{i+1})-\phi(t_i)|]\}\end{aligned} \tag{7.56}$$

在入选的分布模型中，选择最大偏差最小的分布模型作为最优的拟合分布模型。

（5）函数平均误差最小。在t_i时刻，设产品可靠性基本函数的观测值为$\phi'(t_i)$，拟合后所得值为$\phi(t_i)$，对所得的失效数据$t_1<t_2<\cdots<t_r$，函数平均误差最小可定义为

$$\delta_{\mathrm{F}}=\min_{1\leqslant j\leqslant k}\left[\frac{1}{b-a}\int_a^b|\phi'(x)-\phi(x)|\mathrm{d}x\right]=\min_{1\leqslant j\leqslant k}\left[\frac{1}{r}\sum_{i=1}^{r}|\phi'(t_i)-\phi(t_i)|\right] \tag{7.57}$$

在选择基本函数时，可靠度函数、累积分布函数、失效率函数均可最为判别的对象。在入选的几个分布模型中，选择平均误差最小的分布函数。

（6）概率密度函数平均误差最小。在 t_i 时刻，设产品可靠性基本函数的观测值为 $\phi'(t_i)$，拟合后所得值为 $\phi(t_i)$，对所得的失效数据 $t_1 < t_2 < \cdots < t_r$，概率密度函数平均误差最小可定义为

$$\delta_f = \min_{1\leqslant j\leqslant k}\left[\sqrt{\frac{1}{b-a}\int_a^b \left|f(x)-g(x)\right|^2 \mathrm{d}x}\right] = \min_{1\leqslant j\leqslant k}\left[\frac{1}{r}\sqrt{\sum_{i=1}^{r}\left|f(t_i)-g(t_i)\right|^2}\right] \quad (7.58)$$

式中，$f(x)$ 估计出的概率密度函数；$g(x)$ 为拟合所得的概率密度函数。

对于对数正态分布，将式中的 t 更换为 $\ln t$ 即可。最后，选择概率密度函数平均误差最小的分布作为最优的分布函数。

2. 多准则模型优选方法

多准则模型优选方法的基本思想是将上述单一准则优选模型中的判断准则进行综合，综合的方法有两种：累加法和综合评价法。

（1）累加法的基本思想是将单一准则中的两个或两个以上的判定值进行累加，选择和最小的为最优的分布模型。例如，选择上述 6 个准则判定值之和为判断准则，即

$$\rho_{\min} = \min_{1\leqslant j\leqslant k}[E_{\min} + \mathrm{Cv}_{\min} + {\sigma^2}_{\min} + D_{\min} + \delta_F + \delta_f] \quad (7.59)$$

（2）综合评价法是考虑遇到多个判定准则，且个个判定准则权重不同时所得的一种评价方法。这种方法基本思想是通过专家判定给出各单一准则所占权重，然后求得判定准则总值，取最小的为最优模型，即

$$\rho_{\min} = \min_{1\leqslant j\leqslant k}[w_1 E_{\min} + w_2 \mathrm{Cv}_{\min} + w_3 {\sigma^2}_{\min} + w_4 D_{\min} + w_5\delta_F + w_6\delta_f] \quad (7.60)$$

7.3.1.7 整机可靠度评估与预测

建立了可靠性模型后，便可对产品的可靠性水平进行评价。

1. MTTF 的点估计

$$\mathrm{MTTF} = E(t) = \int_0^{\infty} tf(t)\mathrm{d}t \quad (7.61)$$

2. MTTF 区间估计

（1）指数分布。置信水平为 $1-\alpha$ 的平均寿命的置信限表达式如下。

双边置信区间：

$$\hat{\mu}\frac{2r}{\chi^2_{1-\alpha/2}(2r)} < \mu < \hat{\mu}\frac{2r}{\chi^2_{\alpha/2}(2r)} \quad (7.62)$$

或

$$\frac{2S(t_0)_r}{\chi^2_{1-\alpha/2}(2r)} < \mu < \frac{2S(t_0)_r}{\chi^2_{\alpha/2}(2r)} \tag{7.63}$$

（2）对数正态分布。

$$\bar{X} - t_{\alpha/2}\sqrt{\frac{S^2}{n(n-1)}} < \mu < \bar{X} + t_{\alpha/2}\sqrt{\frac{S^2}{n(n-1)}} \tag{7.64}$$

（3）威布尔分布。MTBF 是α的增函数、β的减函数。因此，置信水平为 $1-\alpha$ 时，MTBF 的双侧置信区间为$\left[A_1\hat{\alpha}\Gamma\left(\frac{1}{\omega_2\hat{\beta}}+1\right), A_2\hat{\alpha}\Gamma\left(\frac{1}{\omega_1\hat{\beta}}+1\right)\right]$。

依据建立的可靠性基本函数模型，给定时间t，将其代入相应的可靠性函数$f(t)$、$R(t)$、$F(t)$、$\lambda(t)$，则可得到在时间段t内的可靠度、不可靠度、失效率等指标值的取值。

7.3.2 关键件加速试验技术

7.3.2.1 关键件加速试验流程

关键件加速试验流程包括以下内容。

（1）确定试验样品选取：根据产品可靠性技术分析（包括可靠性预计、FMEA、FTA 等）信息，结合整机历史数据统计分析、产品样机原理分析和历史修理经验及其数据，掌握产品的关重和薄弱部组件及其主要失效模式和失效机理，选取关重和薄弱部组件作为研究对象；并为了缩短加速试验所需时间，尽可能选取历史使用时间较长的产品作为试验样品。

（2）确定加速模型：结合关键件自身结构特点和储存的环境特点，确定影响关键件使用寿命的主要环境因素，选取出典型环境应力类型并确定量值作为使用寿命研究的基准。根据环境应力类型查找对应的加速模型，在必要时分析同类环境应力加速模型的优劣，确定用于关键件加速试验的加速模型。

（3）确定加速试验方案：根据关键件加速试验模型需要，结合样品提供能力情况，初步确定各型样品所需的数量及其对应的加速试验模型应用策略，然后制定加速试验方案，包括确定应力类型、分组数量、量值大小，确定各型样品名称型号、批次、数量、组内分配，确定测试时机、间隔要求、项目及判据、测试方法要求，确定整体试验周期安排、各型样品试验时间、试验实施过程要求、故障处理和失效分析、数据处理方法、寿命评价方法等。

（4）开展关键件加速试验：根据关键件加速试验方案，完成试验前准备工作，在规定的试验条件开展加速试验，按照试验周期送样进行样品检测，对样品数据进行初步分析和确定，试验过程中出现的样品故障按照规定进行排除和处理，定位的失效元器件开展失效分析工作，各型样品按照规定的试验时间完成试验，并整理好试验数据和测试结果。

（5）进行数据处理和寿命评价：根据关键件的加速试验时间和检测结果数据，采用规定的加速试验模型方法、使用条件和时序，初步评估各个关键件的使用寿命，为综合评价整机使用寿命提供参考。

7.3.2.2 加速试验方案设计

在加速试验方案设计中，应规定加速试验应力类型与量值，加速试验样品的需求与分组，加速试验测试周期与测试次数等。

1. 加速试验应力类型与量值的选取

（1）加速试验应力类型的选取。试验应力类型的选择应考虑3个因素。

① 系统的实际使用环境。

② 引起主要失效机理对应的环境应力类型。

③ 所采用的加速退化模型中包含的应力类型。

综合以上3个因素确定系统加速试验的应力类型。

（2）应力水平数的选取。加速应力模型确定了最少的应力水平数。单温度恒定应力模型中包含两个参数，为了采用最小二乘法或极大似然估计方法求解模型参数，至少需要3个应力水平的测试数据，至少选取3个温度应力水平；为了提高模型预测精度和降低试验失败风险，在样品数量充足时，可以增加应力水平数。

（3）最大应力量值的确定。在加速试验方案设计时，最大应力量值的确定十分关键。最大应力量值既要满足失效机理保持不变的前提条件，又要尽可能大以获得尽可能大的加速效应。如果最大应力量值确定得过大，则无法满足失效机理不变的前提条件，甚至损坏试验样品，使得试验面临失败风险；如果最大应力量值确定得过小，将导致试验样品的性能退化趋势不明显，会影响加速试验效果使得试验时间变长，特别是对随后确定的较低应力组的影响较大。这两种情况都达不到加速试验的目的。

目前，常用确定最低应力量值的方法包括理论分析法和步进应力试验法。

温度应力量值的选取应综合考虑系统及其组成部件的设计特点、元器件的温度范围和原材料的耐温范围 3 个主要因素。确定的最高试验应力应不超过各个因素的最大允许值，以避免试验温度超过某部分产品耐受温度极限。在制定试验方案时应对试验温度进行调研。

除理论分析方法外，当具有足够试验样品时，最高温度应力的确定还可通过步进应力试验确定，步骤如下。

① 首先，获得产品的极限温度值，起始步进温度从产品极限温度低 10～15℃开始。

② 步进应力试验的步长可为若干小时，每经过一步后，应将产品恢复到常温下，进行全面检测，确认质量状态良好，当质量状态良好时继续升高温度进行下一个台阶试验。

③ 步进应力试验台阶可前长后短，当步进温度低于极限温度前，采用较长步长，可以确定为 15～10℃；当步进温度超过极限温度后，同时低于产品内部各组成部分极限温度前，采用较短步长，可以确定为 10～5℃。

④ 当有样品发生故障后，步进应力温度不再升高，再降低 10～15℃进行试验确认该温度作为最高试验温度的合适性。

（4）各组温度应力的确定。在确定了最大应力量值后，其他各组温度应力的确定，主要考虑如下 3 个因素。

① 首先，确定最低应力水平组的温度应力，最低应力不应过低，否则将导致该组加速效应过小，所需试验时间可能会加长。

② 然后，根据应力水平组数，依据等分布原则，按照式（7.65）计算其他各组温度应力量值。

③ 最后，检查各组温度梯度大小，相邻组间的温度梯度应不低于 10℃，当温度梯队过小时，可适当调整最低温度和最高温度，重新计算其他各组温度应力。

通过上述步骤，应能确保最高温度安全、最低温度加速效应可取，温度梯度大小合适。

根据加速试验温度梯度的设计经验，为提高加速模型参数解算的准确性，应适当选择应力水平的间隔，各组之间的温度遵循以下原则。

$$\begin{cases} \varDelta = \dfrac{\left(\dfrac{1}{T_1} - \dfrac{1}{T_l}\right)}{l-1} \\ \dfrac{1}{T_k} = \dfrac{1}{T_1} - (k-1)\varDelta \quad (k = 2,3,\cdots) \end{cases} \tag{7.65}$$

2. 加速试验样品的需求

样品数量的选择应考虑风险因素、模型求解、精度成本 3 个方面的因素。从这 3 个方面进行定性分析，使得加速退化试验设计者了解样品数量对 3 个方面的影响，以结合实际情况更合理地安排样品数量。

（1）精度和成本因素。从精度因素考虑，样品数量越多，模型参数求解精度越高，模型预测结果精度越高。然而，样品数量越多，意味着成本增加。特别是军工样品价值昂贵，能够提供的数量非常有限，因此选择样品数量时优先考虑成本，尽可能降低样品数量；当研究对象是元器件时，选择样品数量时优先考虑精度，适当增加样品数量。

通常，推荐每组样品投样数量为 3～5 个，在必要时可以剔除个别异常样品或各个样品的异常测试数据，这样可以减少个别样品性能参数差异性对整个预测结果造成影响。最低要求是每组投入样品数量应不少于 1 个，才可以应用加速试验方法进行寿命预测。

（2）模型求解检验需要。试验样品数量应多于加速退化模型所需的最少的应力水平数量，以保证在各组应力水平试验条件下至少投入一个试验样品进行加速退化试验。

从模型参数解算和模型符合性检验角度考虑，在加速退化试验中，通常采用最小二乘法求解加速模型参数。

① 当采用单温度应力模型时，典型模型具有两个模型参数，至少应有 3 个应力水平。

② 当采用温度循环疲劳模型时，典型模型具有两个模型参数，至少应有 3 个应力水平。

③ 当采用温湿度双应力模型时，典型模型具有 3 个模型参数，至少应有 4 个应力水平。

（3）降低风险需要。在加速试验方案设计时，应考虑试验失败的风险，试验失败的风险通常表现在如下两个方面。

① 不符合退化模型，即某组样品的性能参数根本没有任何退化规律。

② 不符合加速模型，即某组样品的加速效应异常导致各组样品应力和加速效应之间不呈匹配关系，即不能构成应力越大加速效应越大的关系。

产生这两种风险的原因来主要有如下两个。

① 个别样品性能参数有差异。

② 样本本身没有可加速特性。

降低风险的措施主要有如下两点。

① 试验前充分调研和了解样品性能参数、敏感参数及其变化初步规律，避免选择没有退化可能的产品进行加速退化试验。

② 通过试验方案优化设计降低上述情况发生的可能性，如增加一组应力或增加各组应力下的样品数量。

由此可见，为了降低试验失败风险，需要考虑增加一定数量的样品，如通过增加试验分组或通过增加组下的样品数。

通过以上 3 个方面的综合分析得到，针对采用单温度应力开展加速退化试验情况：

① 加速退化试验至少需要投入 3 个样品分成 3 组在 3 个温度应力水平下进行试验；

② 当样品数量可达到 4 个以上时，可采用 4 个温度应力或在某组下超过 1 个样品进行试验，降低试验失败风险；

③ 当样品足够多时，可采用 4 个温度应力，每个温度应力下包含 3～5 个样品进行试验，降低试验失败风险，提高寿命预测精度。

3. 加速试验测试周期与测试次数

在试验前后，在实验室环境条件下对试验样品进行全面的功能检查和性能测试。

（1）检测周期。在加速试验中，应考虑根据产品施加应力大小和失效分布类型确定产品的测试周期。测量周期的选择可能影响到产品可靠性特征量的准确性，应在不过多增加测量工作量的前提下，尽量避免使失效过分集中在某个周期内。对于预期累积失效概率较低就停止的试验，测量周期应安排短些，以及时捕获样品的失效信息；对于预期累积失效概率较高才停止的试验，测量周期可适当增长。首先，从理论上计算测试间隔，在不知道分布类型的情况下，可按照指数分布的方式确定 $t_i=\theta\ln\dfrac{1}{1-F(t_i)}$,其中 $i=1,2,3,\cdots$, $F(t_i)$ 可按照 5%或 10%的等间距取值，得到累积试验时间序列，从而得到各个测试周期。

然而，在加速试验中，产品未必发生故障，检测周期的确定需考虑以下几个因素。

① 检测周期的确定应保证检测工作的有效性，即性能参数应有一定的变化。

② 检测周期的确定应考虑检测工作量和检测成本，过小的检测周期将增加检测工作量，检测有效性不高。

③ 检测周期的确定应考虑是否满足数据处理的需要，过大的检测周期将导致检测次数不足，不满足加速退化试验数据处理要求。

④ 在试验间隔合理的前提下，为了简化试验数据的处理，各个应力水平下所有样品的检测周期应保持一致。

⑤ 在通常情况下，检测周期依据工程经验来确定，根据试验计划时间，按照所需检测次数，初步确定检测周期，当检测周期过长时，适当调整。

⑥ 当可以通过其他技术方法评估产品整体的加速效应时，检测周期可根据产品定检周期所对应的该温度下的试验时间来确定。

根据以上情况，在加速退化试验中，由于产品性能是否发生退化和退化程度如何无法事先确定，因此，检测间隔往往初步确定，并通过试验摸索，根据性能参数的变化，适当进行调整，以保证检测工作的有效性和合理性。

（2）检测次数。检测次数的确定可依据试验时间和检测周期计算得出，然而，在试验方案设计时，应考虑加速退化试验数据处理所需要的最少检测次数。

① 考虑退化模型参数解算和符合性检验所需的检测次数，当需要考虑正态分

布相关检验时，建议检测次数不小于 20 次；当需要考虑威布尔分布相关检验时，建议检测次数不小于 10 次。

② 考虑检测数据中可能存在的数据异点，应适当增加检测次数，增加数据异点剔除后仍能够满足上述的要求。

7.3.2.3 加速试验数据处理

在完成加速试验之后，需要利用相关加速模型对试验数据进行处理，评估产品的寿命。加速试验数据处理的模型包括加速寿命模型与加速退化模型。

1. 加速寿命模型

（1）温度加速模型。在导致产品性能退化的内部反应过程中存在能量势垒，跨越这种势垒所必需的能量是由环境（应力）提供的，因而，产品受到的各种环境应力的大小决定了这些物理化学变化的速率。越过此能量势垒（称为激活能）进行反应的频数是按一定概率发生的，服从玻尔兹曼分布。在使用状态下，产品受到的环境应力主要是温度应力，在某一时刻的反应速度与温度的关系，是 19 世纪 Arrhenius 从经验中总结得到的 Arrhenius 模型，也成为反映论模型。

对于电子产品有

$$\mu(T_l) = A\mathrm{e}^{-E_\mathrm{a}/kT_l} \tag{7.66}$$

式中，$\mu(T_l)$ 为在 T_l 温度应力水平下的退化速度；T_l 为第 l 组样品的加速应力，绝对温度（K）；A 为频数因子；E_a 为激活能，以 eV 为单位；k 为玻尔兹曼常数，8.6171×10^{-5}eV/K。

对于胶粘剂产品，加速模型形式一致，参数含义有所变化，模型为

$$K_l = Z\mathrm{e}^{-\frac{E}{RT_l}} \tag{7.67}$$

式中，Z 为加速模型频率因子，为常数（d^{-1}）；E 为表观活化能（$\mathrm{J\cdot mol^{-1}}$）；R 为气体常数（$\mathrm{J\cdot K^{-1}\cdot mol^{-1}}$）；$T_l$ 为在第 l 个应力下的老化温度，绝对温度（K）。

（2）温、湿度加速模型。典型的温、湿度加速模型有 3 类。

① Peck 模型：

$$u_l = A\mathrm{e}^{-\frac{E_\mathrm{a}}{kT_l}}\cdot \mathrm{RH}^{-n} \tag{7.68}$$

式中，μ_l 为在温度应力为 T_l（K）和相对湿度应力为 RH%条件下的退化速度；A 为频数因子；E_a 为激活能，以 eV 为单位，经验数值为 0.6～2.51；k 为玻尔兹曼常数，8.6171×10^{-5} eV/K；n 为逆幂指数。

② 艾琳模型：

$$u_l = A\mathrm{e}^{-\frac{E_\mathrm{a}}{kT_l}+\frac{B}{\mathrm{RH}}} \tag{7.69}$$

式中，B 为常数。

③ IPC 标准模型：

$$\mu_l = A\mathrm{e}^{-\frac{E_\mathrm{a}}{kT}+C\cdot \mathrm{RH}^b} \tag{7.70}$$

式中，C 为常数；b 为逆幂指数。

其中，Peck 模型有 3 个参数（E_a、A、n），艾琳模型有 3 个参数（E_a、A、B），IPC 标准模型有 4 个参数（E_a、A、C、b）。

模型参数的求解方式均可采取最小二乘法。首先，对模型进行对数化；然后，进行参数变化；其次，求解斜率和截距；最后，求出模型参数。

（3）温循加速模型。温循模型有两种：一种是针对焊点疲劳的模型，包括 M-C 模型、N-L 模型、W-E 模型，其中 W-E 模型精度最好；另一种是逆幂模型。

① W-E 模型为

$$N_\mathrm{f}(50\%) = \frac{1}{2}\left(\frac{2\varepsilon_\mathrm{f}'}{\Delta D}\right)^m \tag{7.71}$$

式中，ε_f' 为疲劳韧性指数，锡铅焊料为 0.325；ΔD 为蠕变疲劳损伤量；m 为温度和时间依存指数。

温度和时间依存指数的计算为

$$\frac{1}{m} = 0.442 + 6\times10^{-4}T_\mathrm{sj} - 1.74\times10^{-2}\ln\left(1+\frac{360}{t_\mathrm{D}}\right) \tag{7.72}$$

式中，T_{sj} 为平均每个循环的温度；t_D 为温度循环中高低温的驻留时间。

② 温度变化速率与循环次数（温变次数）满足逆幂模型，即

$$X^{\frac{1}{m}}\cdot N = A \tag{7.73}$$

式中，X 为温度变化速率；N 为循环次数；m 为温度变化速率与循环次数依存关系指数；A 为频数因子。

2. 加速退化模型

（1）布朗漂移运动退化模型。在使用过程中，产品内部发生缓慢的物理化学变化，这些变化会使产品各种功能特性变化，也是造成产品非工作期间失效的主要原因。随着这些物理化学变化程度的增大，产品的性能会呈现退化（一般表现为功能参数的变化），当性能退化到一定程度时，产品就会发生失效。这种性能退化符合布朗漂移运动规律。电子组件性能参数的布朗漂移运动模型为

$$Y(t+\Delta t) = Y(t) + \mu\cdot\Delta t + \sigma B(t) \tag{7.74}$$

式中，$Y(t)$ 为在 t（初始）时刻时产品的性能（初始）值；$Y(t+\Delta t)$ 为在 $t+\Delta t$ 时刻时产品的性能值；μ 为漂移系数，$\mu>0$；σ 为扩散系数，$\sigma>0$，在整个加速退化试验中，σ 不随应力而改变；$B(t)$ 为标准布朗运动，$B(t)\sim N(0,t)$。

因为布朗漂移运动属于马尔科夫过程，所以具有独立增量性，即在退化过程中表现为非重叠的时间间隔 Δt 内的退化增量相互独立。而由于布朗运动本身属于一种正态过程，因此退化增量 Y_i-Y_{i-1} 服从均值为 $\mu\cdot\Delta t$、方差为 $\sigma^2\cdot\Delta t$ 的正态分布，因此得到性能参数退化模型为

$$Y(t+\Delta t)=Y(t)+\mu\cdot\Delta t+\sigma\cdot\sqrt{\Delta t}\cdot N(0,1) \tag{7.75}$$

（2）灰色系统理论退化模型。将试验数据作为灰色量，利用序列方法进行数据生成和拟合，用灰色 GM（1, 1）模型来处理加速退化试验数据。灰色 GM（1, 1）模型为

$$\begin{cases}\hat{x}_{k+1}^{1}=\left(x_1^0-\dfrac{b}{a}\right)\mathrm{e}^{-ak}+\dfrac{b}{a}\\ \hat{x}_{k+1}^{0}=\hat{x}_{k+1}^{1}-\hat{x}_{k}^{1}\end{cases} \tag{7.76}$$

式中，x_1^0 为原始序列中的第一个测试数据；$\hat{x}_{k+1}^1$ 为一阶累加生成的预测值；a、b 为模型参数；$\hat{x}_{k+1}^0$ 为原始序列的预测值。

当 $a\in(-2,2)$ 且当 $a\geqslant-0.3$ 时，GM（1,1）模型可用于中长期预测。

性能参数预测模型为

$$\hat{x}^{(0)}(k+1)=(1-\mathrm{e}^{a})\left(x^{(0)}(1)-\frac{b}{a}\right)\mathrm{e}^{-ak} \tag{7.77}$$

（3）具有调节因子性能退化模型。

$$P_l=A_l\mathrm{e}^{-K_l t_l^f} \tag{7.78}$$

式中，t_l 为在第 l 个应力水平下的老化时间（d）；P_l 为在 t 时刻时，第 l 个应力水平下样品的性能参数值；K_l 为在第 l 个应力下的性能变化速度常数（d^{-1}）；A_l 为在第 l 个应力水平下的退化模型的频数因子，为常数；f 为模型修正因子，为常数。

7.3.2.4 加速因子获取方法

采用基于应力分析与 Arrhenius 模型相结合的模型评估加速因子，评估出在加速试验条件下相对于使用条件下系统的加速因子。加速因子的计算步骤如下。

（1）建立系统的产品层次关系，确定电路元器件清单，对元器件进行分类汇总，确定各类元器件在使用条件应力下的失效率。

（2）采用基于应力分析的方法和 Arrhenius 模型，利用元器件基本失效率信息和加速模型经验参数，计算各类元器件在加速应力下的失效率。

（3）分别计算出系统在正常应力下和加速应力下的累积失效率，计算出系统的加速因子。

系统加速因子的评估如图 7.8 所示。

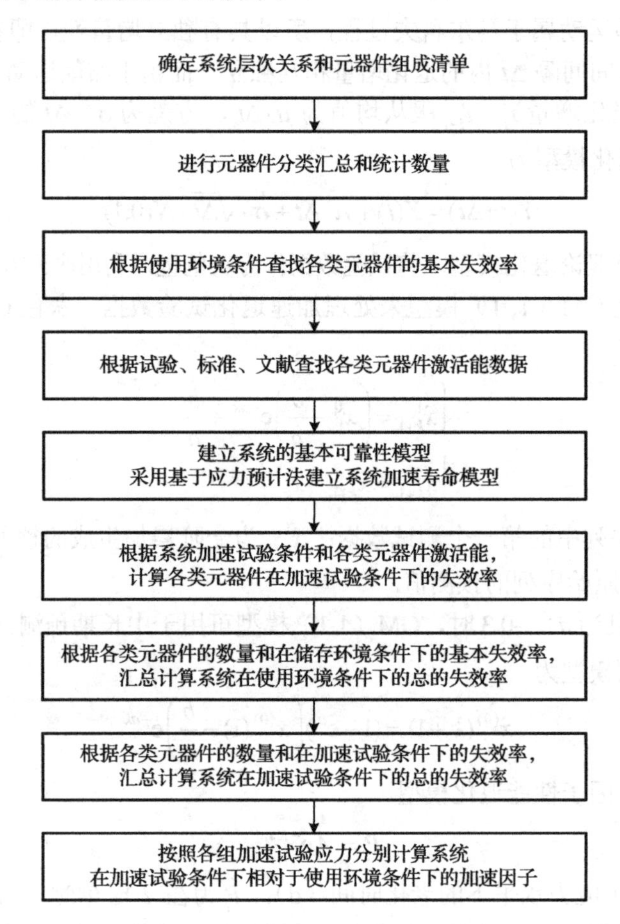

图 7.8　系统加速因子的评估

7.3.3　板级电路寿命特征检测分析方法

板级电路寿命特征检测分析用于产品开展寿命试验与评价时，对板级电路进行检测分析，查找板级电路中存在的缺陷，为确定板级电路是否满足产品寿命要求提供参考。

7.3.3.1　寿命特征检测分析项目

从失效机理来看，板级电路的失效主要分为 3 类：材料性能退化、物理结构退化、电性能退化。板级电路寿命特征检测分析主要是检查板级电路的以上 3 类缺陷。其中，检查材料性能退化、物理结构退化的方法包括外观检查、X 射线检查、金相分析；检查电性能退化的项目包括介质耐压测试、耐湿和耐湿和绝缘电阻测试。

从失效对象来看，板级电路寿命特征检测分析包括对焊点和电路板的检测分析。焊点的特征检测分析包括外观检查、X 射线检查和金相分析等项目，评估典型焊点存在的缺陷。电路板的特征检测分析包括外观检查、介质耐电压测试、耐湿和绝缘电阻测试、金相分析，评估电路板存在的缺陷。

板级电路寿命特征检测分析项目如表 7.1 所示。

表 7.1 板级电路寿命特征检测分析项目

试验项目		参考标准	检测方法	备注
焊点	外观检查	GBJ 362B GJB 4896 IPC-A-610D	立体显微镜	评估焊点是否存在明显的工艺缺陷和退化特征
	X 射线检查	GJB 4027A IPC-A-610D	/	考核焊点的工艺质量
	金相分析	GJB 362B	SEM 等分析方法	金相结构评估焊点是否存在疲劳退化现象，给出焊点能否使用的结论
电路板	外观检查	GJB 4896 IPC-A-610D	立体显微镜	评估电路板是否存在明显的工艺缺陷和退化特征
	介质耐电压测试	GJB 360B GJB 362B	参考工作电压	确定电路板的绝缘材料和空间是否合适
	耐湿和绝缘电阻测试	GJB 360B GJB 362B	/	评估板级电路经过高温高湿条件后绝缘电阻能否满足标准要求
	金相分析	GJB 362B	SEM 等分析方法	评估电路板表面、通孔和孔中的镀层/涂层的质量和退化情况

7.3.3.2 寿命特征检测分析主要工作

板级电路寿命特征检测分析的主要工作包括样品标识、样品预处理、检测分析、结果记录、结果判定、不合格处理、综合分析。

（1）样品标识：在进行特征检测分析前，核对和清点各型试验样品，包括各种板级电路的数量、编号、表面标识等信息。应对所有样品进行唯一性标识，并对所有样品正面和反面拍照，以保持试验样品状态清晰。

（2）样品预处理：在进行特征检测分析时，应充分考虑试验样品是从装机成品中分解得到而非新品的背景，对试验样品进行必要的预处理，避开干扰特征检测分析的因素，保证特征检测分析结果的真实性。

（3）检测分析：按照规定的特征检测分析项目和流程，对各个样品开展特征检测分析工作。

（4）结果记录：将各个试验样品的特征检测分析过程的结果（包括照片、数据、分析结论等）进行详细记录，记录格式由分析人员确定。

（5）结果判定：对板级电路寿命特征检测分析结果进行汇总，判定各项检测分析结果是否符合规定要求，给出判定结果，标明不符合要求的结果，采用表格形式进行记录。

（6）不合格处理：对不合格的所有试验样品的检测情况进行汇总，对所有不合格的试验样品进行拍照，标明不合格处，提供不合格证据，采用表格的形式进行记录。

（7）综合分析：综合板级电路寿命特征检测分析结果，给出板级电路寿命特征检测结论。

7.3.3.3 检测样品选取原则及数量要求

在选取板级电路样品时，可依据电路板的类型和板级电路的重要性进行选取。通常来说，单层板、双层板、多层板应分别选取，对完成任务关键的和故障率相对较高的电路板应作为选取对象。

在确定选取对象后，每种类型的电路板应至少选取 3 块样品开展寿命特征检测分析，以便用作比对和增强检测结果可信程度。

7.3.4 元器件寿命特征检测分析方法

元器件寿命特征检测分析用于产品开展寿命试验与评价时，对元器件进行检测分析，查找元器件中存在的缺陷，为确定元器件是否满足产品寿命要求提供参考。

7.3.4.1 寿命特征检测分析项目

从失效机理来看，元器件的失效主要分为 4 类：材料性能退化、物理结构退化、互联结构退化、电性能退化。元器件寿命特征检测分析主要是检查元器件的以上 4 类缺陷。采用外观检查方法确定元器件引线、壳体是否存在氧化、腐蚀等典型寿命特征；采用电参数测量方法用来评判元器件的失效宏观表现和某些特定机理引起的元器件失效；采用特征检测分析方法用来评价元器件材料、结构、互联的退化情况，以及发现特定退化模式，从而确定元器件的具体退化情况与寿命特征；针对失效元器件样品开展失效机理分析，并同时针对良品开展比对检测，确认失效器件的失效原因和给出该型器件的寿命结论。

在特征检测分析中，可采用 X 射线检查、C-SAM、气密检查、IVA、内部目检等方法检查材料性能退化、物理结构退化，采用键合强度、芯片剪切可检查互联结构退化。元器件寿命特征检测分析项目如表 7.2 所示。

表 7.2 元器件寿命特征检测分析项目

检测分析工作		检测方法	检测目的
参数测试	主要性能参数	元器件规格书	主要评估各性能参数与元器件规格书中指标参数的偏离程度
外观质量检查	外部目检	立体显微镜观察	评估元器件是否存在明显的工艺缺陷和退化特征
电参数测量	功能和性能测试	各元器件检测规范	评估元器件是否存在功能和性能不合格的情况
抽样特征检测分析	X 射线	X 射线透视检查	确定元器件封装结构、内部互联结构、内部材料结构是否存在异常和退化特征
	C-SAM	声学扫描探测界面分析（仅针对具备芯片粘接结构元器件）	确定元器件内部芯片粘接或焊接状态，确定材料界面是否存在退化特征
	密封	气密性检测（仅对密封封装器件开展）	评估密封元器件气密性，评价密封结构是否存在退化特征
	IVA	内部气氛成分分析（仅对密封封装器件开展）	评估密封元器件内部气氛成分，评价其内部材料是否存在退化而导致气氛发生变化
	内部目检	金相显微镜或 SEM 观察	评估元器件内部主要结构、材料的状态，评价其内部结构是否存在退化特征
	键合强度	键合强度拉力测试（仅针对具有键合结构的元器件）	评估元器件键合是否存在退化特征，评价键合力是否下降或彻底开路失效
	芯片剪切	芯片剪切试验，考察芯片粘接焊接强度	评估元器件芯片粘接焊接结构是否存在退化特征
失效样品比对分析	失效分析	参照 GJB 4027A	确定失效元器件的失效根因，对比同型号合格样品状态，确认该型器件是否存在普遍寿命特征

7.3.4.2 寿命特征检测分析主要工作

元器件寿命特征检测分析的主要工作包括如下内容。

（1）样品标识：在进行特征检测分析前，核对和清点各型试验样品，包括元器件的数量、编号、商标、型号等信息。应对所有样品进行唯一性标识，并对所有样品正面和反面拍照，以保持试验样品状态清晰。

（2）样品预处理：在进行特征检测分析时，应充分考虑试验样品是从装机成品中分解得到而非新品的背景，对试验样品进行必要的预处理，尽量保证元器件无损的从电子线路板上拆卸，避开干扰特征检测分析的因素，保证特征检测分析结果的真实性。

（3）外观质量检查：对各型元器件进行外观质量检查，确认各型元器件是否存在氧化、腐蚀、断裂等老化现象。

（4）电参数测量：对各型元器件进行主要电参数测量，确认各型元器件是否存在体现老化特征的电参数不合格情况。

（5）特征检测分析：按照规定的特征检测分析项目和流程，对各个样品开展特征检测分析工作，查找缺陷。

（6）失效分析与比对检测：针对相关试验过程中出现的失效元器件样品，开展失效分析，确定失效原因，并通过良品比对检测，确认是否为普遍问题。

（7）不合格处理：对不合格的所有试验样品的检测情况进行汇总，对所有不合格的试验样品进行拍照，标明不合格处，提供不合格证据，采用表格的形式进行记录。

（8）型号合格判定：对元器件寿命特征检测分析结果进行汇总，判定各项检测分析结果是否符合规定要求，给出判定结果，标明不符合要求的结果，采用表格的形式进行记录。

（9）综合分析：将各个试验样品的特征检测分析过程的结果（包括照片、数据、分析结论等）进行详细记录，综合寿命特征检测分析结果，给出元器件寿命特征检测结论。

7.3.4.3 检测样品选取原则及数量要求

元器件样品的选取考虑以下 3 个因素。

（1）根据产品外场调研故障数据统计、修理情况、加速退化试验中故障情况分析后得到的出现过故障的元器件。

（2）针对关键元器件、已知寿命存在隐患的元器件。

（3）常用的高可靠元器件（如金属膜电阻等）不再选样。

在确定选取对象后，每种类型的元器件可选取 20～50 个样品开展外观检查和电参数测量。每型抽取 3～5 个合格样品开展寿命特征检测分析，以便用作比对和增强检测结果可信程度。针对不良样品开展失效分析，同时每型抽取 3～5 个对应良品开展比对检测，用于确定是否为失效样品。

7.4 整机加速试验与快速评价应用案例

根据某单位的某型电子产品定延寿的需求，开展该型电子产品的使用寿命综合评价，包括整机历史数据统计分析、关键件加速试验、板级电路寿命特征检测分析、元器件寿命特征检测分析。最后，结合修理经验和样机原理，综合各个部分工作得到信息，确定了该型电子产品寿命结论和薄弱环节清单，为产品定延寿提供依据和提出建议。

7.4.1 整机历史数据统计分析

7.4.1.1 数据采集

该型电子产品使用阶段的故障信息如表 7.3 所示。

表 7.3 该型电子产品使用阶段的故障信息

区间（年）	故障数量	完好数量
1	6	203
2	4	197
3	5	193
4	22	188
5	3	166
6	8	163
7	10	155
8	11	145

7.4.1.2 数据的初步分析

采用区间内故障数数据形式可靠度估计方法对该批设备的可靠性进行估计，分析结果如表 7.4 所示。

表 7.4 区间内故障数数据形式可靠度估计

区间（年）	故障数量	完好数量	区间不合格率 q_j	区间合格率 p_j	t_j时合格率 p_j
1	6	203	0.030	0.970	0.970
2	4	197	0.020	0.980	0.951
3	5	193	0.026	0.974	0.926
4	22	188	0.117	0.883	0.818
5	3	166	0.018	0.982	0.803
6	8	163	0.049	0.951	0.764
7	10	155	0.065	0.935	0.714
8	11	145	0.076	0.924	0.660

7.4.1.3 模型初选

对于标准型寿命方法，由于通过可靠度估计值不能完全确定故障数据的准确模型，故需要选择多个模型作为初始分布模型，分别以指数分布、双参数指数分布、威布尔分布、对数正态分布为初始分布模型。

7.4.1.4 模型的参数估计

对于标准型寿命方法，由于数据形式限制，通常可用参数最小二乘法方法估算。

1. 指数分布

指数分布的累积分布函数为

$$F(t)=1-\mathrm{e}^{-\lambda t} \tag{7.79}$$

利用最小二乘法估算，得 λ=0.05624，即

$$F(t)=1-\mathrm{e}^{-0.05624t} \tag{7.80}$$

2. 双参数指数分布

双参数指数分布的累积分布函数为

$$F(t)=1-\mathrm{e}^{-\lambda(t-T)} \tag{7.81}$$

利用最小二乘法估算，得 λ=0.05624，T=0.9451，即

$$F(t)=1-\mathrm{e}^{-0.05624(t-0.9451)} \tag{7.82}$$

3. 威布尔分布

威布尔分布的累积分布函数为

$$F(t)=1-\exp\left[-\left(\frac{t}{\alpha}\right)^{\beta}\right] \tag{7.83}$$

利用最小二乘法估算，得 α=15.9118，β=1.3404，即

$$F(t)=1-\exp\left[-\left(\frac{t}{15.9118}\right)^{1.3403}\right] \tag{7.84}$$

4. 对数正态分布

利用最小二乘法估算，得 $\sigma=0.8759$，μ=1.1790，即

$$F(t)=\int_0^t\frac{1}{1.1790t\sqrt{2\pi}}\exp\left[-\frac{1}{2}\left(\frac{\ln(t)-0.8759}{1.1790}\right)^2\right]\mathrm{d}t \tag{7.85}$$

7.4.1.5 单个模型的拟合优度检验

选择通用的 Kplmogorov-Smirnov 检验法。Kplmogorov-Smirnov 检验法检验公式为

$$D_n=\sup_{0\leqslant t<+\infty}\left|F_n(t)-F_0(t)\right|=\max\left\{d_i\right\}\leqslant D_{n,\alpha} \tag{7.86}$$

式中，$F_n(t)$ 为采用估计方法得到的累积失效率；$F_0(t)$ 为拟合选用的分布模型；$d_i=\left|F_0(t_i)-F_n(t_i)\right|$；$D_{n,\alpha}$ 为临界值，可查表得到；α 为置信水平；n 为故障个数。

采用该方法对各个模型进行拟合优度检验。经过分析，指数分布、双参数指数分布、威布尔分布和对数正态分布满足拟合优度检验。

7.4.1.6 多个模型优选

以最大偏差最小为优选准则，可得最小偏差为双参数指数分布，即累积分布函数为

$$F(t)=1-\mathrm{e}^{-0.05624(t-0.9451)} \tag{7.87}$$

7.4.1.7 可靠度预测

对于区间故障数形式，由前面的分析可知，双参数指数分布为最优分布模型，故可得该批设备后 8 年的可靠度预测值如表 7.5 所示。

表 7.5 区间故障数形式可靠度预测值

区间（年）	累积失效概率	可靠度
9	0.364287	0.635713
10	0.399052	0.600948
11	0.431917	0.568083
12	0.462984	0.537016
13	0.492352	0.507648
14	0.520114	0.479886
15	0.546358	0.453642
16	0.571167	0.428833

7.4.2 关键件加速试验

7.4.2.1 加速试验方案

根据产品历史数据分析得出的薄弱环节，选择显示器和控制组合两型关键件开展加速试验。经关键件使用情况分析，其最高温度为 80℃，通过试验方案设计，采用 3 个应力水平 60℃、70℃、80℃分别投样开展加速试验。

结合加速试验验证的需要，60℃和 70℃应力水平下各投样一个，80℃应力水平下投样两个。其中，一个用于 12 年首翻期内试验验证，另一个用于 16 年寿命期内试验验证。

根据试验计划，每 100h 试验进行一次测试。

7.4.2.2 加速因子评估

根据各类关键件的组成元器件类型，采用基于应力分析的方法预估关键件的加

速因子，根据各类电子部件库存的实际情况，确定基准温度为 20℃。显示器加速因子评估结果如表 7.6 所示。

表 7.6 显示器加速因子评估结果

试验方案	方案 1	方案 2	方案 3	方案 4
温度	60℃	70℃	80℃	80℃
加速系数	9.52	16.66	28.8	28.8
使用历史（年）	8	8	9	9
安全系数	1.2	1.2	1.2	1.2
测试周期（h）	100	100	100	100
寿命目标（年）	12.0	12.0	12.0	16.0
试验时间（h）	3680.7	2103.2	912.5	2129.2
试验周期（h）	44	25	11	26

控制组合加速因子评估结果如表 7.7 所示。

表 7.7 控制组合加速因子评估结果

试验方案	方案 1	方案 2	方案 3	方案 4
温度	60℃	70℃	80℃	80℃
加速系数	12.03	21.29	36.84	36.84
使用历史（年）	8	8	8	8
安全系数	1	1	1	1
测试周期（h）	100	100	100	100
寿命目标（年）	12.0	12.0	12.0	16.0
试验时间（h）	2912.7	1645.8	951.1	1902.3
试验周期（h）	29	16	10	19

7.4.2.3 试验执行概况

对于同类样品，在应力水平高的组加速系数大，在应力水平低的组加速系数小。为此，在试验过程中，结合试验后样品开展进一步寿命评价研究的需要，初步确定在 70℃组下的样品加速试验至等效使用 12 年，在 80℃组下的样品加速试验至等效使用 16 年。关键件加速试验情况如表 7.8 所示。

表 7.8 关键件加速试验情况

名称	温度（℃）	试验时间（h）	测试次数	故障时试验小时	故障前累积等效使用年限（年）
显示器	60	2800	29	100	8.1
	70	2500	26	良好	≥12.0
	80	2600	27	良好	≥16.0
	80	2100	22	400	10.0

续表

名称	温度（℃）	试验时间（h）	测试次数	故障时试验小时	故障前累积等效使用年限（年）
控制组合	60	2100	22	良好	≥11
	70	2000	21	良好	≥13
	80	1600	17	良好	≥15
	80	1900	20	良好	≥16

7.4.2.4 故障分析结果

对试验过程中出现的故障进行了分析，确定了故障部位，查明了故障原因，采取了修复措施，研究工作组对故障属性进行了判定。故障分析情况汇总如表 7.9 所示。

表 7.9 故障分析情况汇总

样品代号	故障现象	故障周期	故障定位	故障原因	修复方式
显示器	无正常测试图像	1	接触弹片	弹片氧化	打磨弹片消除氧化层
		5	摄像机	焦点发生改变，导致图像模糊	重新装配，调节摄像机焦距螺杆
		6			
		7			
		8	摄像管		更换摄像管
控制组合	参数超差	4	继电器 K01	继电器 K01 触点 11、12 上氧化，导致内部接触不良	更换继电器 K01
	无法进行大小图像切换	19	插头	插头的插针氧化，使插头与插座接触不良	对插头进行清洗并重新连接

7.4.2.5 显示器性能参数预测分析

显示器参试样品情况如表 7.10 所示。

表 7.10 显示器参试样品情况

应力水平	60℃	70℃	80℃	
样品代号	D1	D2	D3	D4
试验时间（h）	2800	2500	2600	2100
故障周期	1、5、6、7、8	/	/	4、19
故障对参数影响	无	/	/	无
故障前累积等效使用时间（年）	8.1	≥12	≥16	10.0
平均故障前累积等效使用时间（年）	≥12			

根据提交样品的试验及故障情况和试验数据处理结果，显示器样品的平均故障前累积等效使用时间不低于 12 年，确定在不采取修理措施条件下显示器能够满足

等效使用 12 年的要求；以使用时间最长的试验样品为预测基准，没有参数在等效使用 16 年内超差；同时考虑到显示器样品出现故障，结合故障分析结果确定和采取必要的调整和修理措施后，显示器将能满足等效使用 16 年的要求。

7.4.2.6 控制组合性能参数预测分析

在试验中，控制组合样品未发生故障。控制组合参试样品情况如表 7.11 所示。

表 7.11 控制组合参试样品情况

应力水平	60℃	70℃	80℃	
样品代号	K1	K2	K3	K4
试验时间（h）	2100	2000	1600	1900
故障周期	/	/	/	/
故障对参数影响	/	/	/	/
故障前累积等效使用时间（年）	≥11	≥13	≥15	≥16
平均故障前累积等效使用时间（年）	≥14			

根据提交样品的试验及故障情况和试验数据处理结果，控制组合样品的平均故障前累积等效使用时间不低于 14 年，确定在不采取修理措施条件下控制组合能够满足等效使用 14 年的要求；以使用时间最长的试验样品为预测基准，其中有两项参数在等效使用 16 年内存在超差可能；结合故障分析结果确定和采取必要的调整和修理措施后，控制组合将能够满足等效使用 16 年的要求。

7.4.2.7 寿命结论初步分析

两型关键件平均故障前累积等效使用年限如表 7.12 所示。

表 7.12 两型关键件平均故障前累积等效使用年限

序号	产品名称	平均故障前累积等效使用年限（年）
1	显示器	≥12
2	控制组合	≥14

由此可知，提交试验的两型关键件平均故障前累积等效使用年限均不低于 12 年，考虑到该型电子部件不存在安全隐患，电子部件首翻期确定为 12 年具有可行性。

在整个试验中，对试验样品进行了检测，对出现的故障进行了分析和修复，通过对各型电子部件加速退化试验数据进行处理，结合样机原理分析和维修经验，试验工作组得到以下试验初步结论。

（1）在不采取修理措施条件下，提交本次试验的两型关键件能满足等效使用 12 年的要求。

（2）在采取修理措施条件下，提交本次试验两型关键件将能满足等效使用 16 年的要求。

7.4.3 板级电路寿命特征检测分析

7.4.3.1 样品来源

对关键件中关键板级电路开展寿命特征检测分析，包括频率变换器、积分器组件、功率放大、控制板 4 类板级电路样品共 6 块，样品清单如表 7.13 所示。

表 7.13 板级电路寿命特征检测分析样品

编号	板级电路名称	来源部件	交样数量
1	频率变换器	显示器	1
2	积分器组件	显示器	2
3	功率放大	控制组合	2
4	控制板	控制组合	1

7.4.3.2 检测分析情况

对 4 类板级电路开展外观检查、X 射线检查、耐电压测试、金相切片分析、耐湿绝缘电阻测试等工作。各类板级电路寿命特征检测分析情况详见相关各型板级电路寿命特征检测分析报告。板级电路寿命特征检测分析情况汇总如表 7.14 所示。

表 7.14 板级电路寿命特征检测分析情况汇总

样品名称	样品编号	测试结果				
		外观检查	X 射线检查	耐电压测试	金相切片分析	耐湿绝缘电阻测试
频率变换器	01	合格	合格	合格	镀覆孔拐角处存在 F 型裂缝，PCB 基材与镀覆孔孔壁间存在树脂凹缩	在耐湿试验前后正常，在试验中绝缘电阻值偏低
积分器组件	02	合格	合格	合格	镀覆孔位置存在树脂凹缩	正常
	03	合格	合格	合格	一焊点空洞面积超标，存在镀层空洞	正常
功率放大	04	合格	合格	合格	合格（一焊点存在较大空洞，但符合规范要求）	在耐湿试验前后正常，在试验中绝缘电阻值偏低
	05	合格	合格	合格	焊点空洞大于焊点投影面积的 25%，超过规范要求。此外，一焊点焊料内普遍存在块状合金的缺陷	在耐湿试验前后正常，在试验中绝缘电阻值偏低
控制板	06	合格	合格	合格	镀覆孔存在孔壁分离，镀覆孔拐角处存在 F 型裂缝，镀覆孔孔壁平均最小厚度不合格	在耐湿试验前后正常，在试验中绝缘电阻值偏低

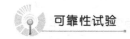

7.4.3.3　检测异常情况处理

在检测分析过程中，对检测分析中金相切片分析、耐湿绝缘电阻测试两个项目存在超出要求的现象进行了研究、讨论和分析。

在金相切片分析中发现较多的是镀覆孔裂纹、基材与孔壁树脂凹缩、焊点空洞等缺陷，同时存在少量的润湿不良、孔壁分离、生成合金等缺陷。通过对以上缺陷的形成机理进行分析，确认以上缺陷是在电路板的制造加工过程中产生的，为板级电路本身的质量缺陷和焊接缺陷，而非使用退化所致。

在耐湿绝缘电阻测试项目中，频率变换器、功率放大、控制板在试验前后绝缘电阻值均合格，但在耐湿试验中绝缘电阻值不合格。通过分析认为，耐湿试验中绝缘电阻不合格可能有两个原因。

（1）在特征检测分析前对样品进行的加速退化试验引起 PCB 基材绝缘特性退化而导致绝缘电阻降低。

（2）PCB 基材本身的绝缘特性较差。

7.4.3.4　板级电路可靠性结论

通过开展板级电路寿命特征检测分析，得到以下结论。

（1）板级电路存在镀覆孔裂纹、基材与孔壁树脂凹缩、焊点空洞等缺陷，与制造和焊接有关，与使用失效无关。

（2）板级电路在耐湿试验中绝缘电阻值将会明显降低，与电路板基材特性有关，与使用失效无关。

（3）板级电路存在材料、制造和加工等固有缺陷，没有出现明显的退化现象。

（4）板级电路未见明显使用失效特征，仍然能够正常使用，但应在修理过程中关注固有缺陷的扩散程度对使用的影响。

7.4.3.5　板级电路薄弱环节及建议

根据板级电路寿命特征检测分析情况，板级电路未见明显使用失效特征，没有发现可靠性薄弱环节。

鉴于在板级电路寿命特征检测分析中发现板级电路存在固有缺陷，建议对后续修理中所需采购的板级电路备件提出明确的验收质量检验规范和要求，批次抽样重点开展金相切片分析和耐湿绝缘电阻测试，经检测符合我国国标的相关要求方可交付装机。

7.4.4　元器件寿命特征检测分析

7.4.4.1　样品来源

对关键件中关键元器件开展寿命特征检测分析，包括 25 型共 138 个元器件样品，样品清单如表 7.15 所示。

表 7.15 选样元器件清单

编号	名称	提交数量	分析数量
1	非固体电解质钽电容器	8	8
2	聚脂膜电容器	5	5
3	聚苯乙烯电容器	1	1
4	密封式直流电磁继电器	8	8
5	密封磁保持（双稳态）继电器	5	4
6	金属封装硅稳压二极管	5	5
7	开关二极管	8	5
8	二极管矩阵	6	5
9	三级管	5	5
10	硅 NPN 高频中功率晶体管	5	5
11	硅 NPN 功率晶体管	5	5
12	硅 NPN 功率达林顿晶体管	5	5
13	硅 NPN 高频晶体管	7	5
14	晶体管矩阵电路	5	5
15	运算放大器	10	5
16	4 位同步可逆计数器（双时钟）	5	5
17	双 D 触发器	7	5
18	补偿型正电压稳压	3	3
19	模拟开关	5	5
20	四 2 输入与非门	7	5
21	四 2 输入或非门	5	5
22	反相器	5	5
23	一次可编程只读存储器	3	3
24	六缓冲器/电平转换器	5	5
25	双上升沿 D 触发器	5	5

7.4.4.2 检测分析项目

各类元器件寿命特征检测分析项目如下。

（1）电子元件进行寿命特征检测分析主要包括外部目检、电参数测量、X 射线检查、密封、内部目检等项目。

（2）半导体分立器件进行寿命特征检测分析主要包括外部目检、X 射线检查、密封、内部目检、键合强度等项目。

（3）集成电路进行寿命特征检测分析主要包括外部目检、X 射线检查、密封、内部目检、键合强度、剪切强度等项目。

7.4.4.3 检测分析结果

从提交的 25 型 138 个元器件中选样 25 型 122 个进行了特征检测分析，元器件寿命特征检测分析结果汇总如表 7.16 所示。在 25 型元器件中，18 型样品质量状态完好，7 型样品存在检测项目不合格（其中，4 型样品存在固有缺陷，3 型样品存在使用失效）。

表 7.16 元器件寿命特征检测分析结果汇总

编号	类型	元器件名称	外观质量	电参数测量	特征检测分析	质量状态
1	元件	非固体电解质钽电容器	√	√	√	完好
2	元件	聚酯膜电容器	√	√	√	完好
3	元件	聚苯乙烯电容器	√	/	◆	固有缺陷
4	元件	密封式直流电磁继电器	√	√	√	完好
5	元件	密封磁保持（双稳态）继电器	√	√	√	完好
6	分立器件	金属封装硅稳压二极管	√	/	√	完好
7	分立器件	开关二极管	√	/	√	完好
8	分立器件	二极管距阵	√	/	√	完好
9	分立器件	三极管	√	/	√	完好
10	分立器件	硅 NPN 高频中功率晶体管	√	/	√	完好
11	分立器件	硅 NPN 功率晶体管	√	/	◆	固有缺陷
12	分立器件	硅 NPN 功率达林顿晶体管	√	/	√	完好
13	分立器件	硅 NPN 高频晶体管	√	/	◆	固有缺陷
14	集成电路	硅 NPN 晶体管阵列	√	/	√	完好
15	集成电路	运算放大器	√	/	√	完好
16	集成电路	4 位同步可逆计数器（双时钟）	√	/	√	完好
17	集成电路	双 D 触发器	√	/	√	完好
18	集成电路	补偿型正电压稳压	√	/	√	完好
19	集成电路	模拟开关	√	/	√	完好
20	集成电路	四 2 输入或非门	√	/	◆	使用失效
21	集成电路	四 2 输入或非门	√	/	√	完好
22	集成电路	反相器	√	/	◆	使用失效
23	集成电路	一次可编程只读存储器	√	/	√	完好
24	集成电路	六缓冲器/电平转换器	√	/	◆	非使用失效
25	集成电路	双上升沿 D 触发器	√	/	◆	使用失效

注：√——通过；/——未开展；◆——单个项目存在问题。

7.4.4.4 检测分析问题汇总

检测分析发现问题的 7 型样品分布情况如下。

（1）所检 5 型元件都未呈现明显使用失效特征，但有 1 型元件（序号为 3 的聚苯乙烯电容器）的 1 个样品存在有工艺缺陷，未见失效。

（2）所检 8 型分立器件都未呈现明显使用失效特征，但有两型分立器件（序号为 11 的硅 NPN 功率晶体管和序号为 13 的硅 NPN 高频晶体管）存在键合缺陷，为非使用失效。

（3）所检 12 型集成电路中有 8 型未呈现明显使用失效特征，但其中 1 型集成电路（序号为 24 的六缓冲器/电平转换器）出现键合缺陷，为非使用失效；其余 3 型集成电路（序号为 20 的四 2 输入或非门、序号为 22 的反相器、序号为 25 的双上升沿 D 触发器）呈现明显使用退化失效特征，为使用失效。

7.4.4.5 元器件寿命综合分析

元器件寿命特征检测分析总体情况如下。

（1）在存在使用退化失效特征的 3 型元器件中，四 2 输入或非门、双上升沿 D 触发器两型样品中有多个样品存在使用失效，纳入使用薄弱环节，应在 12 年后的使用检测中予以重点关注。

（2）存在使用失效的 1 型样品（反相器）和存在固有缺陷的 4 型样品（聚苯乙烯电容器、硅 NPN 功率晶体管、硅 NPN 高频晶体管、六缓冲器/电平转换器），不作为使用薄弱环节，建议在 12 年后的使用检测中适当进行关注。

（3）电子部件元器件内部采用了有机胶粘接工艺，容易导致元器件内部剪切强度或键合强度不合格，将是抑制电子部件寿命的主要因素，应在修理过程中进一步关注其对使用的影响。

（4）经检测分析 18 型样品质量状态完好的元器件应能满足等效使用 16 年的使用要求。

7.4.4.6 元器件薄弱环节结论

对各类元器件进行外观检查、电参数测量、特征检测分析等项目，通过综合分析，得出了以下结论。

（1）送样的 25 型元器件中，18 型样品质量状态完好，4 型样品存在固有缺陷，3 型样品存在使用失效。

（2）四 2 输入与非门和双上升沿 D 触发器使用失效样品数量多于 1 个，应作为元器件薄弱环节进行重点关注。

7.4.4.7 元器件修理措施

考虑到产品的元器件经历了 9 年至 10 年的自然使用，且随电子部件在高温条件下经历了长时间使用加速退化试验，累积等效使用年限达到 15 年至 16 年，并将在修理过程中结合实际检测和分解检查情况，对发现故障的元器件进行更换，对同型出现多个失效的元器件送样进行失效机理分析，采取必要的预防维修和检查措施。

7.4.5 整机可靠性综合分析

综上所述，两型电子部件能够满足寿命 12 年的要求，但在目标期限 16 年内，存在薄弱环节待进一步分析确认。等效 16 年内薄弱性能参数和环节汇总如表 7.17 所示。

表 7.17 等效 16 年内薄弱性能参数和环节汇总

序号	产品名称	薄弱参数或环节
1	电视导引头	测试图像质量
		大小图像切换
		参数超差
2	图像发射机	功率超差
		图像质量变差

针对待确认薄弱环节，结合样机原理和修理经验提出以下修理措施建议。

（1）在延寿修理中，关注电视导引头的图像质量，对图像的分辨率、亮度级别进行重点关注。

（2）在延寿修理中，关注图像发射机的发射功率，发射功率要大于 1.8W。如果发射功率不能满足以上性能要求，则通过调整高频通道上的电位计 R_4 或调节图像发射机电源上的 RP_1、RP_2 电位计，使发射功率满足要求。若无发射功率或无法通过电位计进行调整，则检查行波管、压控振荡器或相关的控制电路，确定其性能状态，必要时进行修理或更换。

（3）在延寿修理中，关注图像发射机传输图像的质量。若无图像或图像不清晰，则调节视频处理电路上的电位计。若不能满足性能，则检查视频处理板相关的控制电路，确定其性能状态，必要时进行修理或更换。

（4）在延寿修理中，按照该型电子产品技术条件对各个部件进行修理及检测，进行随机振动试验和高、低温工作试验，提前发现其隐患故障，对暴露出来的故障进行修理排除。

（5）延寿修理中，对发现故障的元器件进行更换，对同型出现多个失效的元器件送样进行失效机理分析，进行必要的检查并视情况进行预防维修更换。

由此可见，对于存在的薄弱环节大多可以通过分解检查和参数调校解决。因此，该型电子产品在经过延寿修理后能够满足使用16年的寿命要求。

7.4.6 整机使用寿命结论

结合维修工程，该型产品能够满足使用 12 年的寿命要求，但不能满足等效使用 16 年的要求，在等效使用 12 年后，需要进厂进行维修，采取必要的检查和修理措施，可使产品达到16年使用期限，并提高其使用稳定性及可靠性。

参考文献

[1] 马海训,李彩霞. 加速寿命试验数据分析[M]. 石家庄:河北科学技术出版社,1998.

[2] 茆诗松,王玲玲. 加速寿命试验[M]. 北京:科学出版社,2000.

[3] 张志华. 加速寿命试验及其统计分析[M]. 北京:北京工业大学出版社,2002.

[4] 赵建印. 基于性能退化数据的可靠性建模与运用研究[D]. 长沙:国防科学技术大学,2005.

[5] 张苹苹. 航空产品加速寿命试验研究及应用[J]. 北京航空航天大学学报,1995,21(4):124-129.

[6] 陈循,张春华. 加速试验技术的研究、应用与发展[J]. 机械工程学报,2009,45(8):130-136.